# Vue.js 3.X 项目开发实录

赵飒飒 著

清华大学出版社
北 京

## 内 容 简 介

本书采用“基础知识+项目实践”的结构和“由浅入深，由深到精”的讲解模式编写。

全书共 15 章，讲解了 Vue 的基本语法、Vue 简单实例和 Vue 的基本特性，以及 Vue 的一些指令等基础知识，还深入地讲解 Vue 的组件和库等核心编程技术，并在项目实例中介绍了 Vue 框架中路由、编辑器、动态组件以及常用的 Vue 插件的使用。在实践环节详细讲述了企业网站系统、天天新鲜商城网站系统、金融管理系统、游戏娱乐网站系统、在线教育网站系统、物流运输管理系统、图书管理系统、咖啡馆网站系统、家庭装修网站系统、订票系统、财务管理系统、项目信息化管理系统和办公自动化系统的开发实践过程。

本书的目的是从多角度、全方位竭力帮助读者快速掌握软件开发技能，构建从高校到社会与企业的就职桥梁，让有志于从事软件开发的读者轻松步入职场。

本书适用于希望学习前端开发的初、中级程序员。



**图书在版编目(CIP)数据**

Vue.js 3.X 项目开发实录/赵飒飒著. —北京：清华大学出版社，2024.7

ISBN 978-7-302-66397-3

Ⅰ. ①V… Ⅱ. ①赵… Ⅲ. ①网页制作工具—程序设计 Ⅳ. ①TP393.092.2

中国国家版本馆 CIP 数据核字(2024)第 111464 号

**责任编辑**：张彦青
**装帧设计**：李 坤
**责任校对**：李玉萍
**责任印制**：刘海龙
**出版发行**：清华大学出版社

网　　址：https://www.tup.com.cn, https://www.wqxuetang.com
地　　址：北京清华大学学研大厦 A 座　　邮　　编：100084
社 总 机：010-83470000　　邮　　购：010-62786544
投稿与读者服务：010-62776969, c-service@tup.tsinghua.edu.cn
质量反馈：010-62772015, zhiliang@tup.tsinghua.edu.cn

**印 装 者**：三河市科茂嘉荣印务有限公司
**经　　销**：全国新华书店
**开　　本**：185mm×260mm　　**印　　张**：20.75　　**字　　数**：502 千字
**版　　次**：2024 年 7 月第 1 版　　**印　　次**：2024 年 7 月第 1 次印刷
**定　　价**：78.00 元

---

产品编号：100092-01

# 前　言

本书是专门为初学者量身打造的零编程基础学习与项目实践用书。

本书针对“零基础”和“中级”学者，通过案例引导读者深入技能学习和项目实践，既满足了初学者对 Vue.js 基础知识的需求，又满足了中级读者对 Vue.js 框架方面知识和项目实践方面的职业实战技能的需求。

## Vue.js 最佳学习线路

本书以 Vue.js 最佳的学习模式来安排内容，第 1～2 章可使读者掌握 Vue 的基础知识、Vue 的核心应用、Vue 的核心技术等知识，第 3～15 章可使读者拥有多个行业项目开发经验。读者如果遇到问题，可以通过在线技术支持让有经验的程序员答疑解惑。

## 本书内容

第 1～2 章为基础知识，主要讲解 Vue.js 的基础知识、Vue.js 的发展历程、使用的开发软件等，为更加深入地学习后面的章节进行铺垫，为使用 Vue.js 前端框架开发项目奠定基础。通过对这两章的学习，读者可以了解 Vue.js 基础知识及其发展历程，了解 Vue.js 的模式以及它和其他流行前端框架之间的区别等。

第 3～15 章为项目实战，主要讲解 Vue.js 的实战项目开发，包括：企业网站系统、商城网站系统、金融管理系统、游戏娱乐网站系统、在线教育网站系统、物流运输管理系统、图书管理系统、咖啡馆网站系统、家庭装修网站系统、订票系统、财务管理系统、项目信息化管理系统和办公自动化系统。通过这几章的学习，读者将对前端 Vue 框架在实际项目开发中有一个深切的体会，为日后进行软件项目管理及实战开发积累经验。

全书融入了作者丰富的工作经验和多年的使用心得，具有较强的实用性和可操作性，读者系统学习后可以掌握 Vue 前端框架的基础知识，拥有全面的框架编程能力、优良的团队协同技能和丰富的项目实战经验。编写本书的目的就是让框架初学者快速成长为一名合格的中级程序员，通过演练积累项目开发经验和团队合作技能，在未来的职场中获得一个较高的起点，并能迅速地融入软件开发团队中。

## 本书特色

### 1. 结构科学，易于自学

本书在内容组织和范例设计中充分考虑到初学者的特点，由浅入深，循序渐进，无论您是否接触过框架，都能从本书中找到最佳起点。

2. 超多、实用、专业的范例和实践项目

本书结合实际工作中的应用范例逐一讲解 Vue 前端框架的各种知识和技术，在项目实战章节中更以 13 个项目案例来介绍 Vue.js 的知识和技能，使您在实践中掌握知识，轻松拥有项目开发经验。

## 本书附赠超值王牌资源库

本书附赠丰富超值的王牌资源库，具体内容如下。

(1) “配套学习与教学”资源库，提升读者的学习效率。

- 本书中 13 个大型项目案例以及 325 个实例源代码。
- 本书配套上机实训指导手册及本书教学 PPT 课件。

(2) “职业成长”资源库，突破读者职业规划与发展瓶颈。

- 求职资源库：206 套求职简历模板库、680 套毕业答辩与学术开题报告 PPT 模板库。
- 面试资源库：程序员面试技巧、100 例常见面试(笔试)题库、200 道求职常见面试(笔试)真题与解析。
- 职业资源库：100 例常见错误及解决方案、210 套岗位竞聘模板、MySQL 数据库开发技巧查询手册、程序员职业规划手册、开发经验及技巧集、软件工程师技能手册。

(3) “软件开发魔典”资源库，拓展读者学习本书的深度和广度。

- 案例资源库：80 套经典案例库。
- 项目资源库：40 套大型完整项目案例库。
- 软件开发文档模板库：10 套 8 大行业项目开发文档模板库。
- 编程水平测试系统：计算机水平测试、编程水平测试、编程逻辑能力测试、编程英语水平测试。
- 软件学习必备工具及电子书资源库：类库查询电子书、常用快捷键电子书、使用技巧电子书、程序员职业规划电子书、常见错误及解决方案、开发经验及技巧大汇总。

## 本书适合哪些读者阅读

本书适合以下读者阅读。

- 没有任何前端 Vue 框架基础的初学者。
- 有一定的前端 Vue 框架开发基础，想精通编程的人员。
- 有一定的前端 Vue 框架开发基础，没有项目实践经验的人员。
- 正在进行软件专业相关毕业设计的学生。
- 大中专院校及培训学校的老师和学生。

本书由淄博职业学院的赵飒飒老师编写，在本书编写过程中，我们尽己所能将最好的讲解呈现给读者，但由于水平有限，因而难免有疏漏和不妥之处，敬请读者不吝指正。

编　者

# 目　　录

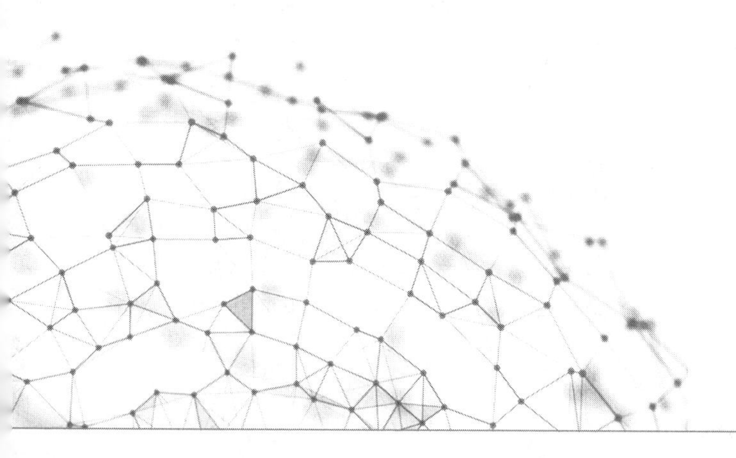

# 第1章

# Vue.js 开发基础

**【本章概述】**

随着这几年前端的快速发展，大多数的前端开发不再执着于 PC 端的应用，在移动端的前端页面中也得到了广泛的应用。但是在开发大型项目时，模块依赖和组件化开发一直没有得到很好的解决，而 Vue.js 凭借构建用户界面的渐进式框架，自底向上逐层应用，只关注视图层，易于上手，方便与第三方库或既有项目整合，能够为复杂的单页应用提供驱动，并且提供了非常简洁、易于理解的 API，因此一经推出，便迅速走红。Vue.js 作为最适合初学者学习的 MVVM 框架之一，其学习成本低，效果好，是前端开发的首选。

**【知识导读】**

本章要点(已掌握的在方框中打钩)

☐ Vue.js 的发展现状

☐ 三种架构模式的比较

☐ 前端开发工具的安装

☐ 前端开发调试工具

# 1.1 背景知识

Vue.js、Angular.js 和 React.js 是前端三大主流框架，而 Vue.js 作为当今最流行的主流前端框架，相信大多数的人都听说过，那么 Vue.js 到底能做些什么呢？下面我们就来了解关于 Vue.js 的基础以及构成等知识。

## 1.1.1 客户/服务器体系结构

C/S 就是 Client/Server 的缩写，即客户/服务器模式。在这种结构下，用户界面完全通过浏览器实现。

从硬件角度来看，客户/服务器体系结构主要是在两台及两台以上的机器中进行工作，在客户/服务器体系结构中，有一个总是打开的主机，称为服务器(Server)，它服务来自许多其他称为客户的主机的请求。其中客户(Client)主要是用来提供用户的接口和前端应用所需要的程序。

从软件角度来看，客户/服务器体系结构可以看成是一个信息处理体系，客户部分主要是专门解决应用问题、界面设计、人机交互等方面的问题，而服务器方面主要处理服务操作的实现、数据的组织以及系统性能等。

客户/服务器体系结构如图 1-1 所示。

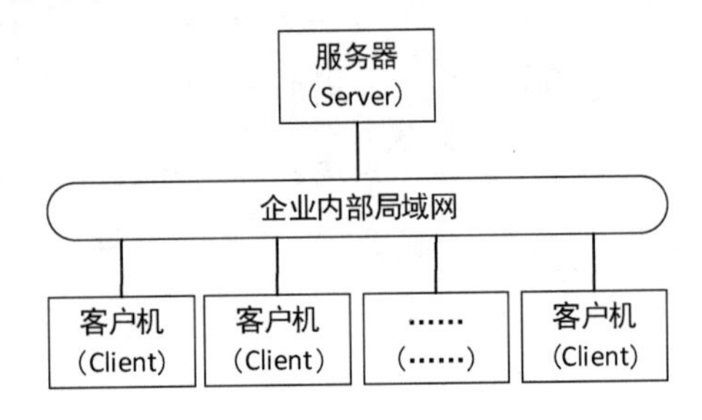


图 1-1　客户/服务器体系结构

## 1.1.2 HTML、CSS 与 JavaScript

一个 Vue 的页面主要由三部分组成：①Template 标签包裹的界面展示代码(HTML 代码)；②Style 标签包裹的界面布局代码(CSS 样式代码)；③Script 标签包裹的业务实现代码(JS 脚本代码)。

下面主要介绍 HTML、CSS、JavaScript 的具体内容。

HTML 也被称为超文本文档标记语言，英文全称为：Hyper Text Markup Language。HTML 在前端开发中主要制作超级文本文档的简单标记语言，常常用来制作静态网页。HTML 是由 Web 的发明者 Tim Berners-Lee 和同事 Daniel W. Connolly 于 1990 年创立的一种标记语言，它是标准通用化标记语言 SGML 的应用。使用 HTML 编写的超文本文档也被称为 HTML 文档，它能在各个操作系统平台独立，比如 UNIX、Windows 等。在使用 HTML 的过程中，通常将所要表达的信息按某种规则写成 HTML 文件，通过专用的浏览器来进行识别，这些 HTML 文件就可以“翻译”成可以识别的信息，即我们所见到的网页。

CSS 也被称为层叠样式表，英文全称为 Cascading Style Sheets，其开发目的是用来表现 HTML 或 XML 等文件样式的计算机语言。在前端开发过程中，最初的 HTML 只包含很少的显示属性，随着 HTML 的不断成长，页面设计师的需求也不尽相同，为了能够满足各个设计师的要求，HTML 增加了许多显示功能，考虑到 HTML 页面过于烦琐和臃肿的缺点，于是 CSS 便诞生了。CSS 不仅可以对静态的网页进行修饰，而且可以配合各种脚本语言动态地对网页中的各元素进行格式化。从 HTML 被发明开始，样式就以各种形式存在，不同的浏览器结合它们各自的样式语言为用户提供页面效果的控制。

JavaScript 简称 JS，它是一种直译式的脚本语言，具有函数优先特性，并且是轻量级、解释型或者说即时编译型的编程语言。JavaScript 在过去是作为 Web 页面的脚本语言被人所熟知。它的解释器被称为 JavaScript 引擎，为浏览器的一部分，广泛用于客户端的脚本语言，最早是在 HTML(标准通用标记语言下的一个应用)网页上使用，用来给 HTML 网页增加动态功能，JavaScript 脚本主要是嵌入动态文本于 HTML 的页面来实现自身的功能，使静态页面对浏览器事件做出响应。也就是说，JavaScript 是一种基于原型、多范式、单线程的动态语言，并且支持面向对象、命令式和声明式(如函数式编程)风格。

### 1.1.3　RESTful 架构

REST 在前端开发中通常指的是一种规则，其规则是一组架构约束条件和原则，能够满足这些约束条件和原则的应用程序或设计就是 RESTful。

RESTful 是一种基于 HTTP 的网络应用程序的设计风格和开发方式，可以使用两种格式进行定义：XML 格式和 JSON 格式。RESTful 能够实现第三方 OTT 调用移动网络资源的功能，动作类型为新增、变更、删除所调用资源。

RESTful 架构是对 MVC 架构进行改进后所形成的一种架构，通过使用事先定义好的接口与不同的服务联系起来。在 RESTful 架构中，浏览器使用 POST、DELETE、PUT 和 GET 四种请求方式分别对指定的 URL 资源进行增删改查操作。因此，RESTful 是通过 URI 实现对资源的管理及访问，具有扩展性强、结构清晰的特点。

RESTful 架构将服务器分成前端服务器和后端服务器两部分，前端服务器为用户提供无模型的视图；后端服务器为前端服务器提供接口。浏览器向前端服务器请求视图，通过视图中包含的 AJAX 函数发起接口请求来获取模型。

在项目开发中引入 RESTful 架构，有利于团队并行开发。在 RESTful 架构中，将多数 HTTP 请求转移到前端服务器上，可降低服务器的负荷，使视图获取后端模型失败也能呈现。但 RESTful 架构却不适用于所有的项目，当项目比较小时无须使用 RESTful 架构，因为它会使项目变得更加复杂。

### 1.1.4　大前端时代的来临

大前端时代主要就是 Web 统一的时代，即利用 HTML5 或者更高的版本去开发传统的网站，制作一些动态效果，并使用 BootStrap 架构进行手机端、智能设备等开发。大前端时代最大的特点在于开发中再也不用为一个 App 需要使用 Android 和 iOS 两种模式而忧心。

随着现在移动端各种终端设备的崛起，其已经超过了 PC 端。设备的不同必然导致开发语言的不统一，开发越来越困难。比如制作一个游戏，需要开发 Android、iOS 等几个不同的版本，非常浪费人力、物力。大前端时代应运而生，它的出现恰恰解决了这些困难，目前各家公司都在研发利用 HTML5 开发各种需求。另外，云计算的迅猛崛起必然导致未来一切云端化，比如操作系统，各种应用程序未来都将云端化，而云端化的前端主力技术就是 Web 前端开发技术。

## 1.2 MVC、MVP 和 MVVM 架构模式

在 MV 系列的框架中，M 是指 Model 层，V 则是 View 层，但其功能会因为框架的不同而变化。Model 层是数据模型，用来存储数据；View 层是视图，用来展示 Model 层的数据。虽然在不同的框架中，Model 层和 View 层的内容会有所差别，但是基本功能不会有太大改变，变的只是数据的传输方式。本节主要介绍关于 MV 系列的三大架构。

### 1.2.1 MVC 架构模式

MVC 的全称是 Model View Controller，即模型-视图-控制器。MVC 作为三种架构中最早产生的框架，其他两个框架都是以它为基础发展而来的。

MVC 开始是存在于桌面程序中的，M 是指业务模型，V 是指用户界面，C 则是控制器。使用 MVC 的目的是将 M 和 V 的实现代码分离，从而让同一个程序可以使用不同的表现形式。比如一批统计数据可以分别用柱状图、饼图来表示。而 C 存在的目的则是确保 M 和 V 同步，一旦 M 改变，V 应该同步更新。

模型-视图-控制器(MVC)是 Xerox PARC 在 20 世纪 80 年代为编程语言 Smalltalk-80 发明的一种软件设计模式，目前已被广泛使用，后来被推荐为 Oracle 旗下 Sun 公司 Java EE 平台的设计模式，并且受到越来越多的使用 ColdFusion 和 PHP 的开发者的欢迎。模型-视图-控制器模式是一个有用的工具箱，当然也会存在一定的优点和缺点。

下面将详细地讲解 MVC 各部分的作用。

#### 1. 模型

模型表示企业数据和业务规则。在 MVC 的三个部件中，模型拥有最多的处理任务。例如它可能用像 EJBs 和 ColdFusion Components 这样的构件对象来处理数据库。被模型返回的数据是中立的，就是说模型与数据格式无关，这样一个模型就可以为多个视图提供数据，由于应用于模型的代码只需写一次就可以被多个视图重用，因此大大减少了代码的重复性。

#### 2. 视图

视图是用户看到并与之交互的界面。对以前的 Web 应用程序来说，视图就是由 HTML 元素组成的界面。在最新的 Web 应用程序中，HTML 依旧在视图中扮演着重要的角色，但一些新的技术已层出不穷，它们包括 Adobe Flash 和像 XHTML、XML/XSL、WML 等一些标识语言及 Web Services。

#### 3. 控制器

控制器接受用户的输入并调用模型和视图去完成用户的需求，所以当单击 Web 页面中

的超链接和发送 HTML 表单时，控制器本身不会输出任何东西和做任何处理。它只是接受请求并决定调用哪个模型构件去处理请求，然后再确定用哪个视图来显示返回的数据。

MVC 架构如图 1-2 所示。

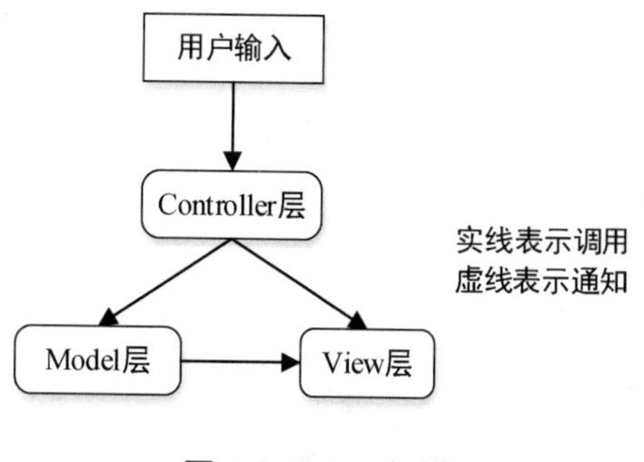


图 1-2　MVC 架构

**说明**

从图 1-2 中可以发现，各部分之间的通信都是单向的，呈三角形的状态。

MVC 架构流程如图 1-3 所示。

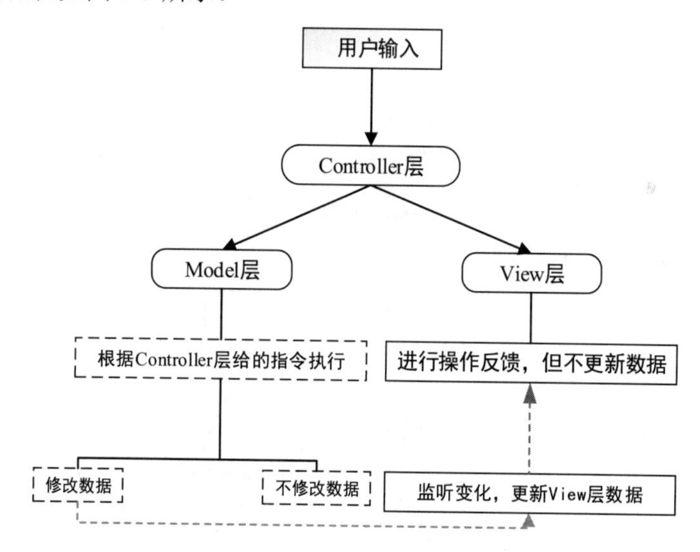


图 1-3　MVC 架构流程

从图 1-3 中可以看出，当 Controller 层触发 View 层时，View 层并不会发生改变，但是当 Controller 层触发 Model 层时，Model 层发生改变，此时，View 层通过监听 Model 层的数据变化进行更新，与 Controller 层无关。换言之，Controller 存在的目的是确保 M 和 V 的同步，一旦 M 改变，V 应该同步更新。

## 1.2.2　MVP 架构模式

MVP 是 Model View Presenter 的首字母的缩写，分别表示模型层、视图层、表示层，它是 MVC 架构的一种演变。作为一种新的模式，MVP 与 MVC 有着一个重大的区别：在 MVP 中 View 并不直接使用 Model，它们之间的通信是通过 Presenter(MVC 中的 Controller) 来进行的，所有的交互都发生在 Presenter 内部，而在 MVC 中 View 会直接从 Model 中读取数据而不是通过 Controller。具体介绍如下。

Model：模型层，用于数据存储以及业务逻辑。

View：视图层，用于展示与用户实现交互的页面，通常实现数据的输入和输出功能。

Presenter：表示层，用于连接 M 层、V 层，完成 Model 层与 View 层的交互，还可以进行业务逻辑的处理。

MVP 架构如图 1-4 所示。

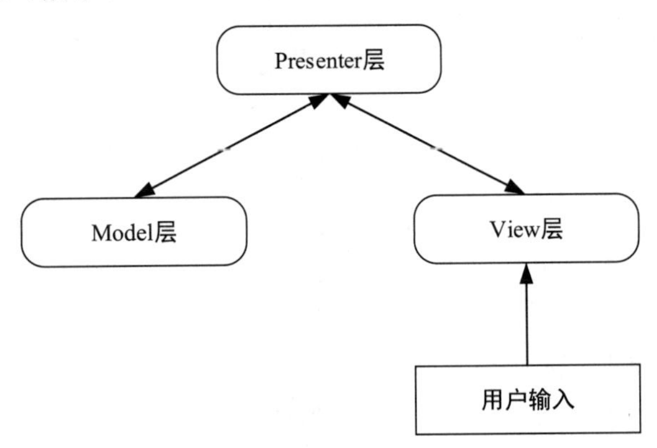


图 1-4 MVP 架构

由图 1-4 可知，MVP 架构各部分之间的通信都是双向的。但是在 MVP 架构中，View 层不会直接访问 Model 层，而是通过 Presenter 层提供的接口去访问。

MVP 架构流程如图 1-5 所示。

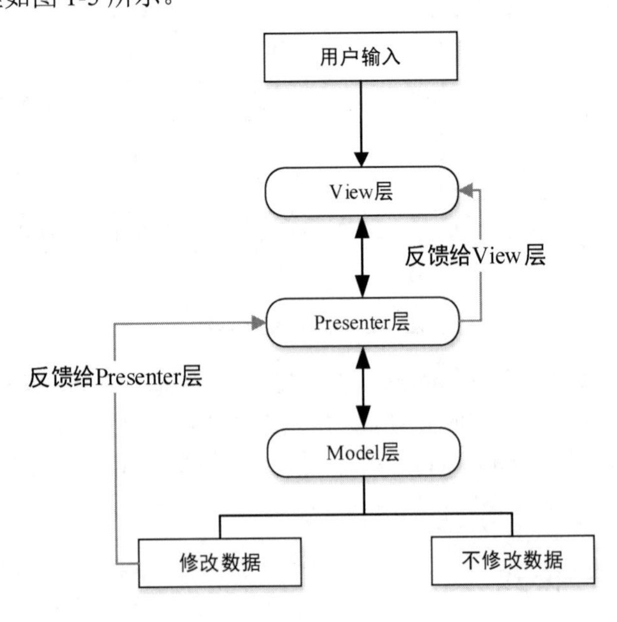


图 1-5 MVP 架构流程

从图 1-5 中可以看出，Model 层和 View 层两者是互不干涉的，而是通过 Presenter 层进行访问的。

## 1.2.3　MVVM 架构模式

MVVM 是 Model-View-ViewModel 的简写，它本质上就是 MVC 的改进版。MVVM 就是将其中的 View 的状态和行为抽象化，让视图 UI 和业务逻辑分开。当然这些事 ViewModel 已经帮我们做了，它可以在取出 Model 数据的同时帮忙处理 View 中由于需要展示内容而涉及的业务逻辑。微软的 WPF 带来了新的技术体验，如 Silverlight、音频、视频、3D、动画等，这导致了软件 UI 层更加细节化、可定制化。同时，在技术层面，WPF 也带来了诸如 Binding、Dependency Property、Routed Events、Command、DataTemplate、ControlTemplate 等新特性。MVVM 框架的由来便是 MVP(Model-View-Presenter)模式与 WPF 结合的应用方式而发展演变过来的一种新型架构框架。它立足于原有 MVP 框架并且把 WPF 的新特性糅合进去，以应对用户日益复杂的需求变化。当下流行的 MVVM 框架有：Vue.js、AngularJS 等。

MVVM 是一种新型的软件架构模式。MVVM 有助于将图形用户界面的开发与后端业务逻辑的开发分离开来。MVVM 的视图模型是一个值转换器，这意味着视图模型负责从模型中转换数据对象，以便轻松管理和呈现对象，视图模型实现了中介的功能。具体介绍如下。

View 层：视图层，前端开发中的 DOM 层，其作用是为用户展示各种信息。

Model 层：数据层，数据可以是我们固定的写死的数据，但更多的是来自服务器从网络上请求下来的数据。

ViewModel 层：视图模型层，是 View 层和 Model 层沟通的桥梁，一方面它实现了数据绑定(Data Binding)，将 Model 层的数据改变实时地反映到 View 层中；另一方面它实现了对文档对象模型的监听(DOM Listener)，当 DOM 发生一些事件(单击、滚动、touch 等)时，可以监听，并在需要的情况下改变对应的 Model 层的数据。

MVVM 的架构如图 1-6 所示。

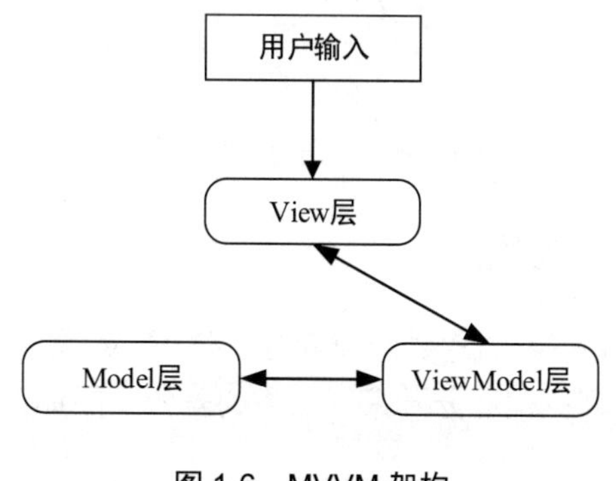


图 1-6　MVVM 架构

由图 1-6 可知，在 MVVM 架构模式中有两个方向，第一个方向是模型→视图，通过数据绑定的方式来实现；第二个方向是视图→模型，通过 DOM 事件进行监听。这种存在两个方向都实现的情况叫做数据的双向绑定，双向绑定会根据数据的变化进行实时的渲染。

MVVM 架构流程如图 1-7 所示。

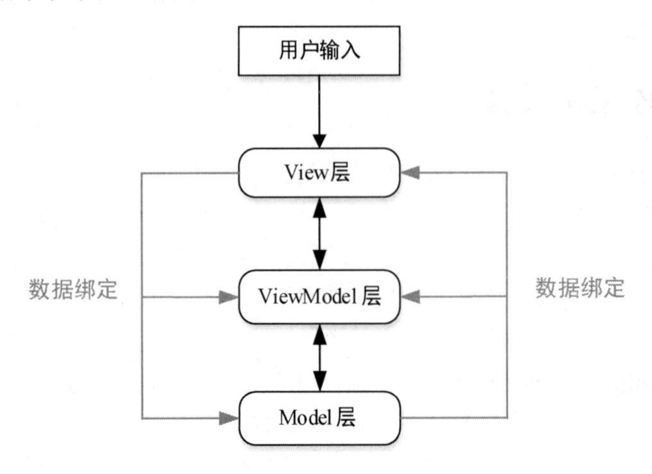


图 1-7　MVVM 架构流程

由图 1-7 可知，在 MVVM 架构模式中，三层之间的通信都是互通的。MVVM 架构与 MVP 架构有一定的相似度，两种架构模式都是通过 View 层开始触发，但是不同的是，ViewModel 双向绑定了 View 层和 Model 层，当 View 层的数据发生变化的同时系统也会修改 Model 层的数据，反之，当 Model 层的数据发生改变，View 层也会随之变化。如图 1-8 所示，View 层和 Model 层之间一旦发生修改就会同步到对方。

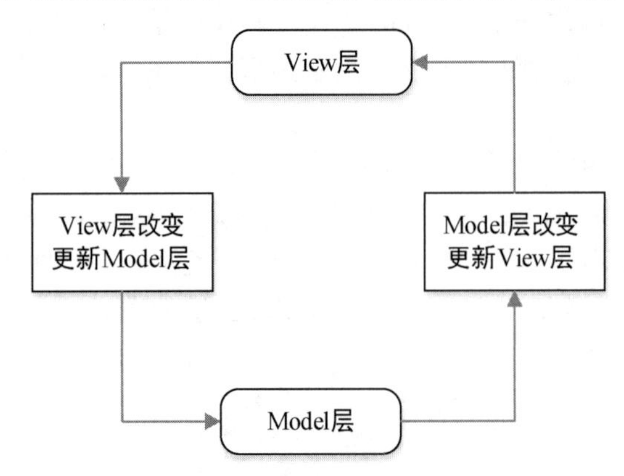


图 1-8　数据的双向绑定

## 1.2.4　三者的区别和优劣

MVC、MVP、MVVM 三者的主要区别就在于除 View 层和 Model 层之外的第三层，这一层的不同使得 MV 系列框架区分开来。三者的差异在于如何将 View 层和 Model 层连接起来，实现用户的交互。

1. 三种模式第三层的区别

MVC 架构模式中的 Controller 层会根据事件不同，去调用 Model 层的接口进行操作，但是当 Model 层的数据发生改变时并不经过 Controller 层，而是直接通知 View 层，View

层采用观察者的模式监听 Model 层的改变而进行变化。

在 MVP 架构模式中，Presenter 层和 Controller 层的作用一样，对 Model 层进行操作，但与之不同的是，Presenter 层会反作用于 View 层，Model 层在发生变化之后首先会通知 Presenter 层，Presenter 层再去更新 View 层。MVP 架构模式中使用 Presenter 层的目的就是完全切断 View 层和 Model 层之间的联系，由 Presenter 层充当桥梁，做到 View-Model 之间的通信完全自由。

MVVM 架构模式是在原有的 Model 基础上又添加一个 ViewModel 层，通过数据的双向绑定来实现 View 层和 Model 层的自动同步。也就是当 Model 层发生改变时不用再手动操作来改变 View 层，而是改变 Model 层的属性，该属性对应的 View 层也会随之变化。

2. 三种架构模式的优缺点

1) MVC 架构模式的优缺点

MVC 的优点是它可以为应用程序处理各种不同的视图。作为视图来讲，它只是作为一种输出数据并允许用户操纵的方式。MVC 的缺点一方面是它增加了系统结构和实现的复杂性，对于较为简单的页面，严格地遵循 MVC 架构模式，会使模型、视图与控制器分离，从而增加结构的复杂性，产生更多操作，降低运行效率。并且由于模型接口操作的不同，视图可能需要多次调用才能够获得足够的显示数据，而对于没有发生变化的数据进行频繁的访问，容易影响操作性能。目前，一般的高级界面工具或者是构造器不支持 MVC 架构，要想改造工具以适应 MVC 的代价却是非常高的。

2) MVP 模式下表示层的优势

(1) View 与 Model 完全隔离。

Model 和 View 之间具有良好解耦性的设计意味着：如果 Model 或 View 中的一方发生变化，只要交互接口不发生变化，另一方就无须对上述变化做出相应的改变，这使得 Model 层的业务逻辑具有很好的灵活性和可重用性。

(2) Presenter 与 View 的具体实现技术无关。

采用诸如 Windows 表单、WPF、Web 表单等用户界面构建技术中的任意一种来实现 View 层，都无须改变系统的其他部分。甚至为了能同时支持 B/S、C/S 部署架构，应用程序可以用同一个 Model 层来适配多种技术构建的 View 层。

(3) 可以进行 View 的模拟测试。

原来由于 View 和 Model 之间的紧耦合，在 Model 和 View 同时开发完成之前对其中一方进行测试是不可能的。由于同样的原因，对 View 或 Model 进行单元测试也很困难。现在 MVP 模式解决了所有的问题，在 MVP 模式中，View 和 Model 之间没有直接依赖，开发者能够借助模拟对象注入测试两者中的任一方。

3) MVVM 的优点

MVVM 模式和 MVC 模式一样，其主要目的是分离视图(View)和模型(Model)，以下是 MVVM 的优点。

(1) 低耦合。视图(View)可以独立于 Model 的变化和修改，一个 ViewModel 可以绑定到不同的 View 上，当 View 变化的时候 Model 可以不变，当 Model 变化的时候 View 也可以不变。

(2) 可重用性。可以将一些视图逻辑放在一个 ViewModel 里面，让很多 View 重用这段视图逻辑。

(3) 独立开发。开发人员可以专注于业务逻辑和数据的开发(ViewModel)，设计人员可以专注于页面设计，使用 Expression Blend 可以很容易设计界面并生成 XML 代码。

(4) 可测试。界面素来是比较难于测试的，而现在测试可以针对 ViewModel 来进行。

# 1.3　前端开发调试必备利器

在进行 Vue.js 开发之前，我们首先需要了解 Vue.js 开发中常用的一些工具。下面将通过开发者的眼——Chrome、开发者的手——VS Code 和开发者的心——Terminal 来讲解 Vue.js 开发中常用的工具。

## 1.3.1　开发者的眼——Chrome

Google 浏览器的英文全称为 Google Chrome，是一款由 Google 公司开发的基于其他开源软件撰写网页的浏览器，它可以大大提高开发的稳定性、安全性和速度。另外，Google Chrome 是以更强大的 JavaScript V8 引擎为基础的浏览器，这是当前 Web 浏览器所无法实现的。

Google Chrome 最大的优势就是多进程架构，能允许多个程序同时运行而互不影响，每个标签、窗口和插件都在一个独立的“沙箱”中运行，当一个标签页崩溃时，其他页面也不会受到影响，进一步提高了系统的安全性。

在进行 Web 开发的过程中，可以通过 Google Chrome 提供的开发者工具 DevTools 查看页面的各种状态，包括样式、网络请求是否成功，网络资源是否加载成功等。

因此，Chrome 就是开发者的一个观察 Web 页面的眼睛。

## 1.3.2　开发者的手——VS Code

对于开发者来说，选择一个合适的编辑器，编程效率也会得到提升。在选择编辑器时，需要重点考虑以下三个因素。

(1) 编辑器对代码的效率的要求。

(2) 编辑器支持的编程语言，编辑器配置是否复杂。

(3) 编辑器的插件。

VS Code(Visual Studio Code)是一个免费的、开源的、高性能的、跨平台的、轻量级的跨平台编辑器，在性能、语言支持、开源社区方面也较为稳定。Monaco Editor 被 Erich Gamma 移植到桌面平台上，成为如今的 VS Code 编辑器。VS Code 的定位就是编辑器，但又并不局限于此。

首先是完全开源开发的平台，VS Code 的源代码以 MIT 协议(开源中国)开源为基础，这意味着用户可以免费获取 VS Code 的核心代码，社区可以基于 VS Code 的代码开发自己的产品，而 VS Code 也经常能从一些知名的项目中吸取宝贵的经验。

其次，VS Code 的源代码托管在 GitHub 上，同时使用 GitHub 的开发计划和测试，使每个用户都可以在 GitHub 上了解 VS Code 的开发进度，作为用户，可以更好地了解产品的发展情况。

最后，VS Code 自带 Type Script 和 Node.js 的支持，用户下载 VS Code 后能立即获得 JavaScript 和 Node.js 的智能提示，且无须任何配置即可调试 nodejs，VS Code 还为编程工作者提供了统一的 API(即 Language Server Protocol 和 Code Debugging Protocol)，使得每一个语言都能得到更好的支持。

VS Code 是一款高效的多语言多平台开发工具，从这个意义上来说，VS Code 作为开发者的手当之无愧。

## 1.3.3 开发者的心——Terminal

Terminal 也称为终端，是用来启动和查看系统运行状态的命令行工具。VS Code 同样可以创建终端，在 VS Code 设计之初，就一直在思考如何让 VS Code 和终端能够更紧密地联系在一起。第一种方式就是从终端中以命令行的形式打开 VS Code；第二种方式就是允许用户从资源管理器里调出系统终端。

在使用终端之前需要了解怎样打开和创建一个集成终端，最简单的方式就是按 Ctrl + ’组合键，一个新的终端就被创建出来，如图 1-9 所示(此操作为 VS Code 编辑器的操作)。

图 1-9　创建终端

终端被创建之后可以执行命令，在 VS Code 终端中可以执行启动命令，例如：

```
//本地启动
npm run dev
//编译
npm run build
//配置 node.js 运行环境缺失的文件(例如 node_modules)
npm install
```

除此之外，VS Code 终端还可以执行 git 命令，例如：

```
//查看代码修改情况
git status
//将修改添加到暂存区
git add .\src\
//更新版本，把 git 上的代码拉取下来
git pull
//把代码提交到 git 创建的远程仓库中
git push
```

由此看来，Terminal 作为直接沟通开发或生产环境的工具，是开发过程绕不开的核心。

# 1.4 搭建编程测试环境

要想进行 Vue.js 的产品开发，开发之前首先需要进行环境的搭建和代码编辑器的选择。下面将详细讲解 Vue.js 的安装方式、node 的安装方式和支持 Vue.js 的一些开发工具的使用方法。

## 1.4.1 Vue.js 的安装

Vue.js 的安装有三种方式：第一种是直接下载.js 文件，通过<script>标签引入使用；第二种是使用 CDN 安装；第三种则是使用 NPM 安装。不同的安装方法存在着不同的使用方法，对项目的编写方式也不同。下面就详细地介绍每一种安装方式。

1. 使用独立版本安装

(1) 打开 Vue.js 官网，下载 Vue.js 的开发版本和生产版本，如图 1-10 所示。

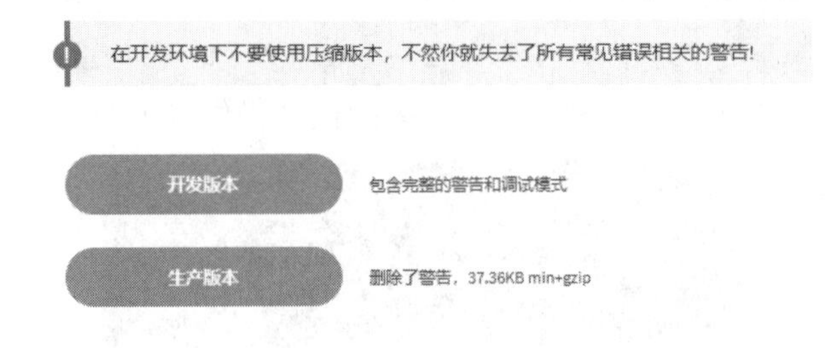


图 1-10　下载 Vue.js

(2) 将下载好的 Vue.js 引入 Vue 项目中，再在 index.html 的<script></script>标签中引入，此时，Vue 会被注册为全局变量，如图 1-11 所示。

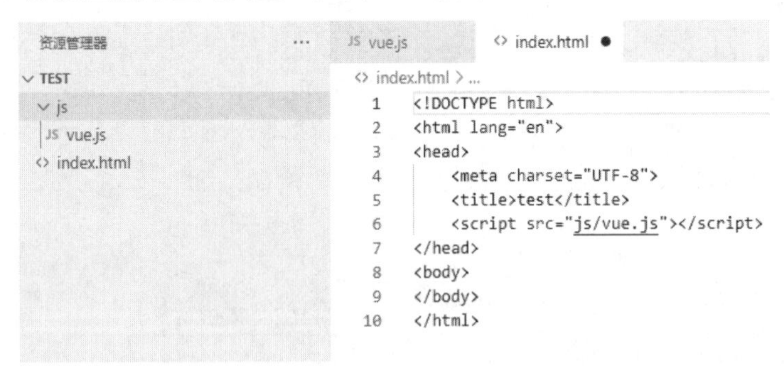


图 1-11　使用标签引入

2. 使用 CDN 安装

CDN 的全称是 Content Delivery Network，即构建在网络之上的内容分发网络，也可称为内容传送网络。在互联网上可能会产生影响数据传输速率和稳定性的因素，使得内容传输速度过慢，并且不稳定，可以通过在网络各处加入节点服务器，构成一层基于现有互联网的智能虚拟网络，而 CDN 系统能够通过网络流量和各节点的连接、负载情况、用户距离、回应时间等综合信息，将用户的请求重新连接到距离最近的节点服务器上。这就使用户可以就近选择服务器，避免网络拥堵，提高用户访问速度。使用 CDN 安装的方法也有三种，具体方式如下。

(1) Staticfile CDN(国内)：https://cdn.staticfile.org/vue/2.2.2/vue.min.js。

(2) unpkg：https://unpkg.com/vue@2.6.14/dist/vue.min.js。

(3) cdnjs：https://cdnjs.cloudflare.com/ajax/libs/vue/2.1.8/vue.min.js。

3. 使用 NPM 安装

在使用 Vue 构建一些大型应用时，通常是使用 NPM 进行安装，NPM 可以很好地和 Webpack 或 Browserify 模块打包器配合使用。同时 Vue 也提供配套工具来开发单文件组件。

由于 NPM 的仓库远在国外，资源传输速率会比较低且会受到限制，通常使用淘宝镜像 CNPM。下面将重点介绍使用 NPM 搭建 Vue 运行环境。

## 1.4.2　使用 NPM 搭建 Vue 运行环境

脚本语言通常都是需要一个解析器才能运行，例如写入 HTML 的 JS 语言，浏览器就是它的解析器角色。而对于需要独立运行的 JS 文件，Node.js 就是一个解析器的角色。

每一种解析器都可以说是一个运行环境，它不但允许 JS 定义各种数据结构并且进行各种计算，还允许 JS 使用环境提供的内置对象和方法做一些操作。NPM 是一个 Node.js 的包管理工具，在 Node.js 的安装过程下默认被安装。

下面就来介绍使用 NPM 搭建 Vue 运行环境的过程。

1. 安装 Node.js

(1) 从官网下载 Node.js。下载地址为 https://nodejs.org/en/，如图 1-12 所示。

Node.js® is an open-source, cross-platform JavaScript runtime environment.

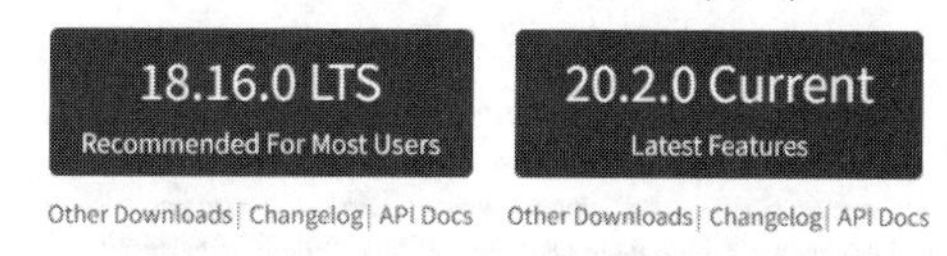


For information about supported releases, see the release schedule.

图 1-12　Node.js 的下载网站

(2) 不建议下载最新版本，此处安装的 Node 版本为 v16.20.0，如图 1-13 所示。

(3) 下载 Node.js 之后即可安装 Node.js。双击安装包，打开安装界面，如图 1-14 所示。

Previous Releases

io.js & Node.js

Releases 1.x through 3.x were called "io.js" as they were part of the io.js fork. As of Node.js 4.0.0 the former release lines of io.js converged with Node.js 0.12.x into unified Node.js releases.

Looking for latest release of a version branch?

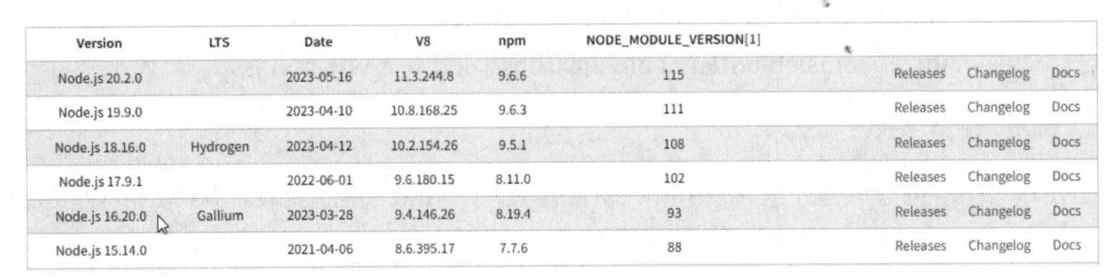

| Version | LTS | Date | V8 | npm | NODE_MODULE_VERSION[1] | | | |
|---|---|---|---|---|---|---|---|---|
| Node.js 20.2.0 | | 2023-05-16 | 11.3.244.8 | 9.6.6 | 115 | Releases | Changelog | Docs |
| Node.js 19.9.0 | | 2023-04-10 | 10.8.168.25 | 9.6.3 | 111 | Releases | Changelog | Docs |
| Node.js 18.16.0 | Hydrogen | 2023-04-12 | 10.2.154.26 | 9.5.1 | 108 | Releases | Changelog | Docs |
| Node.js 17.9.1 | | 2022-06-01 | 9.6.180.15 | 8.11.0 | 102 | Releases | Changelog | Docs |
| Node.js 16.20.0 | Gallium | 2023-03-28 | 9.4.146.26 | 8.19.4 | 93 | Releases | Changelog | Docs |
| Node.js 15.14.0 | | 2021-04-06 | 8.6.395.17 | 7.7.6 | 88 | Releases | Changelog | Docs |

图 1-13　选择 Node.js 的安装版本

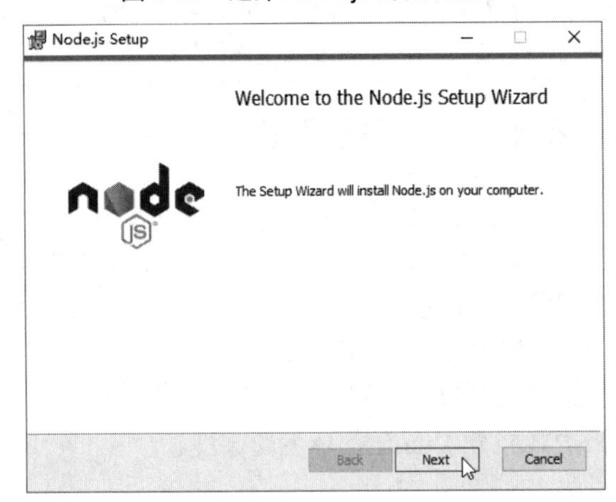


图 1-14　Node.js 的安装欢迎界面

(4) 单击 Next 按钮后，打开用户协议许可界面，如图 1-15 所示。

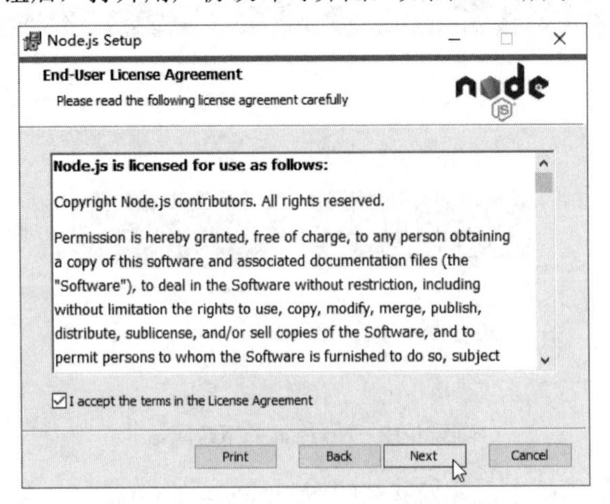


图 1-15　接受 Node.js 的安装许可协议

(5) 接受用户许可协议之后，单击 Next 按钮，然后在打开的界面中选择 Node.js 的安装目录(建议使用默认目录)，如图 1-16 所示。

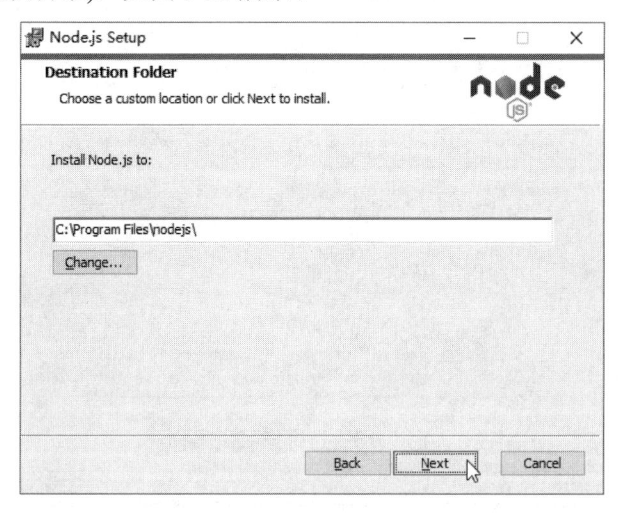


图 1-16　选择安装目录

(6) 在图 1-16 中单击 Next 按钮，然后在打开的界面中选择需要的功能进行安装，如图 1-17 所示。

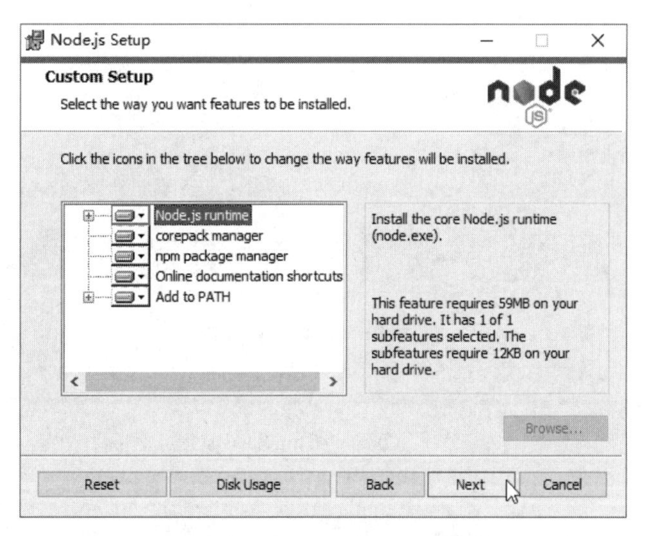


图 1-17　选择需要的功能模块

(7) 在图 1-17 中单击 Next 按钮，然后在打开的界面中选择安装工具(可根据个人需求选择)，如图 1-18 所示。

(8) 在图 1-18 中单击 Next 按钮，进入功能安装界面，如图 1-19 所示。

(9) 在图 1-19 中单击 Install 按钮，进入如图 1-20 所示的界面。

(10) 单击图 1-20 中的 Finish 按钮，完成 Node.js 的安装。

接下来我们验证 Node.js 是否安装成功。

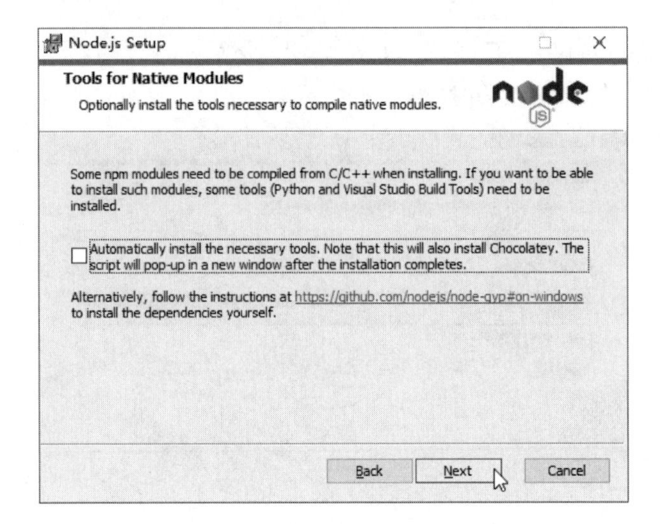


图 1-18　选择安装工具

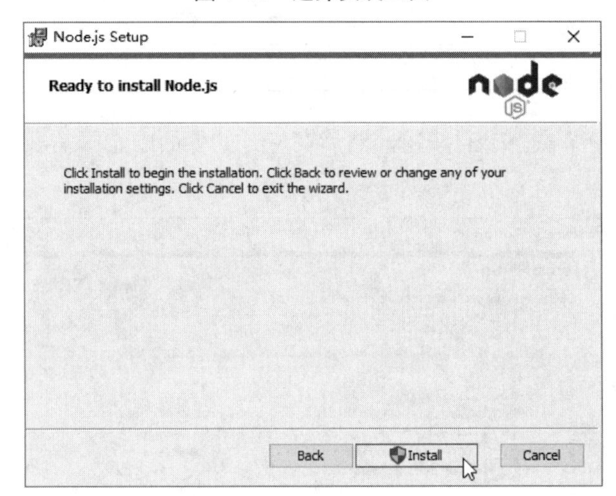


图 1-19　功能安装界面

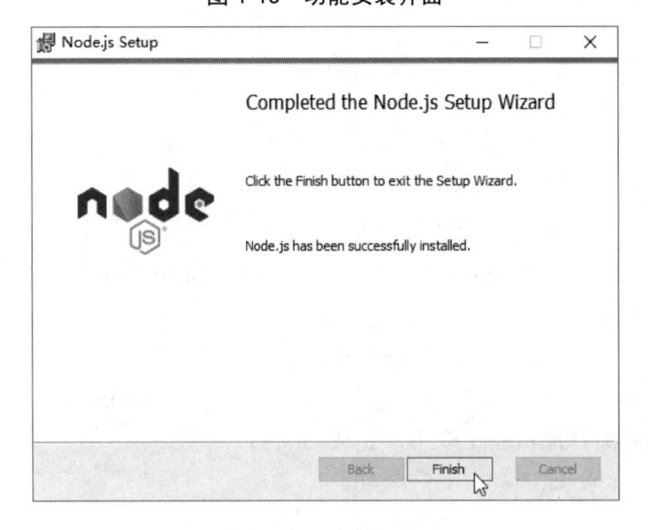


图 1-20　完成安装

2. 验证安装 Node.js

(1) 按 Win+R 组合键，输入“cmd”，然后按 Enter 键，将打开命令行界面，如图 1-21 所示。

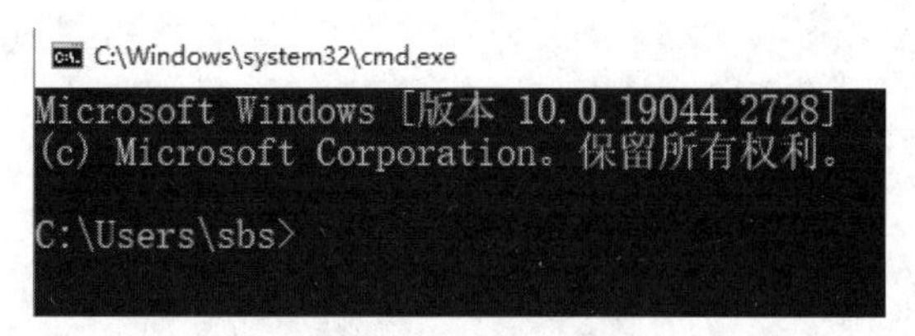


图 1-21　命令行界面

(2) 进入命令提示符窗口后，分别输入以下指令，如果显示版本号，则表示安装成功，如图 1-22 所示。

```
//查看 node 版本
node -v
//查看 npm 版本
npm -v
```

```
C:\Windows\system32\cmd.exe
Microsoft Windows [版本 10.0.19044.2728]
(c) Microsoft Corporation。保留所有权利。

C:\Users\sbs>node -v
v16.20.0

C:\Users\sbs>npm -v
9.6.5

C:\Users\sbs>
```

图 1-22　查看版本号

从图 1-22 中可以看出，Node.js 的版本号为 v16.20.0，NPM 的版本号为 9.6.5。输出版本号即表示安装成功，否则安装失败。

### 1.4.3　项目开发工具

Vue 开发工具有很多，比如 Vue CLI、Vue Press、Vuex、VS Code、WebStorm 等，下面将介绍四种 Vue 开发工具。

1. 命令行

Vue.js 提供一个官方的命令行工具，可以快速地搭建大型单页应用。具体步骤如下。

(1) 全局安装 vue-cli，在命令行工具中输入下面的命令安装 vue-cli 并查看版本，如图 1-23 所示。

```
//安装 vue-cli
npm install -g @vue/cli
//查看安装的 vue-cli 版本
vue -version
```

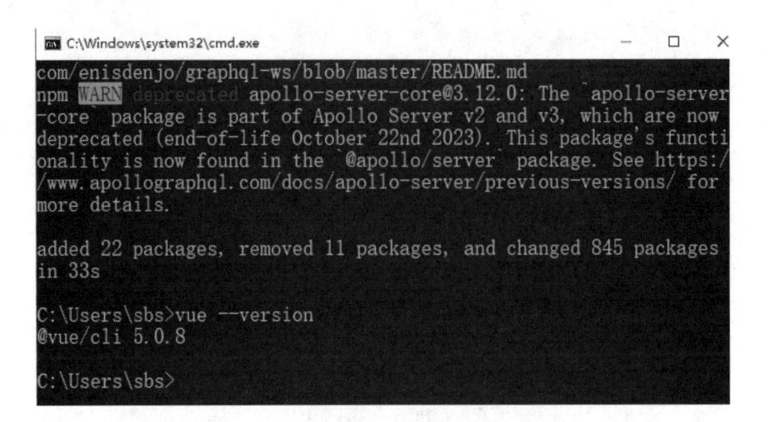


图 1-23 全局安装 vue-cli 并查看版本

从图 1-23 的输出结果可知，安装的 vue-cli 版本为 5.0.8。

(2) 输入以下命令创建 Vue 3 项目，将项目命名为 vue3.0-test，输入命令之后按 Enter 键即可。结果如图 1-24 所示。

```
//创建 Vue 项目
vue create vue3.0-test
```

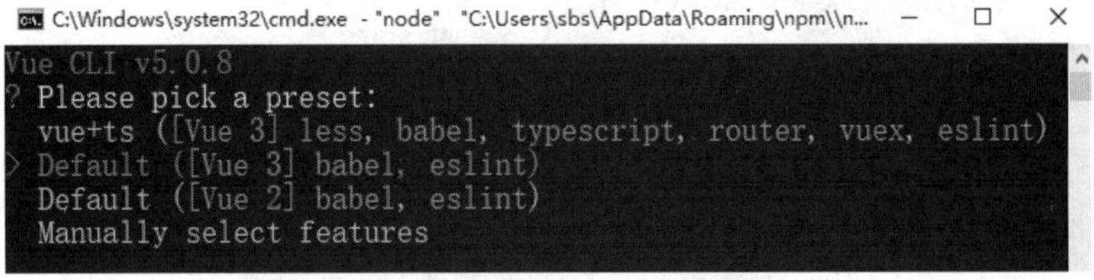

```
C:\Windows\system32\cmd.exe - "node" "C:\Users\sbs\AppData\Roaming\npm\\n...
Vue CLI v5.0.8
? Please pick a preset:
  vue+ts ([Vue 3] less, babel, typescript, router, vuex, eslint)
> Default ([Vue 3] babel, eslint)
  Default ([Vue 2] babel, eslint)
  Manually select features
```

图 1-24 创建 Vue 3 项目

(3) 按键盘上的↑和↓方向键选择安装方式，此处选择的是 Default 方式。运行结果如图 1-25 所示。

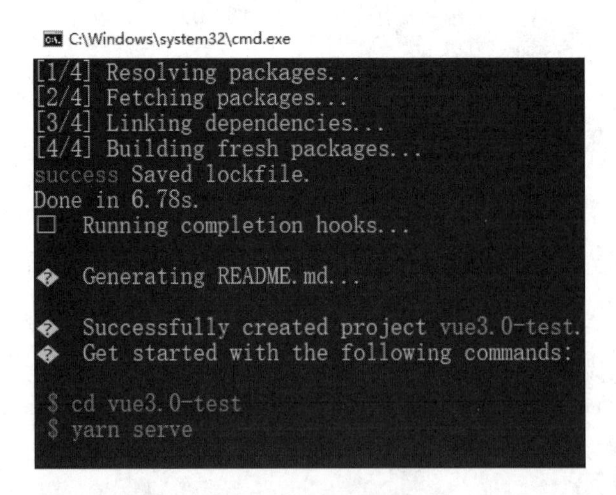


图 1-25 运行结果

(4) 输入以下命令，进入项目并运行，如图 1-26 所示。

```
//进入项目目录
cd vue3.0-test
//运行项目
npm run serve
```

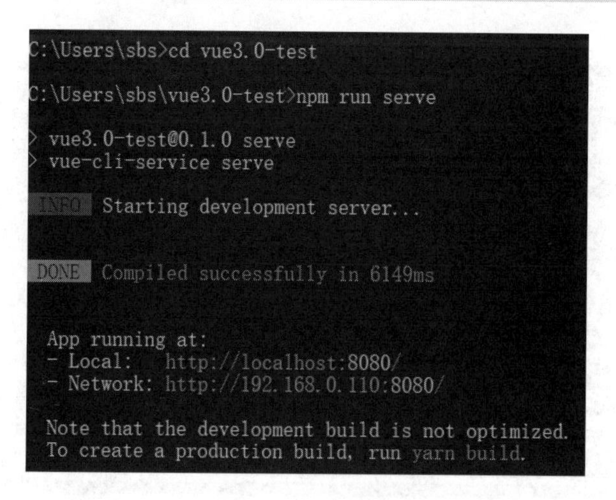


图 1-26　运行项目

(5) 成功执行以上命令后访问 http://localhost:8080/，输出结果如图 1-27 所示。

图 1-27　输出结果

2. Vite

Vite 是一个 Web 开发的构建工具，它可以用其原生的 ES 模块导入方式，实现闪电般的冷服务器启动。使用 Vite 创建 Vue 项目的具体步骤如下。

(1) 通过终端运行以下命令，快速使用 Vite 工具构建 Vue 项目，并将项目命名为

“vue3.0-test2”，如图 1-28 所示。

```
//创建 Vue 项目
npm init vite-app vue3.0-test2
```

```
C:\Windows\system32\cmd.exe
Microsoft Windows [版本 10.0.19044.2728]
(c) Microsoft Corporation。保留所有权利。

C:\Users\sbs>npm init vite-app vue3.0-test2
Need to install the following packages:
  create-vite-app@1.21.0
Ok to proceed? (y) y
npm WARN deprecated create-vite-app@1.21.0: create-vite-app has b
een deprecated. run `npm init @vitejs/app` or `yarn create @vitej
s/app` instead.
Scaffolding project in C:\Users\sbs\vue3.0-test2...

Done. Now run:

  cd vue3.0-test2
  npm install (or `yarn`)
  npm run dev (or `yarn dev`)


C:\Users\sbs>
```

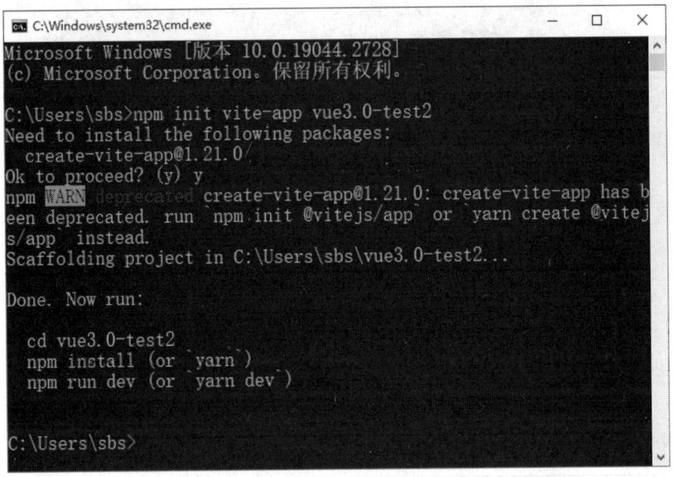

图 1-28　使用 Vite 构建项目

(2) 输入以下命令，进入项目，安装依赖，并运行项目，如图 1-29 所示。

```
//进入项目目录
cd vue3.0-test2
//安装依赖
npm install
//运行项目
npm run dev
```

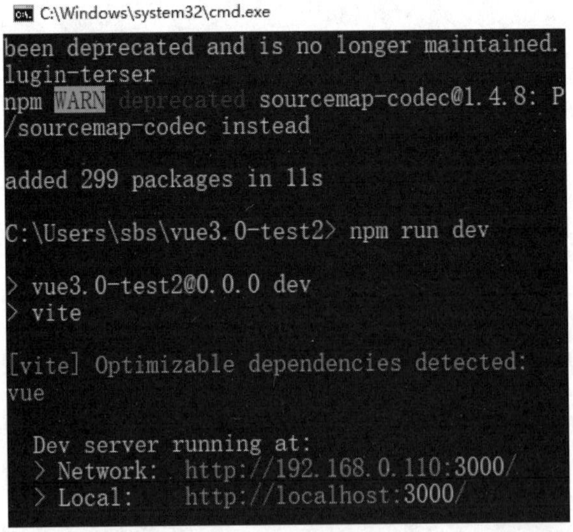

```
C:\Windows\system32\cmd.exe
been deprecated and is no longer maintained.
lugin-terser
npm WARN deprecated sourcemap-codec@1.4.8: P
/sourcemap-codec instead

added 299 packages in 11s

C:\Users\sbs\vue3.0-test2> npm run dev

> vue3.0-test2@0.0.0 dev
> vite

[vite] Optimizable dependencies detected:
vue

  Dev server running at:
  > Network:  http://192.168.0.110:3000/
  > Local:    http://localhost:3000/
```

图 1-29　安装并运行项目

(3) 成功执行以上命令之后访问 http://localhost:3000/，输出结果如图 1-30 所示。

图 1-30　输出结果

3. VS Code

使用 VS Code 创建 Vue 项目和前两种方式输出的指令是一样的，只不过它是在 VS Code 终端输入命令，进行项目的初始化。具体步骤如下。

(1) 打开 VS Code，在终端输入以下指令，创建项目 vue3.0-test3，如图 1-31 所示。

```
//创建 Vue 项目
npm init vite-app vue3.0-test3
```

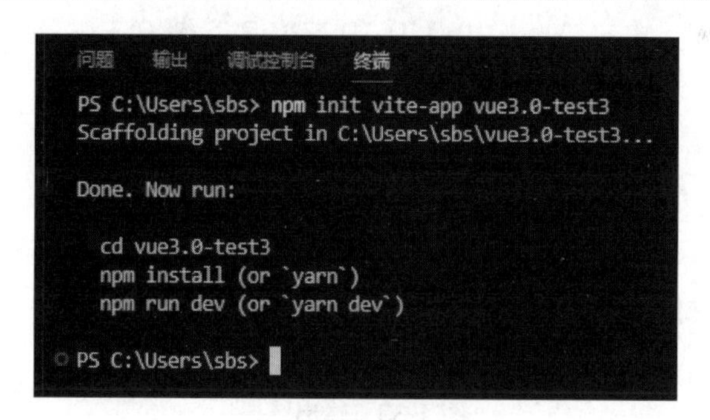


图 1-31　使用 VS Code 创建 Vue 项目

(2) 输入以下命令，进入项目，安装依赖，并运行项目，如图 1-32 所示。

```
//进入项目目录
cd vue3.0-test3
//安装依赖
npm install
//运行项目
npm run dev
```

(3) 成功执行以上命令之后访问 http://localhost:8080/，输出结果如图 1-33 所示。

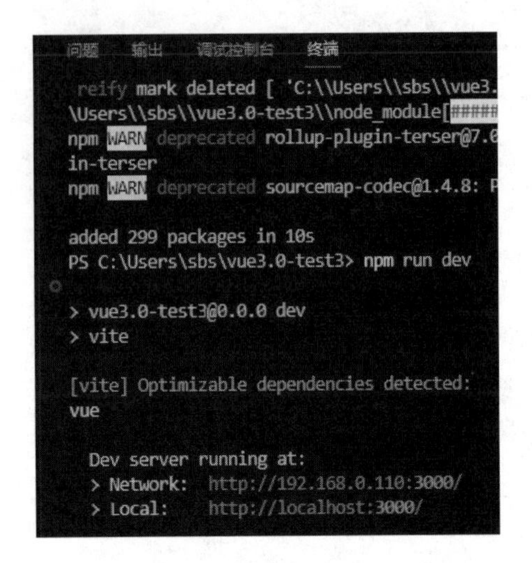


图 1-32　安装依赖并运行项目

图 1-33　输出结果

4. HbuilderX

HbuilderX 是一款前端开发者服务的通用 IDE，它可以用来开发 DCloud 出品的 uni-app 项目、Wap2App 项目等。使用 HbuilderX 创建 Vue 项目的具体步骤如下。

(1) 打开 HbuilderX 编辑器，选择左上角的“文件”→“新建”→“项目”命令，新建 Vue 项目，如图 1-34 所示。

(2) 选择新建的普通项目，模板为 Vue 项目(3.2.8)，将项目命名为 vue3.0-test4，如图 1-35 所示。

(3) 项目创建完成后，在终端中运行项目，如图 1-36 所示。

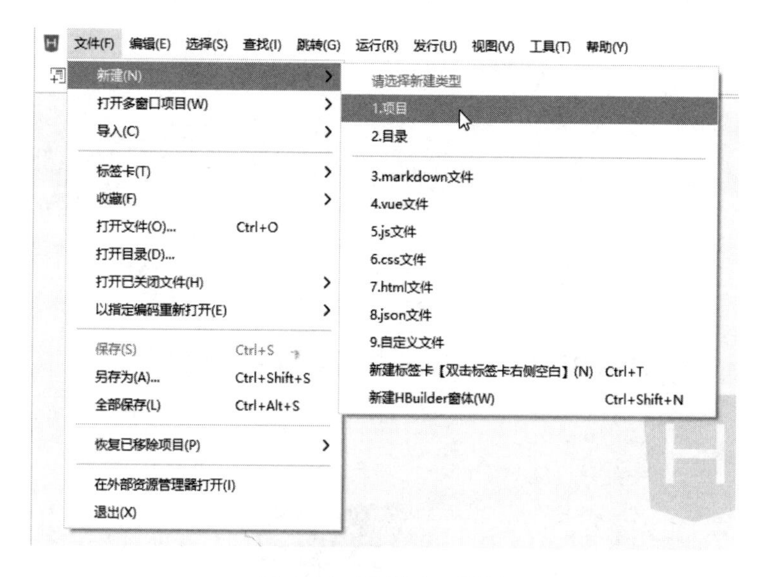


图 1-34　新建 Vue 项目

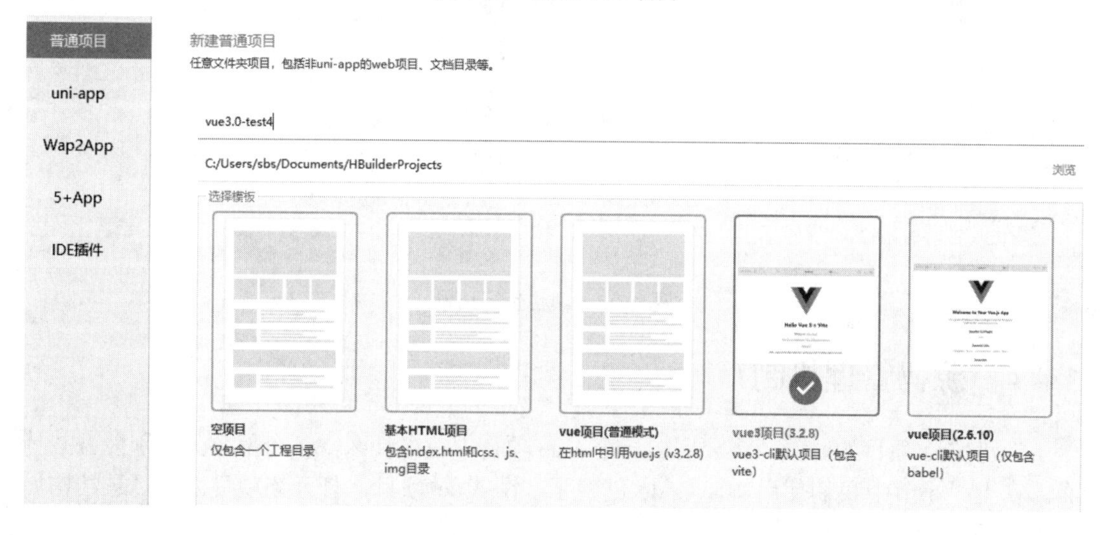


图 1-35　选择 Vue 模板

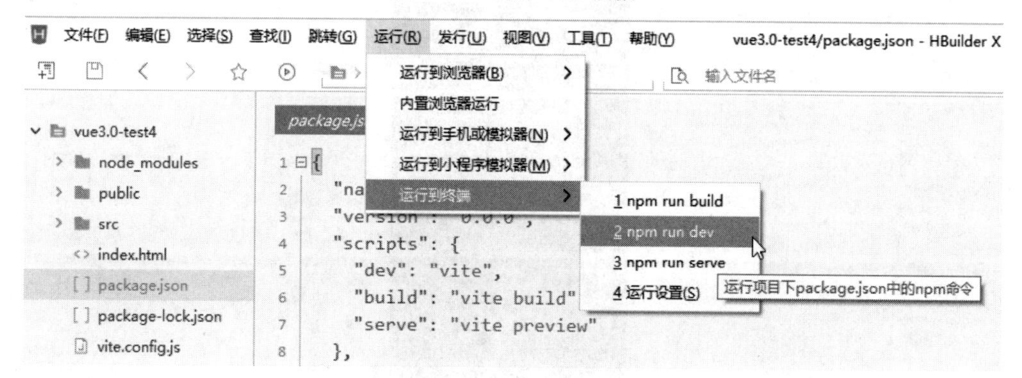


图 1-36　在终端中运行项目

(4) 运行成功后，结果如图 1-37 所示。

终端-外部命令

```
vite v2.5.3 dev server running at:

> Local: http://localhost:3000/
> Network: use `--host` to expose

ready in 698ms.
```

图 1-37　运行结果

(5) 访问 http://localhost:3000/，输出结果如图 1-38 所示。

localhost:3000

Hello Vue 3.0 + Vite

count is: 0

Edit components/HelloWorld.vue to test hot module replacement.

图 1-38　项目运行结果

## 1.4.4　源码管理机制

创建 Vue 项目的时候，需要明白一个 Vue 项目中包含什么，各个部分又分别能做些什么。在上一小节中我们使用 VS Code 创建了一个 Vue 项目，打开该项目，其目录结构如图 1-39 所示。

图 1-39　Vue 项目目录结构

部分目录/文件介绍如表 1-1 所示。

表 1-1　Vue 项目目录解析

| 目录/文件 | 说　明 |
| --- | --- |
| node_modules | NPM 加载的项目依赖模块 |
| public | 公共资源目录 |
| src | 主要是源码目录。<br>assets：放置一些图片，如 Logo 等。<br>components：目录里面放了一个组件文件，可以不用。<br>App.vue：项目入口文件，也可以直接将组件写在这里，而不使用 components 目录。<br>index.css：样式文件。<br>main.js：项目的核心文件 |
| .xxxx 文件 | 是一些配置文件，包括语法配置、git 配置等 |
| index.html | 首页入口文件，可以添加一些 meta 信息或统计代码 |
| package.json | 项目配置文件 |

# 1.5　代码调试方法

在日常开发中，可能会遇到很多千奇百怪的问题，这些问题可能是代码版本冲突造成的，也有可能是我们在编码时粗心造成的。在遇到这些问题时只凭肉眼是很难发现的，那么此时就需要使用代码调试功能来查找这些问题的原因了。下面将通过 Console 工具和调试工具来讲解代码的调试。

## 1.5.1　使用 Console 工具

Console 也被称为控制台，Console 是增强 Windows 控制台的窗口，在 JS 开发中起着非常重要的作用。它包括多个标签、文本编辑器、不同类型的背景，其主要作用就是用来显示在网页加载过程中产生的信息，可以查看错误信息、打印调试信息、调试 JS 代码，还可以当作 JavaScript API 查看。

Console 对象中主要使用的方法有四个，分别为：console.log()、console.info()、console.warn()和 console.error()。

1. console.log()

console.log 的主要作用是在浏览器控制台打印信息，它主要输出的是普通信息和日志信息。在前端开发中，它常被用来调试和分析代码，如果在 JS 代码中调用 console.log()，就可以在 Web 浏览器的控制台打印常量、变量、数组、对象、表达式等值。通过以上方式还可以进行单个变量(表达式)、多个变量以及换行输出。

在源码中定义一个 console.log()函数，并使输出值为“Hello.vue.3.0”，在浏览器中打开控制台界面就会打印出所要输出的内容，如图 1-40 所示。

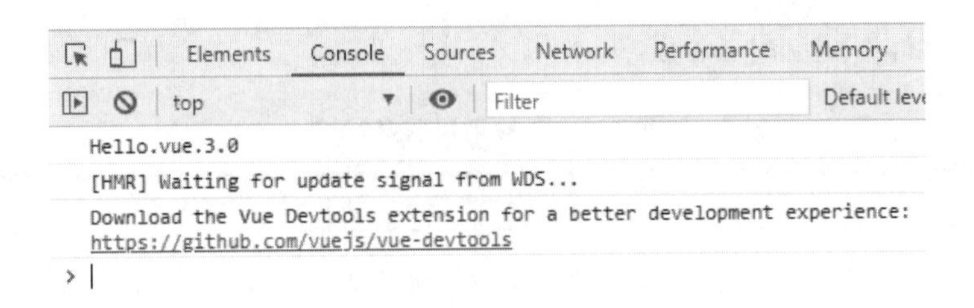


图 1-40　使用 console.log()函数打印信息

2. console.info()

console.info()是日常开发中用得最多的一种方法，通常会用它来打印某个对象或变量。console.info()方法的运用场景非常广泛，它也是最广泛的输出模式。

在源码中定义一个 console.info()函数，将输出值设为“Hello, vue3.0”，在浏览器中打开控制台界面就会打印出所要输出的内容，如图 1-41 所示。

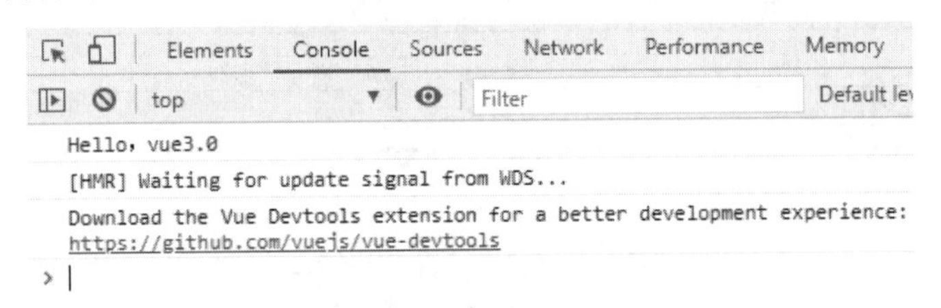


图 1-41　使用 console.info()函数打印信息

3. console.warn()

console.warn()的输出与 console.log()的输出基本没有什么区别，但是该条打印信息是属于警告级别而不是普通信息级别，最明显的是它的左侧会有一个警告图标，并且背景色和文字颜色也会不一样。

在源码中定义一个 console.warn()函数，将输出值设为“Hello.vue.3.0”，在浏览器中打开控制台界面就会打印出所要输出的内容，如图 1-42 所示。

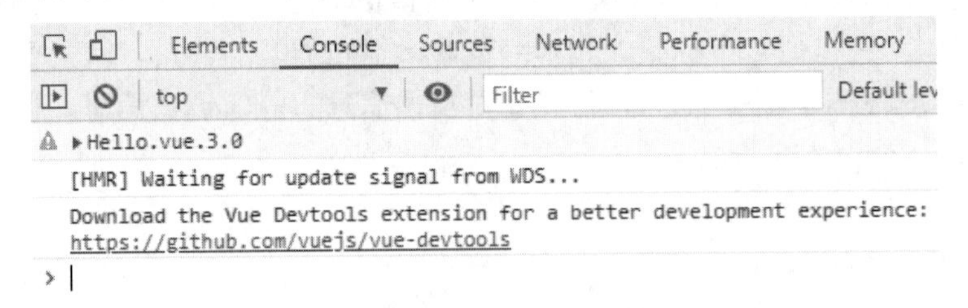


图 1-42　使用 console.warn()函数打印信息

4. console.error()

console.error()的输出与 console.log()的输出类似，只是 console.error()输出的信息属于报错级别，背景和文字颜色为红色，它主要是打印一条错误信息。

在源码中定义一个 console.error()函数，将输出值设为“Hello, vue3.0”，在浏览器中打开控制台界面就会打印出所要输出的内容，如图 1-43 所示。

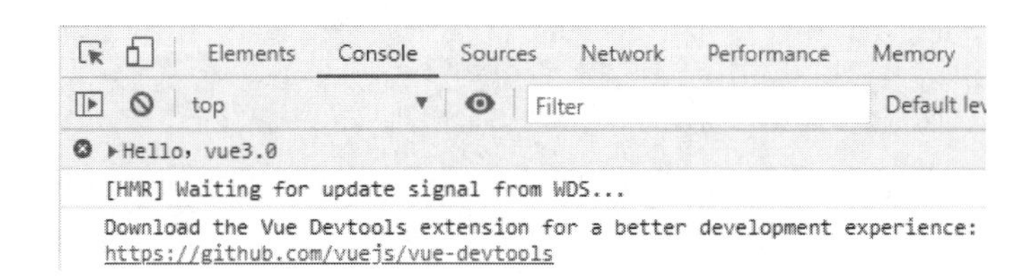


图 1-43　使用 console.error()打印信息

## 1.5.2　使用调试工具

vue-devtools 是一款基于 chrome 浏览器的插件，用于调试 Vue 应用，它可以极大地提高调试效率。Vue 官方提供的 vue-devtools 调试工具能够方便开发者对 Vue 项目进行调试与开发。下面来介绍 devtools 的安装。

(1) 在 github 上下载压缩包。github 的下载地址为 https://github.com/vuejs/devtools.git，如图 1-44 所示。

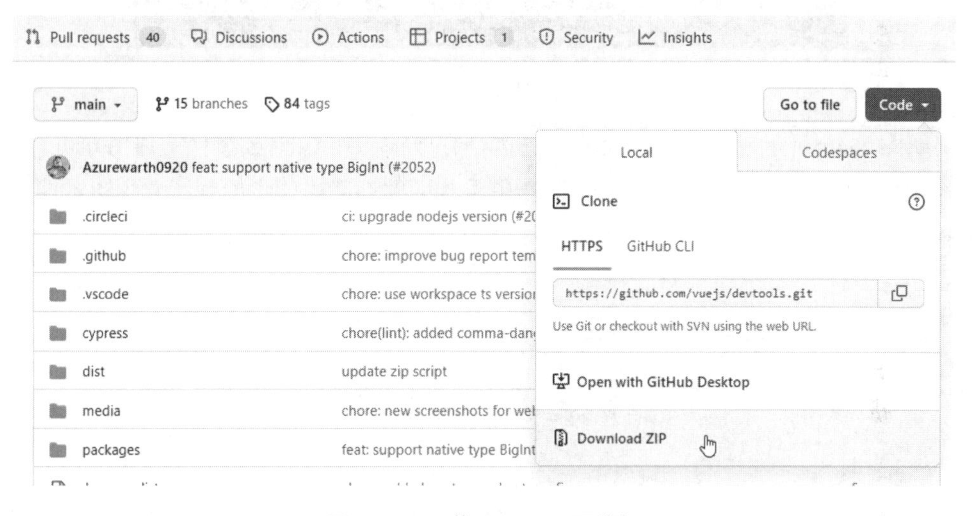


图 1-44　下载 devtools 压缩包

(2) 下载完成后将文件解压，文件解压完成后按 Win+R 组合键，输入“cmd”，打开命令行窗口，进入 devtools-main 文件夹，如图 1-45 所示。

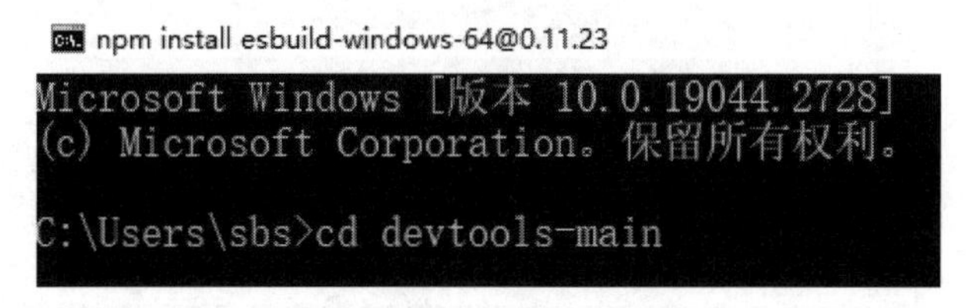


图 1-45　打开命令行窗口

(3) 在命令行窗口中分别输入以下代码，对 devtools-main 进行打包。运行结果如图 1-46 所示。

```
//安装依赖
yarn install
```

```
//打包
yarn run build:watch
//运行
yarn run dev:chrome
```

```
webpack
modules by path ../app-frontend/ 1010 KiB 365 modules
modules by path ../app-backend-core/lib/ 100 KiB 21 modules
modules by path ../shared-utils/ 60.4 KiB 15 modules
modules by path ../app-backend-vue2/lib/ 50.6 KiB 9 modules
modules by path ../app-backend-api/lib/*.js 18.5 KiB 8 modules
modules by path ./src/*.js 12.6 KiB 7 modules
modules by path ../app-backend-vue3/lib/ 33.8 KiB 7 modules
modules by path ../api/lib/esm/*.js 4.57 KiB
  ../api/lib/esm/index.js 936 bytes [built] [code generated]
  + 4 modules
../app-backend-vue1/lib/index.js 304 bytes [built] [code generate
d]
webpack 5.74.0 compiled successfully in 18487 ms
No issues found.
```

图 1-46　运行结果

出现图 1-46 所示界面时，即表示打包运行完成了，按 Ctrl+C 组合键退出即可。

(4) 打开 Chrome 浏览器的扩展程序，单击【加载已解压的扩展程序】按钮，如图 1-47 所示。

图 1-47　打开 Chrome 浏览器的扩展程序

(5) 选择 devtools-main\packages\shell-chrome 中的文件，如图 1-48 所示。

地磁盘 (C:) › 用户 › sbs › devtools-main › packages › shell-chrome

| 名称 | 修改日期 | 类型 |
|---|---|---|
| build | 2023/6/2 13:33 | 文件夹 |
| icons | 2023/6/2 11:46 | 文件夹 |
| node_modules | 2023/6/2 11:55 | 文件夹 |
| popups | 2023/6/2 11:46 | 文件夹 |
| src | 2023/6/2 11:46 | 文件夹 |
| devtools.html | 2023/4/16 21:45 | Chrome HTML D... |
| devtools-background.html | 2023/4/16 21:45 | Chrome HTML D... |
| manifest.json | 2023/4/16 21:45 | JSON 源文件 |
| package.json | 2023/4/16 21:45 | JSON 源文件 |
| webpack.config.js | 2023/4/16 21:45 | JavaScript 源文件 |

图 1-48　选择文件

(6) 将 shell-chrome 中的文件添加到 Chrome 浏览器的扩展中，如图 1-49 所示。

图 1-49　添加浏览器的扩展

至此，Vue 的扩展就安装完成了。在打开 Vue 项目时，就可以使用 vue-devtools 进行调试了，如图 1-50 所示。

图 1-50　调试工具界面

# 1.6　本 章 小 结

本章主要讲解了一些有关 Vue.js 的基础知识，包括在学习 Vue.js 前应该了解什么知识，也回顾了前端的发展历程以及三大主流框架和前端开发所使用的工具，包括开发工具和调试工具。当然，对于前端开发来说，仅仅了解这些还远远不够。当今社会，正处于一个大前端时代，随着移动业务的拓展，手机端也越来越重要，小程序以及手机上的宣传页大多是采用网页的方式来制作的，方便快捷并且无须使用客户端，这就更加彰显出前端的重要性了。

随着时代的进步，对架构模式也有一定的改良，从最初的 MVC 架构模式实现数据的单向传输，到 MVP 架构模式实现数据的双向传输，再到今天 Vue.js 所使用的 MVVM 架构模式，实现了数据的双向绑定。

对于开发工具来说，本章提供了两种工具进行 Vue 项目的开发，除此之外，还有官方给出的两种方法可以创建 Vue 项目，读者根据自己的需要进行选择即可。

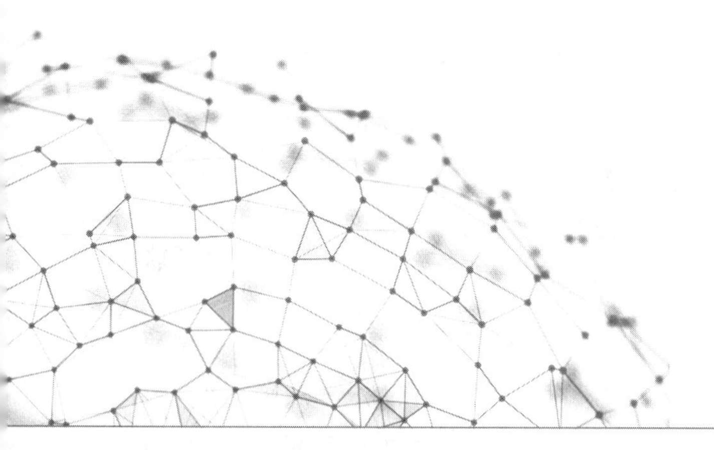

# 第2章 熟练使用 Vue 对象、组件与库

【本章概述】

在第 1 章主要介绍了 Vue 的组成、安装以及在开发一个 Vue 项目之前需要做的准备工作，本章主要介绍关于 Vue.js 指令的知识，为之后开发 Vue 项目做铺垫。通过本章的学习，读者可以了解 Vue.js 的挂载、操作关联数据、组件基础、现有组件以及现有库。

【知识导读】

本章要点(已掌握的在方框中打钩)

- □ Vue.js 的挂载
- □ Vue.js 的操作关联数据
- □ 处理生命周期
- □ Vue 组件基础
- □ Vue 现有组件、现有库

## 2.1 挂载 Vue 对象

在 Vue 2.0 中，Vue.js 的构造函数中有一个 el 选项，该选项的作用是为 Vue 实例提供挂载元素。定义挂载元素之后，接下来的操作均可以在该元素内部进行，元素的外部，则不会受到影响。例如，在页面中定义一个 div：

```
<div id= "app"></div>
```

如果将该元素作为 Vue 实例的挂载元素，可以设置为 el:'#app'、el: ='.app'或者 el:'div'。而在 Vue 3.0.0 中通常都是使用 createApp()函数来创建应用，其语法格式如下：

```
const app = Vue.createApp({})
```

在上述代码中，传递给 createApp 的选项是用来配置根组件的，在使用 mount()应用时，该组件起着渲染的作用，例如：

```
Vue.createApp(HelloVue3.0.0App).mount( '#Hello-Vue3.0.0')
```

在上述代码中，createApp 的根组件是 HelloVue3.0.0App，应用时，该组件起着渲染的作用。并且使用 mount('#Hello-Vue3.0.0')将 Vue 应用 HelloVue3.0.0App 挂载到<div id="Hello-Vue3.0.0"></div>中。

**【例 2-1】** createApp()函数的用法(实例文件 chapter-02\demo-01\index1.html)。

```
<!—createApp()函数的用法 -->
<!DOCTYPE html>
<html>
<head>
<meta charset="utf-8">
<title>index1</title>
<!-- 引用 Vue.js 文件 -->
<script src="https://cdn.staticfile.org/vue/3.2.36/vue.global.min.js"></script>
</head>
<body>
<div id="vue">
  {{ message }}
</div>
<script>
const HelloVueApp = {
  data() {
    return {
      message: 'Hello Vue3.0!'
    }
  }
}
Vue.createApp(HelloVueApp).mount('#vue')
</script>
</body>
</html>
```

在浏览器中的运行结果如图 2-1 所示。

其中，{{}}用于输出对象属性和函数返回值，{{message}}对应应用中的 message 的值。

图 2-1　createApp()函数用法实例运行结果

# 2.2　操作关联数据

Vue 2.0 是通过 new View({})来声明实例的，而 Vue 3.0 是通过 Vue.createApp(App)来创建实例的，Vue 3.0 引入 createApp()函数的目的就是为了解决 Vue 2.0 全局配置代理的一些问题。应用程序的实例就是 MVVM 架构模式中的 ViewModel。createApp()是全局 API，它接受一个根组件选项对象作为参数，该对象可以包含数据、方法、组件生命周期钩子等，然后返回应用程序实例本身。

创建应用实例之后，可以调用实例的 mount()方法，指定一个 DOM 元素，在 DOM 元素上挂载应用程序的根组件，这样 Vue 框架就会监听 DOM 元素中的数据变化。

## 2.2.1　data 成员

在 Vue 组件中，data 选项是一个函数，Vue 在创建新的组件时，在实例过程中会调用此函数。它返回一个对象，然后 Vue 通过响应性系统将其包裹起来，将数据以$data 的形式存储在组件实例中。

【例 2-2】data 成员的用法(实例文件 chapter-02\demo-02\index1.html)。

```
<!-- data 成员的用法 -->
<!DOCTYPE html>
<html>
<head>
    <meta charset="utf-8">
    <title>index1</title>
    <!-- 引入 Vue.js 文件 -->
    <script src="https://cdn.staticfile.org/vue/3.2.36/vue.global.min.js"></script>
</head>
<body>
    <div id="app"></div>
    <script>
        const app = Vue.createApp({
            data() {
                return { count: 1 }
            }
        })
        const mm = app.mount('#app')
        document.write(mm.$data.count)
        document.write("<br>")
        document.write(mm.count)
        document.write("<br>")
        // 修改 mm.count 的值也会更新 $data.count
```

```
        mm.count = 2
        document.write(mm.$data.count)
        document.write("<br>")
        // 反之亦然
        mm.$data.count = 3
        document.write(mm.count)
    </script>
</body>
</html>
```

在浏览器中的运行结果如图 2-2 所示。

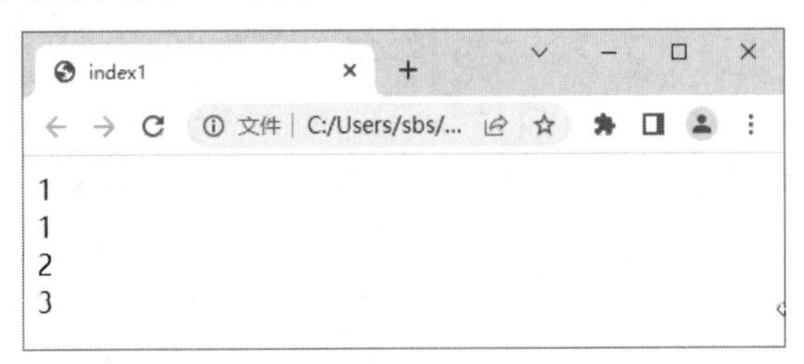


图 2-2　data 成员用法实例运行结果

在上述代码中，当修改 mm.count 的值时，$data.count 也会更新；反之，在$data.count 进行变化的同时，mm.count 也同样进行更新。

## 2.2.2　computed 成员

computed 是 Vue 的计算属性，类似于一个过滤器，对绑定到 View 的数据进行处理，它根据依赖关系进行缓存计算，只有在相关依赖发生变化的时候才会进行更新操作。当 computed 作为 Vue 的计算属性时，每一个计算属性都将被保存起来，当计算属性所依赖的属性发生变化，计算属性将会自动重新执行，并进行视图更新。

**【例 2-3】**computed 成员的用法(实例文件 chapter-02\demo-02\index2.html)。

```
<!-- computed 成员的用法 -->
<!DOCTYPE html>
<html>
<head>
    <meta charset="utf-8">
    <title>index2</title>
    <!-- 引入 Vue.js 文件 -->
    <script src="https://cdn.staticfile.org/vue/3.0.5/vue.global.js"></script>
</head>
<body>
    <div id="app">
        <p>原始字符串: {{ message }}</p>
        <p>反转后的字符串: {{ reversal }}</p>
    </div>
    <script>
        const app = {
            data() {
                return {
                    message: '你好!'
                }
            },
```

```
            computed: {
                // 计算属性的 getter
                reversal: function () {
                    // 返回值
                    return this.message.split('').reverse().join('')
                }
            }
        }
        Vue.createApp(app).mount('#app')
    </script>
</body>
</html>
```

在浏览器中的运行结果如图 2-3 所示。

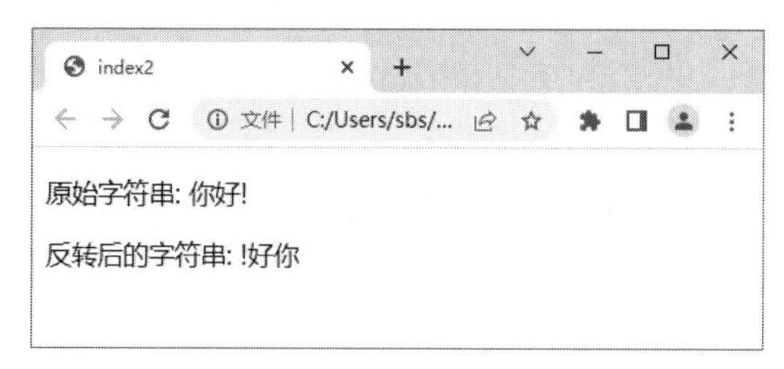


图 2-3　computed 成员用法实例运行结果

## 2.2.3　methods 成员

在 Vue 项目的开发中可以使用 methods 选项向 Vue 组件中添加方法，该选项包括所需方法的对象。

**【例 2-4】** methods 成员的用法(实例文件 chapter-02\demo-02\index3.html)。

```
<!-- methods 成员的用法 -->
<!DOCTYPE html>
<html>
<head>
    <meta charset="utf-8">
    <title>index3</title>
    <!-- 引入 Vue.js 文件 -->
    <script src="https://cdn.staticfile.org/vue/3.2.36/vue.global.min.js"></script>
</head>
<body>
    <div id="app"></div>
    <script>
        const app = Vue.createApp({
            data() {
                return { count: 1 }
            },
            methods: {
                increment() {
                    // 指向该组件实例
                    this.count++
                }
            }
        })
        const mm = app.mount('#app')
        // 结果为 1
```

```
        document.write(mm.count)
        document.write("<br>")
        mm.increment()
        // 结果为 2
        document.write(mm.count)
    </script>
</body>
</html>
```

在浏览器中的运行结果如图 2-4 所示。

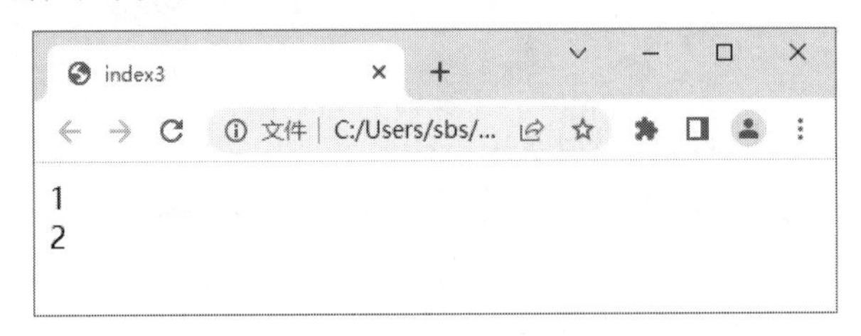


图 2-4 methods 成员用法实例运行结果

## 2.2.4 watch 成员

watch 函数是一种用来侦听特定数据源的函数，当被监视的属性发生变化时，回调函数中自动调用，进行操作。watch 的监视属性，就是观察监视属性是否发生变化，一旦属性发生变化，则进行相关操作；如果没有发生变化，监视属性也不会发生变化。

Vue 3.0 中的 watch 属性与 Vue 2.0 中的基本一致。不同的是 Vue 2.0 中的 watch 属性是作为一个配置项来使用，而在 Vue 3.0 中是作为函数来使用的，在 Vue 3.0 中 watch 属性可以继续使用 Vue 2.0 的语法，但是不写成配置项的方式，而是组合式 API。

在 Vue 3.0 中，watch 属性以组合式 API 的形式出现在 setup()中。下面来讲解 watch 属性在 Vue 3.0 中的基本使用。

**【例 2-5】**watch 成员的用法(实例文件 chapter-02\demo-02\index4.html)。

```
<!-- watch 成员的用法 -->
<!DOCTYPE html>
<html>
<head>
    <meta charset="utf-8">
    <title>index4</title>
    <!-- 引入 Vue.js 文件 -->
    <script src="https://cdn.staticfile.org/vue/3.2.36/vue.global.min.js"></script>
</head>
<body>
    <div id="conversion">
        米 : <input type="text" v-model="meters"
        @focus="currentlyActiveField = 'meters'">
        厘米 : <input type="text" v-model="centimetre"
        @focus="currentlyActiveField = 'centimetre'">
    </div>
    <p id="info"></p>
    <script>
        const conversion = {
            data() {
                return {
```

```
                // 厘米
                centimetre: 0,
                // 米
                meters: 0
            }
        },
        watch: {
            centimetre: function (newValue, oldValue) {
                // 判断是否为当前输入框
                if (this.currentlyActiveField === 'centimetre') {
                    this.centimetre = newValue;
                    // 将厘米转换为米
                    this.meters = newValue / 100
                }
            },
            meters: function (newValue, oldValue) {
                // 判断是否为当前输入框
                if (this.currentlyActiveField === 'meters') {
                    // 将米转化为厘米
                    this.centimetre = newValue * 100;
                    this.meters = newValue;
                }
            }
        }
    }
    vm = Vue.createApp(conversion).mount('#conversion')
    // watch 方法
    vm.$watch('centimetre', function (newValue, oldValue) {
        // 这个回调将在 vm.centimetre 改变后调用
        document.getElementById("info").innerHTML = "修改前的数值为: " +
        oldValue + ", 修改后的数值为: " + newValue;
    })
  </script>
</body>
</html>
```

在浏览器中的运行结果如图 2-5 所示。

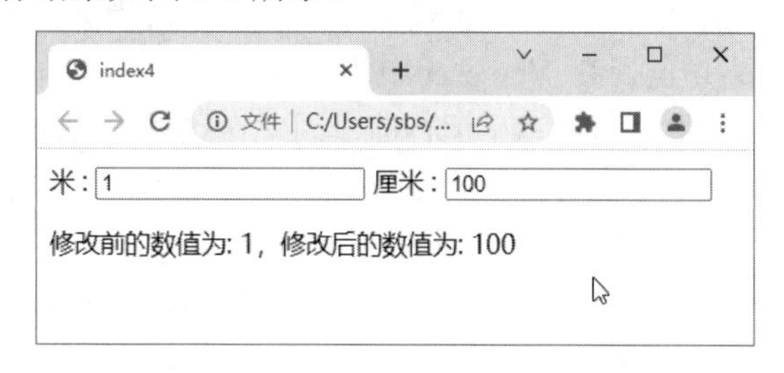


图 2-5　watch 成员用法实例运行结果

## 2.3　处理生命周期

一个实例的生命周期是 Vue 实例从创建、运行到销毁的整个过程。在 Vue 实例的创建、运行、销毁期间，总是伴随着各种各样的事件，这些事件统称为生命周期。在 Vue 2.0 中，生命周期函数总共有 8 个，如表 2-1 所示。

表 2-1　Vue 2.0 中生命周期函数

| 函　数 | 说　明 |
| --- | --- |
| beforeCreate | 实例初创建，初始化环境事件和生命周期钩子函数 |
| created | 实例已经被创建完成，开始数据注入和监测，并初始化 data 和 method |
| beforeMount | 挂载之前，模板已经编译，但还没关联到页面 |
| mounted | 挂载完成，模板已经关联到页面上 |
| beforeUpdate | DOM 更新之前 |
| updated | DOM 更新完成 |
| beforeDestroy | 实例销毁之前 |
| Destroyed | 实例已经销毁 |

Vue 3.0 生命周期做了一些改变，下面总结一下 Vue 3.0 与 Vue 2.0 的生命周期函数的不同之处，如表 2-2 所示。

表 2-2　Vue 3.0 与 Vue 2.0 生命周期函数对比

| Vue 2.0 | Vue 3.0 |
| --- | --- |
| beforeCreate | setup()：开始创建组件之前，创建的是 data 和 method |
| created | setup() |
| beforeMount | onBeforeMount：组件挂载到节点之前执行的函数 |
| mounted | onMounted：组件挂载完成之后执行的函数 |
| beforeUpdate | onBeforeUpdate：组件更新之前执行的函数 |
| updated | OnUpdated：组件更新完成之后执行的函数 |
| beforeDestroy | onBeforeUnmount：组件卸载之前执行的函数 |
| Destroyed | onUnmounted：组件卸载执行的函数 |

通过表 2-2 可知，Vue 3.0 提供了组合式 API 形式的生命周期钩子，可以通过在生命周期钩子前面加上“on”来访问。在 Vue 3.0 中也增加了 setup()函数，由于 setup()函数是围绕 beforeCreate 和 created 生命周期钩子运行的，因此在这些生命周期钩子中的任何代码都应该直接在 setup()函数中编写。这些函数接受一个回调函数，当钩子被组件调用时将会执行。下面通过代码来演示以组合式 API 形式写的生命周期钩子。

**【例 2-6】**生命周期钩子的使用(实例文件 chapter-02\demo-03\test1)。

具体实现步骤如下。

(1) 使用 VS Code 创建一个 Vue 项目，具体创建步骤可参考 1.4.3 小节。

(2) 修改 HelloWorld.vue 文件中的代码。修改后的代码如下：

```
<template>
  <div>
    <h1>我是 HelloWorld 组件</h1>
    <h3>当前的值是：{{sum}}</h3>
    <!-- 修改数据触发更新阶段的生命周期钩子 -->
    <button @click="sum++">单击加 1</button>
  </div>
```

```
</template>
<!-- 引入 api -->
<script>
import {ref,onBeforeMount,onMounted,onBeforeUpdate,onUpdated,
onBeforeUnmount,onUnmounted} from 'vue'
export default {
  setup() {
    let sum = ref(0);
    //通过组合式 API 的形式去使用生命周期钩子
    onBeforeMount(() => {
      console.log("---onBeforeMount---");
    });
    onMounted(() => {
      console.log("---onMounted---");
    });
    onBeforeUpdate(() => {
      console.log("---onBeforeUpdate---");
    });
    onUpdated(() => {
      console.log("---onUpdated---");
    });
    onBeforeUnmount(() => {
      console.log("---onBeforeUnmount---");
    });
    onUnmounted(() => {
      console.log("---onUnmounted---");
    });
    return {
      sum,
    };
  },
};
</script>
```

(3) 在 App.vue 中使用一个 HelloWorld 组件，并添加一个 v-if 判断具体演示组件是否被卸载，具体代码如下：

```
<template>
  <div>
    <button @click="isShow = !isShow ">单击是否显示组件</button>
    <!-- if 对应的表达式为假，组件将被卸载 -->
    <HelloWorld v-if="isShow"/>
  </div>
</template>
<script>
import { ref } from "vue";
import HelloWorld from './components/HelloWorld.vue'
export default {
  name: 'App',
  components: {
    HelloWorld
  },
  setup() {
    // 演示组件是否被卸载
    let isShow = ref(true)
    return {
      isShow
    }
  }
```

```
}
</script>
```

(4) 在浏览器中运行，结果如图 2-6 所示。

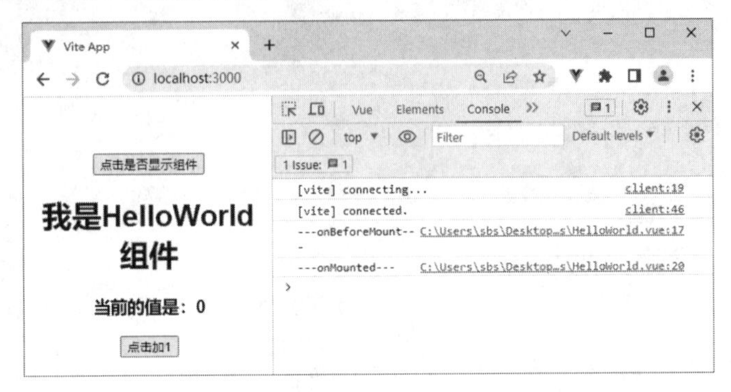

图 2-6　运行结果

(5) 通过图 2-6 可知，输出的信息直接触发挂载时的生命周期钩子，当单击“点击加1”按钮时，更新的生命周期钩子就会被触发，如图 2-7 所示。

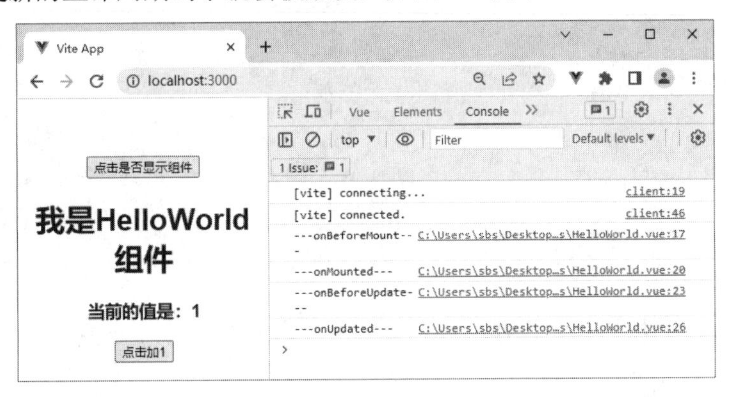

图 2-7　挂载时生命周期钩子被触发

(6) 当单击“点击是否显示组件”按钮时，将会触发卸载阶段的生命周期钩子，如图 2-8 所示。

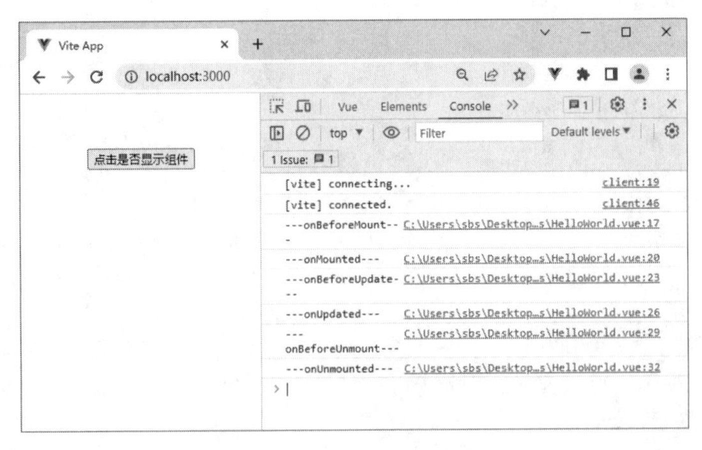

图 2-8　卸载时生命周期被触发

生命周期的流程如图 2-9 所示。

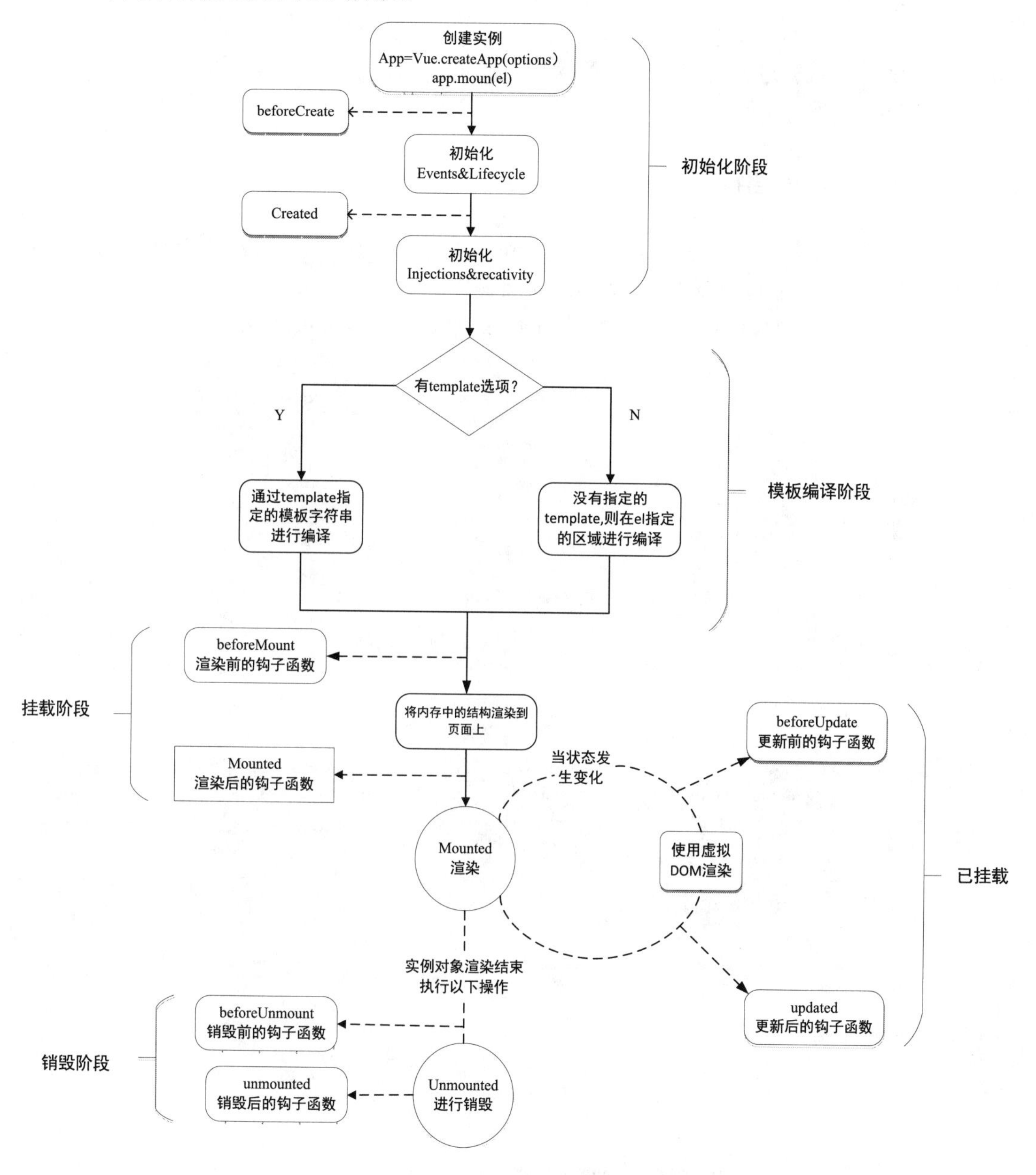


图 2-9　生命周期流程图

## 2.4　Vue 组件基础

组件在 Vue 中是一个非常重要的概念，可以将 Vue 组件理解为预先设定好的 ViewModel。每个 Vue 组件都可以预先定义很多选项，其核心主要是以下几个部分。

(1) 模板：模板是 Vue 提供的容器标签，主要是声明数据与最终展现给用户 DOM 之间的一种映射关系，在 Vue 3.0 中，<template>支持定义多个根节点。

(2) script：组件中的 JavaScript 行为，其中最重要的是以下两点。

① 数据：组件的初始数据的状态。

② 方法：对数据进行的增删改查等操作在此进行。

(3) style：主要是组件的样式。

### 2.4.1 创建 Vue 组件

在 Vue 3.0 中，一个组件实例是通过 createApp()函数来创建的，在组件实例被创建后，通过调用 mount()方法将组件实例挂载到页面中。

【例 2-7】全局组件的创建(实例文件 chapter-02\demo-04\index1.html)。

```
<!DOCTYPE html>
<html>
<head>
   <meta charset="utf-8">
   <title>index1</title>
   <!-- 引入 Vue.js -->
   <script src="https://cdn.staticfile.org/vue/3.2.36/vue.global.min.js"></script>
</head>
<body>
   <div id="app">
      <!-- 引入组件 -->
      <overall></overall>
   </div>
   <script>
      // 创建一个 Vue 应用
      const app = Vue.createApp({})
      // 定义一个名为 overall 的全局组件
      app.component('overall', {
         template: '<h1>我是新创建的组件</h1>'
      })
      app.mount('#app')
   </script>
</body>
</html>
```

在浏览器中运行以上代码，结果如图 2-10 所示。

图 2-10　运行结果

【例 2-8】局部组件的创建(实例文件 chapter-02\demo-04\index2.html)。

```
<!DOCTYPE html>
<html>
<head>
   <meta charset="utf-8">
```

```
    <title>index1</title>
    <!-- 进入 Vue.js -->
    <script src="https://cdn.staticfile.org/vue/3.2.36/vue.global.min.js"></script>
</head>
<body>
    <div id="app">
        <!-- 引入组件 -->
        <overall></overall>
    </div>
    <script>
        // 定义一个局部组件
        var overallA = {
            template: '<h1>我是新创建的组件!</h1>'
        }
        const app = Vue.createApp({
            components: {
                'overall': overallA
            }
        })
        app.mount('#app')
    </script>
</body>
</html>
```

在浏览器中运行以上代码，结果如图 2-11 所示。

图 2-11　运行结果

【例 2-9】父组件向子组件传递数据的实现(实例文件 chapter-02\demo-04\index3.html)。

```
<!DOCTYPE html>
<html>
<head>
    <meta charset="utf-8">
    <title>index3</title>
    <!-- 进入 Vue.js -->
    <script src="https://cdn.staticfile.org/vue/3.2.36/vue.global.min.js"></script>
</head>
<body>
    <div id="app">
        <overall title="我是一号"></overall>
        <overall title="我是二号"></overall>
        <overall title="我是三号"></overall>
    </div>
    <script>
        const app = Vue.createApp({})
        app.component('overall', {
```

```
            props: ['title'],
            template: `<h1>{{ title }}</h1>`
        })
        app.mount('#app')
    </script>
</body>
</html>
```

在浏览器中运行以上代码，结果如图 2-12 所示。

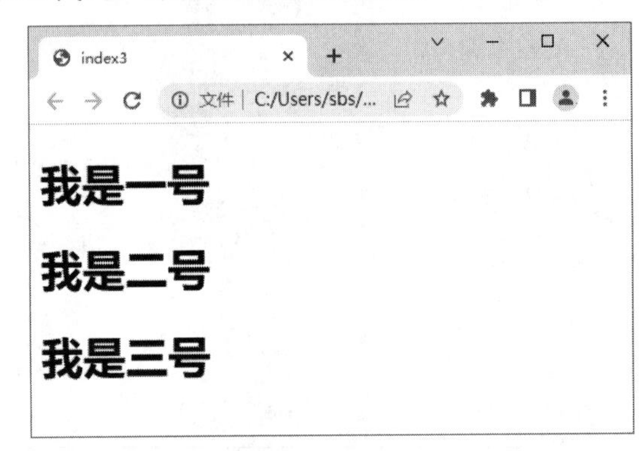


图 2-12　运行结果

## 2.4.2　Vue 专用组件

Vue 本身对于状态的管理是独立的，各组件只需维护自身状态即可，而作为基于 Vue 状态管理框架的 Vuex，是一个专门为 Vue 定制的状态管理模块，它可以集中地存储和管理应用的所有组件的状态，使状态数据可以按照预期的方式变化。

### 1. Vuex 的由来

在日常开发中，对于组件较少且简单的 Vue 应用来说，单向数据流的状态管理模式非常高效，但是，当 Vue 应用遇到多个组件共享状态时，使用此方式进行状态管理则会非常困难，主要有以下两种情况。

(1) 多个视图依赖于同一状态。

对于嵌套的多个组件，可以通过传参的方式传递状态，但是对于兄弟组件之间的状态，传递就非常困难。

(2) 多个组件触发动作改变同一状态。

不同的组件若要改变同一状态，最直接的方式就是将触发动作交给上层，对于多层嵌套的组件，一层一层地上传，并在最上层处理状态的更改。

基于以上两种情况，Vuex 应景而生，Vuex 可以将组件间的共享状态抽取出来，以一个全局单例模式进行管理。在此种模式下，组件树构成一个巨大的视图，不管视图在组件树的哪个位置，任何组件都能获取共享状态，也可以直接触发修改动作，以此改变共享状态。

### 2. Vuex 的安装与使用

**【例 2-10】** Vuex 的安装与使用(实例文件 chapter-02\demo-04\test1)。

具体实现步骤如下。

(1) 使用 VS Code 创建一个 Vue 项目，具体创建步骤可参考 1.4.3 小节。

(2) 在生成的 Vue 项目中运行以下指令安装 Vuex。

```
npm install vuex@next --save
```

(3) 在 src 文件夹下新建一个 store 文件夹，并在 store 文件夹下新建一个 index.js 文件，然后在 index.js 文件中编写如下代码：

```
import { createStore } from 'vuex';
const store = createStore({
  state: {
    count: 1,
  },
  mutations: {
    // count 值累加
    increment(state) {
      state.count++;
    },
    // count 值累减
    decrement(state) {
      state.count--;
    },
  }
});
export default store;
```

(4) 修改 main.js 文件中的代码，将 store/index.js 引入全局，修改后的代码如下：

```
import { createApp } from 'vue'
import App from './App.vue'
import './index.css'
// 引入 index.js
import store from './store/index.js';
createApp(App).use(store).mount('#app')
```

(5) 修改 App.vue 文件，在文件中调用 store/index.js 文件中的属性和方法，修改后的代码如下：

```
<template>
  <!-- 输出 count 的值 -->
  <h1>Count: {{ $store.state.count }}</h1>
  <!-- 调用 increment -->
  <button @click="$store.commit('increment')">+</button>
  <!-- 调用 decrement -->
  <button @click="$store.commit('decrement')">-</button>
</template>
<script>
export default {
  name: 'App'
}
</script>
```

(6) 运行项目，结果如图 2-13 所示。

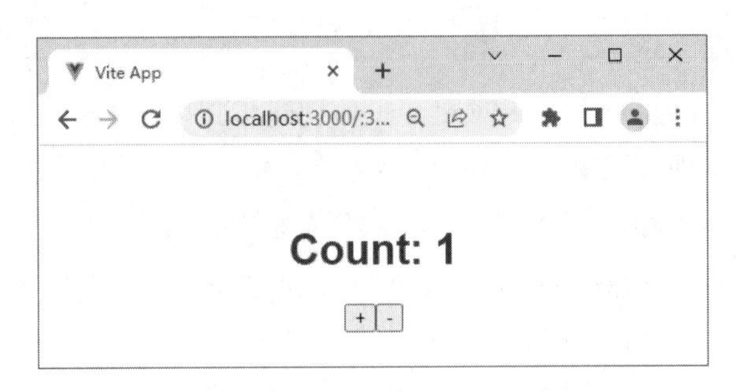


图 2-13　运行结果

当单击“+”或“-”按钮时，Count 的值将会进行累加或累减。

## 2.5　设计 Vue 组件

组件的设计主要是模块的设计，它体现在项目的业务需求、基本功能和性能上。经过上一节的讲解，相信读者已经了解了 Vue 组件的创建与使用方法。下面将通过一些实例来详细讲解组件中的 v-on 指令、v-model 指令和预留组件插槽功能的使用方法。

### 2.5.1　面向组件的 v-on 指令

v-on 指令主要用来监听 DOM 事件，在触发时运行 JavaScript 代码。v-on 指令的表达式有两种：一种是一般的 JavaScript 代码的形式，另一种是一个方法的名字或者是一个内联语句。

在使用 v-on 指令对事件进行绑定时，需要在 v-on 指令后面追加名称，例如：

```
<button v-on:click="onclick ">xxxx </button><!--标准写法-->
<button @click=" onclick ">xxxx</button><!—简略写法-->
```

【例 2-11】v-on 指令的使用(实例文件 chapter-02\demo-05\test1)。

具体实现步骤如下。

(1) 使用 VS Code 创建一个 Vue 项目，具体创建步骤可参考 1.4.3 小节。

(2) 在 HelloWorld.vue 文件中编写 v-on 指令，具体代码如下：

```
<template>
  <div>
    {{ num }}
    <button @click="counter">增加 1</button>
  </div>
</template>
<script>
import { defineComponent, ref } from 'vue'
export default defineComponent({
  setup() {
    // 声明双向数据 ref
    const num = ref()
    // js 通过.value 获取值
    num.value = 1;
    const counter = () => {
      num.value += 1;
```

```
    }
    return {
      num,
      counter
    }
  },
})
</script>
```

(3) 运行项目，结果如图 2-14 所示。

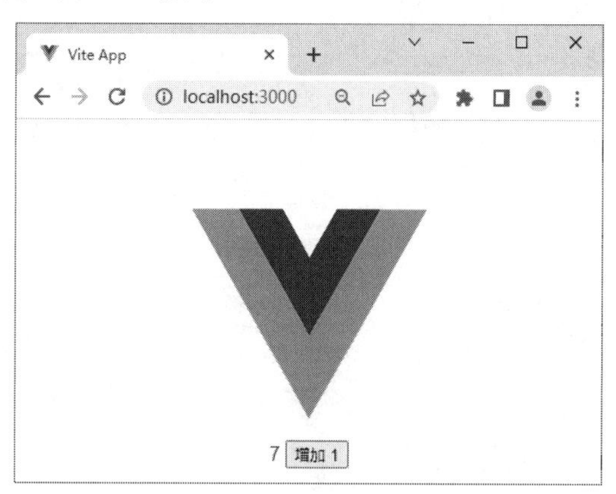


图 2-14　v-on 指令实例的运行结果

通过以上实例可知，在运行页面时单击按钮会执行 click 函数，进而可改变 num 的值。

## 2.5.2　面向组件的 v-model 指令

v-model 指令主要用来进行数据的双向绑定，例如表单<input>、<textarea>及<select>等。它可以根据控件类型自动选取正确的方法来更新元素，主要负责监听用户的输入事件以及更新数据，并对一些极端场景进行特殊处理。

**【例 2-12】** v-model 指令的使用(实例文件 chapter-02\demo-05\test2)。

具体实现步骤如下。

(1) 使用 VS Code 创建一个 Vue 项目。

(2) 在 HelloWorld.vue 文件中编写 v-model 指令，具体代码如下：

```
<template>
  <div>
    增加后的值：<input v-model="num" />
    <button @click="counter">增加 </button>
  </div>
</template>
<script>
import { defineComponent, ref } from 'vue'
export default defineComponent({
  setup() {
    // 声明双向数据 ref
    const num = ref()
    // js 通过.value 获取值
    num.value = 1;
    const counter = () => {
```

```
      num.value += 1;
    }
    return {
      num,
      counter
    }
  },
})
</script>
```

(3) 运行项目，结果如图 2-15 所示。

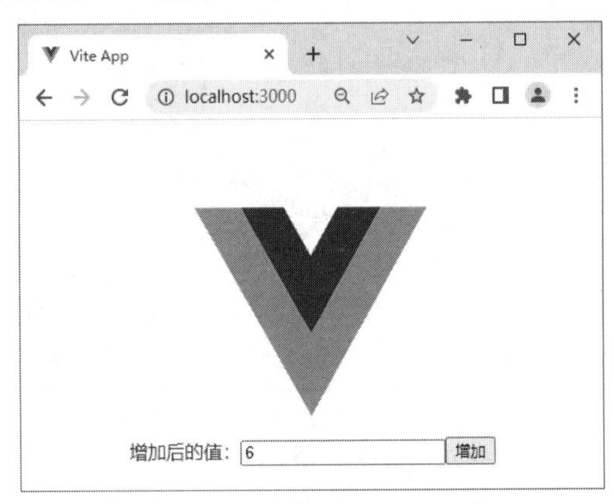


图 2-15　v-model 指令实例的运行结果

## 2.5.3　预留组件插槽

插槽(Slot)是指在 HTML 中起始标签和结束标签中间的部分，是 Vue 为组件封装者提供的一种能力，它允许开发者在封装组件时，把不确定的、希望由用户指定的内容定义为插槽。在使用<div>标签时，内部的插槽位置既可以放置要显示的文案，也可以放置嵌套的其他标签，可以将其理解为在组件封装时，为用户预留的内容的占位符。

在封装组件时，可以通过<slot>元素来定义插槽。

**【例 2-13】**预留组件插槽的使用(实例文件 chapter-02\demo-05\test3)。

具体实现步骤如下。

(1) 使用 VS Code 创建一个 Vue 项目。

(2) 在 HelloWorld.vue 文件中创建预留组件插槽，具体代码如下：

```
<template>
  <!-- 声明插槽 -->
  <slot name="one"></slot>
  <slot name="two"></slot>
</template>
<script>
export default {
  name: 'HelloWorld',
  props: {
    msg: String
  }
}
</script>
```

(3) 在 App.vue 文件中调用 HelloWorld.vue 文件，并给预留组件插槽赋值，具体代码如下：

```
<template>
  <HelloWorld>
    <!-- 为插槽赋值 -->
    <template #one>
      <h2>我是第一个预留插槽</h2>
    </template>
    <template #two>
      <h2>我是第二个预留插槽</h2>
    </template>
  </HelloWorld>
</template>
<script>
import HelloWorld from './components/HelloWorld.vue'
export default {
  name: 'App',
  components: {
    HelloWorld
  }
}
</script>
```

(4) 运行项目，结果如图 2-16 所示。

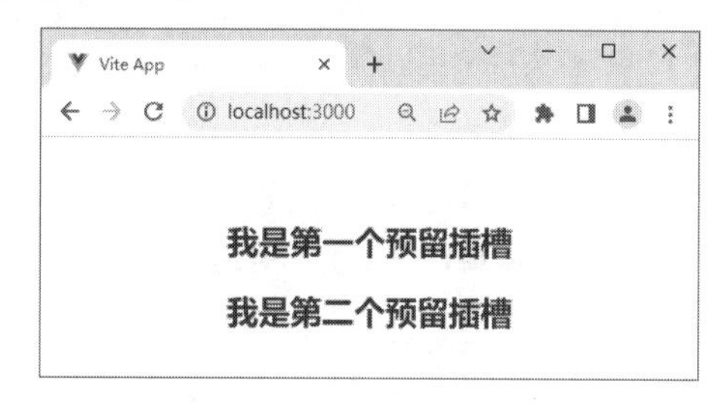


图 2-16　运行结果

# 2.6　使用现有组件

在日常开发中，除了可以使用自己创建的组件外，还可以使用 Vue 中现有的一些组件。其中现有组件又可以分为内置组件和外部组件。下面将详细介绍内置组件和外部组件在 Vue 项目中的使用。

## 2.6.1　使用内置组件

Vue 3.0 和 Vue 2.0 一样，都有很多内置组件，例如 component、transition 内置组件等，但是相比于 Vue 2.0，Vue 3.0 新引入了 teleport、fragment 和 suspense 内置组件。下面将详细讲解这三种内置组件在项目中的使用方法。

1. teleport 组件

Teleport 意为传递、传送，是 Vue 3.0 新增的一个组件，通过该组件，开发者可以将相关行为的逻辑和 UI 封装到同一个组件，以提高代码的聚合性。同样的功能在 Vue 2.0 中则是通过第三方库，或者使用$el 操作 DOM 等来实现。

【例 2-14】teleport 组件的使用(实例文件 chapter-02\demo-06\test1)。

具体实现步骤如下。

(1) 使用 VS Code 创建一个 Vue 项目。

(2) 在 App.vue 文件中使用 teleport 组件，具体代码如下：

```
<template>
  <h1>hello Vue1</h1>
  <h2>hello Vue2</h2>
  <!-- teleport 内置组件，将其渲染在 body -->
  <teleport to="h1">
    <div>teleport 内置组件</div>
  </teleport>
</template>
<script>
export default {
  name: 'App',
}
</script>
```

(3) 运行项目，结果如图 2-17 所示。

图 2-17　运行结果

teleport 组件中的参数 to 的值为将要移动到的位置。

2. fragment 组件

在 Vue 2.0 中，组件必须要有一个根标签，而在 Vue 3.0 中却不用。在 Vue 3.0 中，内部的多个标签会包含在一个 fragment 虚拟的元素中，它可以减少标签的层级，并减少内存量的使用。

【例 2-15】fragment 组件的使用(实例文件 chapter-02\demo-06\test2)。

具体实现步骤如下。

(1) 使用 VS Code 创建一个 Vue 项目。

(2) 在 App.vue 文件中使用 fragment 组件，具体代码如下：

```
<template>
  <h1>hello Vue1</h1>
  <h1>hello Vue2</h1>
</template>
<script>
export default {
```

```
  name: 'App',
}
</script>
```

(3) 运行项目，结果如图 2-18 所示。

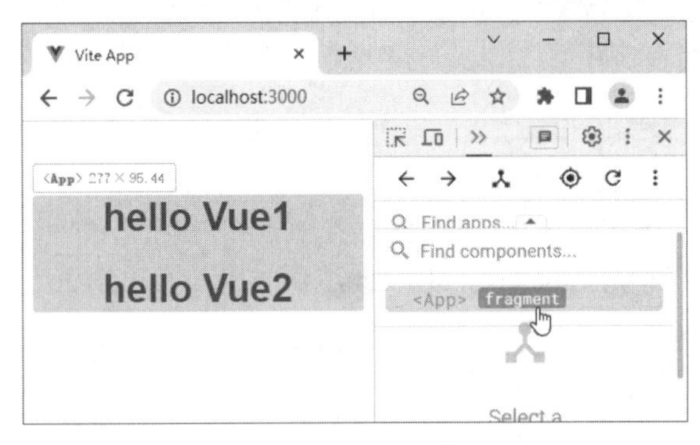


图 2-18　运行结果

3. suspense 组件

suspense 组件的主要作用是在等待异步组件的过程中渲染一些其他内容，通常在组件等待中获取数据(在异步 API 调用中)。在 Vue 2.0 中，需要使用条件来判断数据是否已经加载并显示回退的内容，而在 Vue 3.0 中，可以使用 suspense 组件完成数据加载时的跟踪和相应内容的渲染。

【例 2-16】suspense 组件的使用(实例文件 chapter-02\demo-06\test3)。

具体实现步骤如下。

(1) 使用 VS Code 创建一个 Vue 项目。

(2) 新建组件并命名为 Child.vue，在其中编写如下代码：

```
<template>
    <div class="child">
        <h3>我是 Child 组件</h3>
        name: {{ user.name }}
        age: {{ user.age }}
    </div>
</template>
<script>
export default {
    name: "Child",
    async setup() {
        const NanUser = () => {
            return new Promise((resolve, reject) => {
                // 延迟 2000 毫秒
                setTimeout(() => {
                    resolve({
                        name: "NanChen",
                        age: 20,
                    });
                }, 2000);
            });
        };
        const user = await NanUser();
        return {
```

```
            user,
        };
    },
};
</script>
<!-- 样式 -->
<style>
.child {
    background-color: skyblue;
    padding: 10px;
}
</style>
```

(3) 新建组件并命名为Home.vue，并在此组件中引入Child.vue组件，具体代码如下：

```
<template>
  <div class="home">
    <h3>我是 Home 组件</h3>
    <Suspense>
      <template #default>
        <!-- 使用 Child 组件 -->
        <Child />
      </template>
      <template v-slot:fallback>
        <h3>Loading...</h3>
      </template>
    </Suspense>
  </div>
</template>
<script >
// import Child from './components/Child'//静态引入
import { defineAsyncComponent } from "vue";
const Child = defineAsyncComponent(() => import("./child.vue"));
export default {
  name: "Home",
  components: { Child },
};
</script>
  <!-- 样式 -->
<style>
.home {
  width: 300px;
  background-color: gray;
  padding: 10px;
}
</style>
```

(4) 在App.vue组件中引入Home.vue组件，具体代码如下：

```
<template>
  <Home />
</template>
<script>
import Home from './components/Home.vue'
export default {
  name: 'App',
  components: {
    Home
  }
```

```
}
</script>
```

(5) 运行项目，结果如图 2-19 所示。

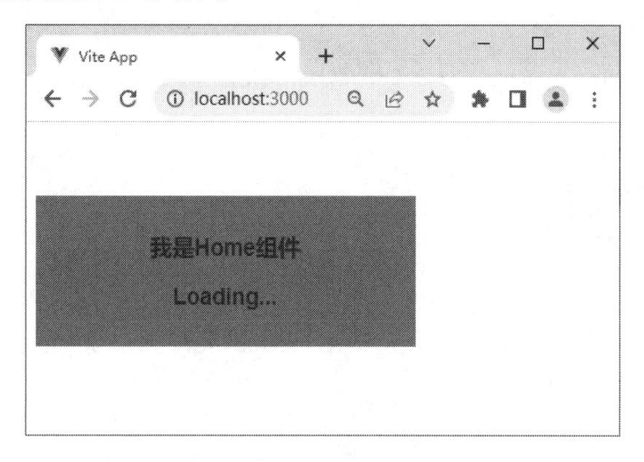


图 2-19　运行结果

(6) 在项目运行 2000 毫秒后，结果如图 2-20 所示。

图 2-20　2000 毫秒后的运行结果

## 2.6.2　引入外部组件

axios 是一个基于 promise、用于浏览器和 Node.js 的 HTTP 客户端。axios 在 Vue 项目中可以向后台发送请求，进行接口 API 的调用，以此获取响应信息。其本质是对原生 XHR 的封装，是 promise 的实现版本，符合最新的 ES 规范。

1. axios 的特点

(1) 从浏览器中创建 XMLHttpRequests。

(2) 从 Node.js 创建 HTTP 请求。

(3) 支持 PromiseAPI。

(4) 拦截请求和响应。

(5) 转换请求数据和响应数据。

(6) 取消请求。

(7) 自动转换 JSON 数据。

(8) 客户端支持防御 XSRF。

2. axios 的安装和使用

**【例 2-17】**axios 的安装与使用(实例文件 chapter-02\demo-06\test4)。

具体实现步骤如下。

(1) 使用 VS Code 创建一个 Vue 项目。

(2) 在生成的 Vue 项目中运行以下指令安装 axios。

```
npm install axios
```

(3) 在 src 下新建一个 axios 文件夹，并在 axios 文件夹下新建一个 index.js 文件，然后在 index.js 文件中编写如下代码：

```
// 导入 axios
import axios from 'axios'
// 创建 axios 实例
const API = axios.create({
   //请求后端数据的基本地址
   baseURL: 'http://localhost:8080',
   //请求超时时间
   timeout: 2000
})
// 导出 axios 实例模块
export default API
```

(4) 在 main.js 文件中将 axios 全局引入，具体代码如下：

```
import { createApp } from 'vue'
import App from './App.vue'
import './index.css'
// 引入 axios
import axios from './axios/index.js'
const app = createApp(App);
app.mount('#app');
// 配置 axios 的全局引用
app.config.globalProperties.$axios = axios;
```

# 2.7 使用现有库

Vue 是一个非常强大的前端框架，它除了上节中讲解的现有组件外，还有很多现有的库，在日常开发中，使用这些库不仅可以快速地搭建出良好的界面，还可以有效地简化工作流程。下面通过实例来为读者讲解内置库和外部库的使用。

## 2.7.1 使用内置库

Element Plus 是前端 UI 框架，它本身是基于 Vue 的 UI 框架，在 Vue 项目中，也可以使用。Element Plus 内置了许多丰富的样式与布局框架，使用它可以有效地降低开发成本。下面将通过实例来介绍 Element Plus 的安装和使用。

【例 2-18】Element Plus 的安装与使用(实例文件 chapter-02\demo-07\test1)。

具体实现步骤如下。

(1) 使用 VS Code 创建一个 Vue 项目。

(2) 在生成的 Vue 项目中运行以下指令安装 Element Plus。

```
npm install element-plus --save
```

(3) 在 main.js 中引入 Element Plus，具体代码如下：

```
import { createApp } from 'vue'
import App from './App.vue'
import './index.css'
// 引入element-plus
import ElementPlus from 'element-plus'
import '../node_modules/element-plus/theme-chalk/index.css'
createApp(App).use(ElementPlus).mount('#app')
```

(4) 在 HelloWorld.vue 文件中使用 Element Plus 库中的样式，具体代码如下：

```
<template>
  <!-- 使用element-plus 中的样式 -->
  <el-button type="primary">Primary</el-button>
  <el-button type="success">Success</el-button>
</template>
<script>
export default {
  name: 'HelloWorld',
  props: {
    msg: String
  }
}
</script>
```

(5) 运行项目，结果如图 2-21 所示。

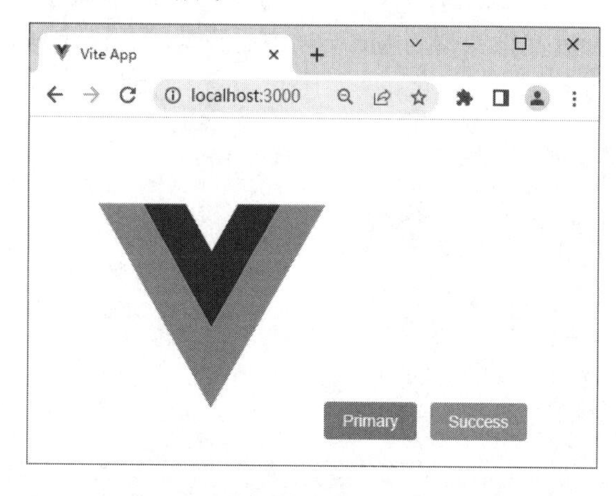


图 2-21　运行结果

## 2.7.2　引入外部库

Mock.js 是前端的一个模拟数据的库，在前端开发中可以使用这个库来避免大量的后端请求。在 Vue 项目中可以使用它生成随机数据，生成的随机数据支持文本、数字、布尔值、日期、邮箱、链接、图片、颜色等。下面将通过实例来介绍 Mock.js 的安装和使用。

【例 2-19】Mock.js 的安装与使用(实例文件 chapter-02\demo-07\test2)。

具体实现步骤如下。

(1) 使用 VS Code 创建一个 Vue 项目。

(2) 在生成的 Vue 项目中运行以下指令安装 Mock.js。

```
npm install mockjs
```

(3) 在 src 下新建一个 mock 文件夹，并在 mock 文件夹下新建一个 index.js 文件，然后在 index.js 文件中编写如下代码：

```
// 引入 mockjs
import Mock from 'mockjs'
const getdata = () => {
   return {
      id: 1,
      name: '李四'
   }
}
Mock.mock('/mock/get', getdata)
export default Mock
```

(4) 在 main.js 中引入 Mock.js，具体代码如下：

```
import { createApp } from 'vue'
import App from './App.vue'
import './index.css'
// 引入 mock
import './mock/index.js'
const app = createApp(App);
app.mount('#app');
```

(5) 在项目中安装并引入 axios，具体安装步骤见 2.6.2 小节。

(6) 在 HelloWorld.vue 文件中调用 Mock.js 中的数据，具体代码如下：

```
<template>
  <div>
    <button @click="getrequ">发送请求</button>
    <div>id:{{ data.id }}</div>
    <div>name:{{ data.name }}</div>
  </div>
</template>
<script setup>
import { shallowReactive } from 'vue';
// 引入 axios
import axios from '../axios/index.js'
// 声明 data，用来存储请求结果
let data = shallowReactive({})
// 获取数据
const getrequ = async () => {
  let result = await axios({
    url: '/get',
    method: 'GET'
  })
  // 将 data 与结果合并，形成响应式对象
  Object.assign(data, result.data)
```

```
}
</script>
```

(7) 运行项目，结果如图 2-22 所示。

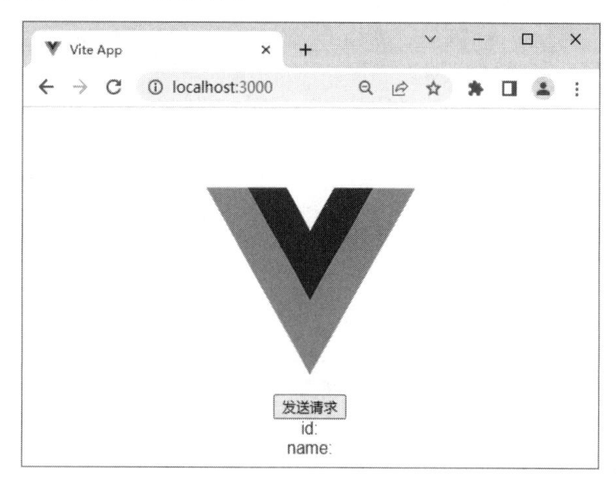


图 2-22　运行结果

(8) 单击“发送请求”按钮获取数据，结果如图 2-23 所示。

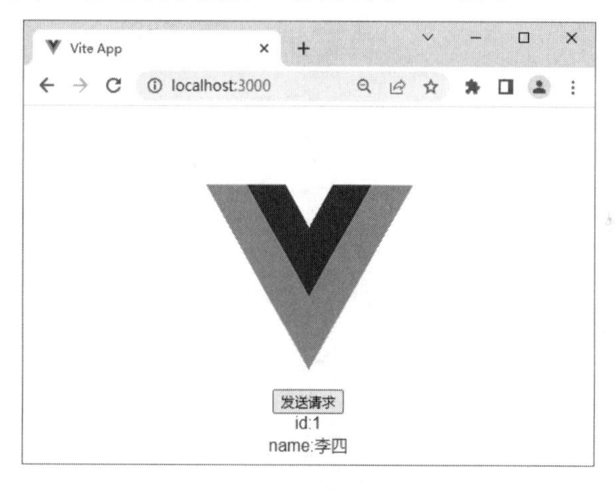


图 2-23　运行结果

# 2.8　本章小结

本章主要介绍了 Vue 对象的挂载、操作关联数据以及 Vue 组件的创建方法，除此之外还介绍了 Vue 的现有组件以及现有库。通过本章的学习会发现，Vue 3.0 相比 Vue 2.0 增加了一些功能，在 Vue 3.0 中包含了单文件组件 setup()以及组合式 API 的写法，而且在组合式 API 使用过程中组件不需要被注册；在 Vue 2.0 中数据一般会放在 data 函数中，而在 Vue 3.0 中则是放在新增的 setup()函数中，在 setup()函数中采用 ref、reactive 进行初始化；另外，Vue 2.0 和 Vue 3.0 的生命周期也有所不同。在 2.6.1 节对 Vue 3.0 的内置组件进行了详细的介绍。

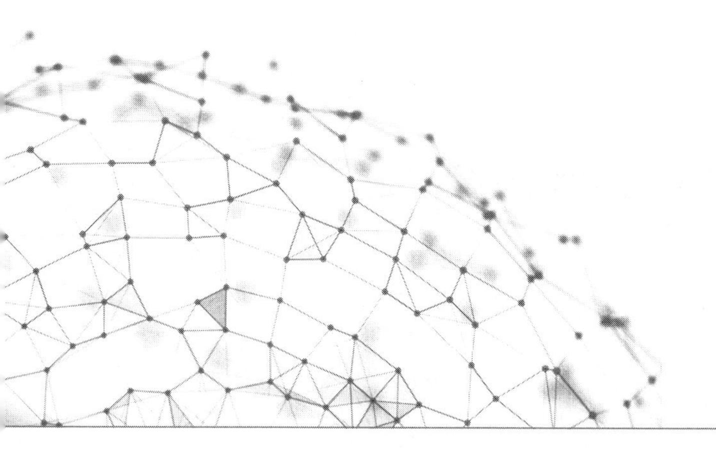

# 第3章

# 企业网站系统

【本章概述】

本章将介绍如何使用 Vue 的前端框架开发一个完整的企业网站系统。此系统主要包含六个功能模块，分别为首页页面、关于我们页面、核心业务页面、新闻动态页面、联系我们页面和在线咨询页面。通过对搭建网站系统运行环境、Vue 项目和前端页面具体实现过程的详细讲解，相信读者能学会企业网站系统的开发。

【知识导读】

本章要点(已掌握的在方框中打钩)

- ☐ 项目环境及框架
- ☐ 搭建 Vue 项目
- ☐ 系统分析
- ☐ 企业网站系统运行
- ☐ 系统主要功能实现

# 3.1　项目环境及框架

开发一个 Vue 项目，首先需要搭建好 Vue 的运行环境，而要想高效地进行项目开发，那么一个便捷的开发工具是必不可少的，本系统使用的 Vue 版本为 Vue.js 3.0，开发工具使用的是 Visual Studio Code。

## 3.1.1　系统开发环境要求

开发和运行企业网站系统之前，本地计算机需满足以下条件。

操作系统：Windows 7 以上。

开发工具：Visual Studio Code。

开发框架：Vue.js 3.0。

开发环境：Node16.20.0 以上。

## 3.1.2　软件框架

此企业网站系统是一个前端项目，它所使用的主要技术有 Vue.js、JavaScript、CSS、Mock.js、axios、vue-router 和 Element Plus，下面简单介绍一下这些技术。

1. Vue.js

Vue.js 是一套构建用户界面的渐进式框架。与其他重量级框架不同的是，Vue 采用自底向上增量开发的设计。Vue 的核心库只关注视图层，因此非常容易学习，也很容易与其他库或已有项目整合。另一方面，Vue 完全有能力驱动单文件组件和 Vue 生态系统支持的库开发的复杂单页应用。

2. JavaScript

JavaScript 是一种轻量级的且可以即时编译的编程语言(简称“JS”)。虽然它作为开发 Web 页面的脚本语言而出名，但是它也被应用到了很多非浏览器环境中。

3. CSS

CSS(Cascading Style Sheets)即层叠样式表，是一种用来表现 HTML(标准通用标记语言的一个应用)或 XML(标准通用标记语言的一个子集)等文件样式的计算机语言。CSS 不仅可以静态地修饰网页，还可以配合各种脚本语言动态地对网页各元素进行格式化。CSS 能够对网页中元素位置的排版进行像素级精确控制，支持几乎所有的字体字号样式，拥有对网页对象和模型样式编辑的能力。

4. Mock.js

Mock.js 是一块模拟数据的生成器，可用于生成数据和拦截 Ajax 请求，常在前端开发中使用。想要了解更多的 Mock.js 知识，可以在 Mock.js 官网(http://mockjs.com/)中查看。

5. axios

axios 是一个基于 promise 的网络请求库，作用于 Node.js 和浏览器中。

6. vue-router

vue-router 是 Vue.js 下的路由组件，它和 Vue.js 深度集成，适用于构建单页面应用。

7. Element Plus

Element Plus 是一个基于 Vue 3.0、面向开发者和设计师的组件库，使用它可以快速地搭建一些简单的前端页面。

# 3.2　搭建 Vue 项目

目前有很多快速搭建 Vue 项目的方法，而在日常开发中，Vue 项目的创建方式常用的有三种：使用 vue cli 创建、使用 vite 创建和使用 vue-create 创建。其中，vite 是最快的创建方式，vue-create 是官方推荐的创建方式。本例使用 vite 创建 Vue 项目并在项目中安装 axios、Element Plus、Mock.js 和 vue-router。

## 3.2.1　项目创建

此企业网站系统由 vite 脚手架搭建，具体搭建步骤如下。

step 01 新建一个名称为“chapter-03”的文件夹，并使用 Visual Studio Code 打开。

step 02 在 Visual Studio Code 终端中输入指令 npm init vite-app test，创建 Vue 项目，如图 3-1 所示。

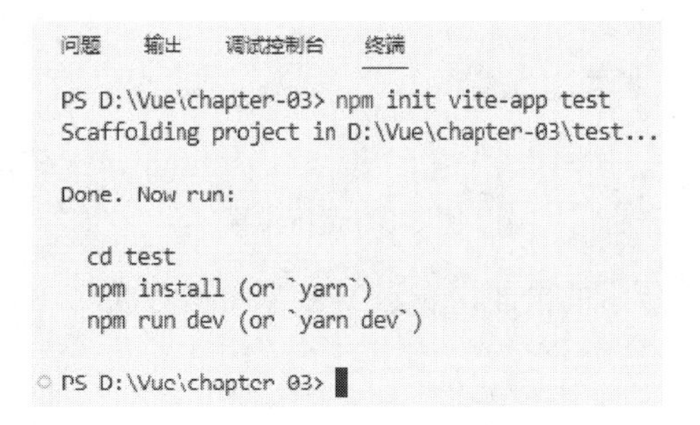


图 3-1　创建项目

其中，test 为生成的 Vue 项目名称。

step 03 在 Visual Studio Code 终端中输入指令安装项目依赖，指令如下：

```
//进入到创建的 test 项目目录
cd test
//安装依赖
npm install
```

step 04 在 Visual Studio Code 终端中输入指令 npm run dev，运行项目，如图 3-2 所示。

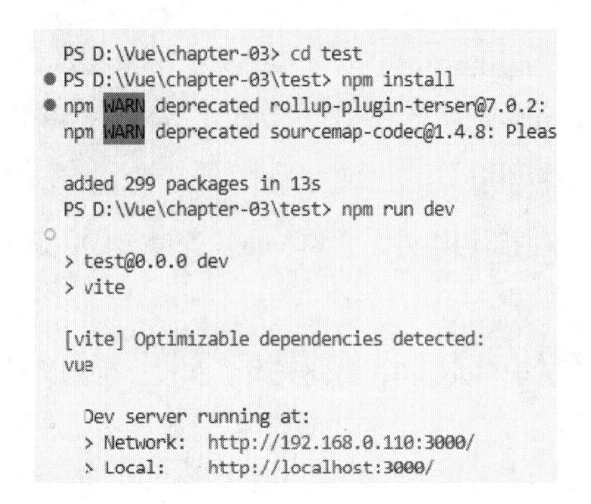


图 3-2　运行项目

step 05 在浏览器中访问 http://localhost:3000/，结果如图 3-3 所示。

图 3-3　运行结果

浏览器显示如图 3-3 所示的页面，表示 Vue 项目运行成功，此页面为 Vue 页面的默认首页。

## 3.2.2　安装 Vue 组件和库

本项目中共安装了 axios、Element Plus、Mock.js 和 vue-router 四个外置组件和库，具体安装方法如下。

1. 安装 axios

step 01 在终端中输入指令 npm install axios，安装 axios。

step 02 在 src 下新建一个 axios 文件夹，并在 axios 文件夹下新建一个 index.js 文件，然后在 index.js 文件中编写如下代码：

```
// 导入 axios
import axios from 'axios'
// 创建 axios 实例
const API = axios.create({
   //请求后端数据的基本地址
   baseURL: 'http://localhost:8080',
   //请求超时时间
   timeout: 2000
})
// 导出 axios 实例模块
export default API
```

step 03 在 main.js 文件中将 axios 全局引入，具体代码如下：

```
import { createApp } from 'vue'
import App from './App.vue'
import './index.css'
// 引入 axios
import axios from './axios/index.js'
const app = createApp(App);
app.mount('#app');
// 配置 axios 的全局引用
app.config.globalProperties.$axios = axios;
```

2. 安装 Element Plus

step 01 在终端中输入指令 npm install element-plus –save，安装 Element Plus。

step 02 在 main.js 中引入 Element Plus，具体代码如下：

```
import { createApp } from 'vue'
import App from './App.vue'
import './index.css'
// 引入 element-plus
import ElementPlus from 'element-plus'
import '../node_modules/element-plus/theme-chalk/index.css'
createApp(App).use(ElementPlus).mount('#app')
```

3. 安装 Mock.js

step 01 在终端中输入指令 npm install mockjs，安装 Mock.js。

step 02 在 src 下新建一个 mock 文件夹，并在 mock 文件夹下新建一个 index.js 文件，然后在 index.js 文件中编写如下代码：

```
// 引入 Mock.js
import Mock from 'mockjs'
const getdata = () => {
   return {
      id: 1,
      name: '李四'
   }
}
Mock.mock('/mock/get', getdata)
export default Mock
```

step 03 在 main.js 中引入 Mock.js，具体代码如下：

```
import { createApp } from 'vue'
import App from './App.vue'
import './index.css'
// 引入 mock
import './mock/index.js'
const app = createApp(App);
app.mount('#app');
```

4. 安装 vue-router

step 01 在终端中输入指令 npm install vue-router@next –save，安装 vue-router。

step 02 在 src 文件夹下新建 router 文件夹，并在 router 文件夹下新建一个 index.js 文件。在 index.js 文件中编写路由信息，具体代码如下：

```
import {createRouter, createWebHistory} from 'vue-router'
const routes = [
   {
      // 首页
      path: '/',
      component: () => import('../components/Home.vue')
   },
];
const router = createRouter({
   history: createWebHistory(),
   routes
})
export default router
```

step 03 在 main.js 文件中配置 vue-router，需要添加的具体代码如下：

```
// 引入 router
import router from './router'
const app = createApp(App);
app.use(router);
```

step 04 在 App.vue 文件中，将路由匹配到组件中，修改后的 App.vue 文件的代码如下：

```
<template>
  <!-- 路由匹配到的组件将显示在这里 -->
  <router-view></router-view>
</template>
<script>
export default {
  name: 'App'
}
</script>
```

## 3.3 系统分析

此企业网站系统是一个由 Vue 和 JavaScript 组合开发的系统，其主要功能为展示企业的基本信息、企业的经营产品、企业的热点新闻和解决用户所遇到的问题。下面将通过系统功能设计和系统功能结构图，为大家介绍此系统的功能设计。

### 3.3.1　系统功能设计

随着网络的不断发展，一些商务主题的企业宣传站点不断崛起，为社会的发展贡献了自己的绵薄之力。然而，一个网站的制作是需要多方面来协调完成的，制作团队需根据功能和需求来开发网站。要想让商务网站在企业的洪流中站稳脚跟，了解其功能模块是十分重要的。此系统在开发中将其主要功能分为以下六个板块。

(1) 首页：首页也可以称为欢迎页，是系统展示的第一个页面，主要用于跳转到其他页面。

(2) 关于我们：展示企业的详细信息和发展史。

(3) 核心业务：展示企业的主要经营产品。

(4) 新闻动态：展示企业的热点新闻。

(5) 联系我们：展示企业的联系方式和企业地址。

(6) 在线咨询：用于沟通解决用户所遇到的问题。

### 3.3.2　系统功能结构图

系统功能结构图就是根据系统不同功能之间的关系绘制的图表，此企业网站系统的功能结构图如图 3-4 所示。

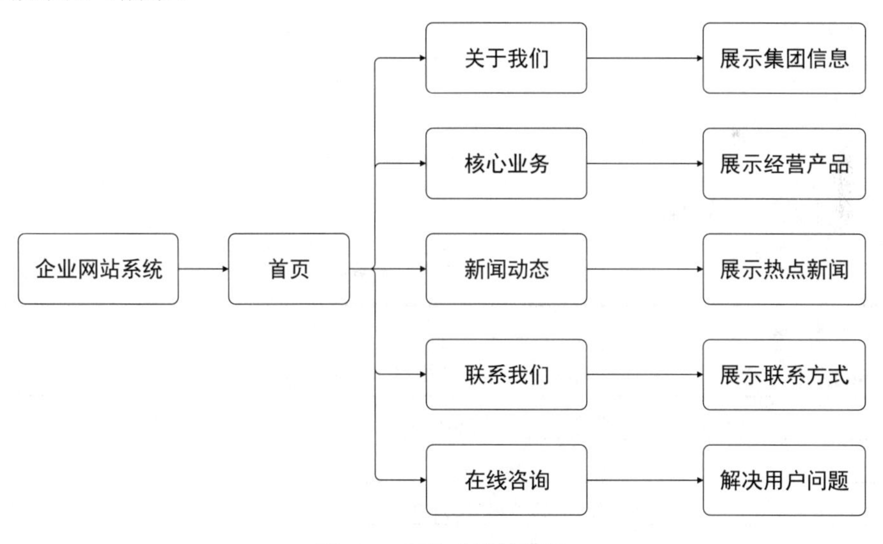


图 3-4　系统功能结构图

## 3.4　企业网站系统运行

在制作企业网站系统之前，大家首先要学会如何在本地运行本系统和查看本系统的文件结构，以加深对本程序功能的理解。

### 3.4.1　系统文件结构

下载企业网站系统源文件 chapter-03\test，然后使用 Visual Studio Code 打开，具体目录结构如图 3-5 所示。

图 3-5　系统目录结构

部分文件说明如表 3-1 所示。

表 3-1　文件目录解析

| 文 件 名 | 说　明 |
|---|---|
| node_modules | 通过 npm install 下载安装的项目依赖包 |
| public | 存放静态公共资源(通常用于放置一些不需要被 Webpack 处理的文件) |
| src | 项目开发主要文件夹 |
| assets | 存放静态文件(如图片等) |
| axios | 存放网络请求 |
| components | 存放 Vue 页面 |
| AboutUs.vue | 关于我们页面 |
| Bottom.vue | 导航栏(底部公用组件) |
| Connection.vue | 联系我们页面 |
| Core.vue | 核心业务页面 |
| Head.vue | 导航栏(头部公用组件) |
| Home.vue | 首页 |

续表

| 文 件 名 | 说　明 |
|---|---|
| News.vue | 新闻动态页面 |
| mock | 存放虚拟数据 |
| router | 存放路由 |
| App.vue | 根组件 |
| main.js | 入口文件 |
| .gitignore | 用来配置不归 git 管理的文件 |
| package.json | 项目配置和包管理文件 |

## 3.4.2　运行系统

在本地运行企业网站系统，具体操作步骤如下。

step 01 使用 Visual Studio Code 打开 chapter-03\test 文件夹，然后在终端中输入指令 npm run dev，运行项目，如图 3-6 所示。

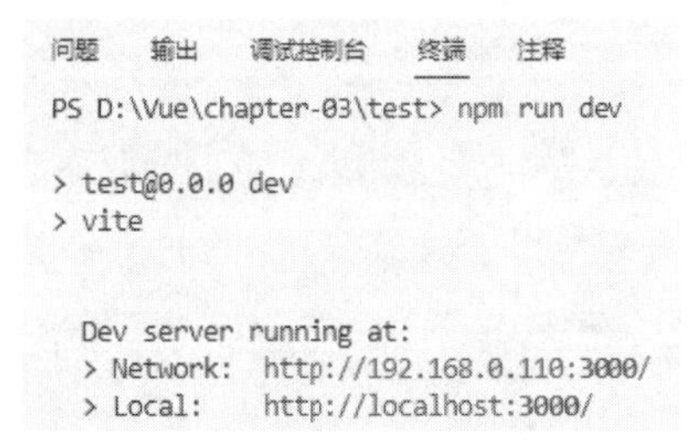


图 3-6　运行项目

step 02 在浏览器中访问网址 http://localhost:3000/，项目的最终实现效果如图 3-7 所示。

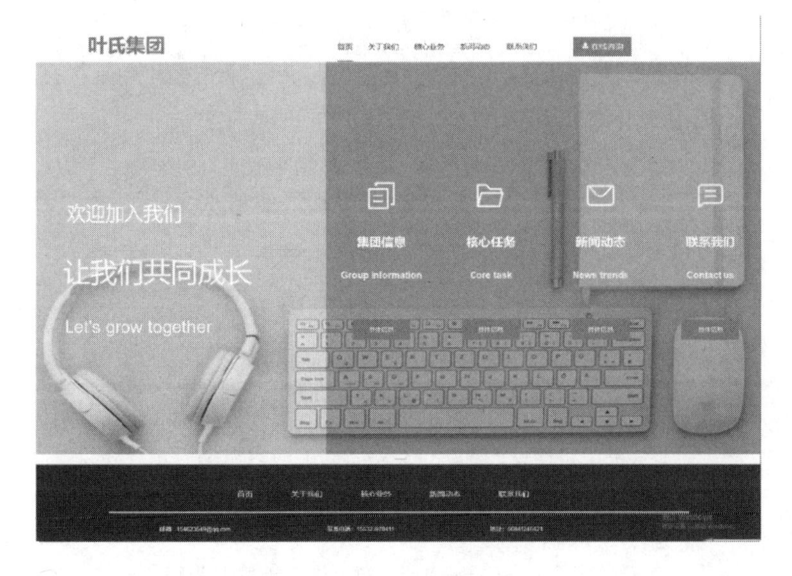


图 3-7　企业网站系统界面

# 3.5 系统主要功能实现

本节将对系统中的各个页面的实现方法进行分析和探讨，包括首页的实现、关于我们页面的实现、核心业务页面的实现、新闻动态页面的实现、联系我们页面的实现和在线咨询弹窗的实现。下面将带领大家学习如何使用 Vue 完成企业网站系统的开发。

## 3.5.1 首页的实现

首页可分为三部分，分别为头部导航栏、首页轮播图和底部导航栏，下面为大家介绍首页的实现。

1. 头部导航栏

头部导航栏的主要功能是实现头部导航栏页面之间的相互跳转，实现代码如下。

(1) Head.vue：头部导航栏。

```
<!-- 头部组件 -->
<template>
    <div class="head">
        <el-row>
            <el-col :span="1" v-html="'\u00a0'" />
            <el-col :span="4">
                <div>
                    <a style="color: #409eff; font-size: 50px; font-weight:
                        bold;">叶氏集团</a>
                </div>
            </el-col>
            <el-col :span="4" v-html="'\u00a0'" />
            <el-col :span="8">
                // 通过调用组件时传递的数据来判断显示文字的样式
                <div v-if="info == '1'" class="d_v" :class="{ class_a:
                    true }" @click="home">首页</div>
                <div v-if="info != '1'" class="d_v" :class="{ class_a:
                    false }" @click="home">首页</div>
                <div v-if="info == '2'" class="d_v" :class="{ class_a:
                    true }" @click="aboutUs">关于我们</div>
                <div v-if="info != '2'" class="d_v" :class="{ class_a:
                    false }" @click="aboutUs">关于我们</div>
                <div v-if="info == '3'" class="d_v" :class="{ class_a:
                    true }" @click="core">核心业务</div>
                <div v-if="info != '3'" class="d_v" :class="{ class_a:
                    false }" @click="core">核心业务</div>
                <div v-if="info == '4'" class="d_v" :class="{ class_a:
                    true }" @click="news">新闻动态</div>
                <div v-if="info != '4'" class="d_v" :class="{ class_a:
                    false }" @click="news">新闻动态</div>
                <div v-if="info == '5'" class="d_v" :class="{ class_a:
                    true }" @click="connection">联系我们</div>
                <div v-if="info != '5'" class="d_v" :class="{ class_a:
                    false }" @click="connection">联系我们</div>
            </el-col>
```

```
            <el-col :span="4">
                <div class="d_v6" @click="dialogVisible = true">
                    <UserFilled style="width: 1em; height: 1em;" />
                    在线咨询
                </div>
            </el-col>
        </el-row>
    </div>
</template>
<script setup lang="js">
// 引入 router
import { useRouter } from 'vue-router'
import { ref, defineProps } from 'vue'
import { UserFilled } from '@element-plus/icons-vue'
const userRouter = useRouter()
// 跳转到关于我们页面
const aboutUs = () => {
    userRouter.push({
        path: '/aboutUs',
    })
}
// 跳转到首页
const home = () => {
    userRouter.push({
        path: '/',
    })
}
// 跳转到核心业务页面
const core = () => {
    userRouter.push({
        path: '/core',
    })
}
// 跳转到新闻动态页面
const news = () => {
    userRouter.push({
        path: '/news',
    })
}
// 跳转到联系我们页面
const connection = () => {
    userRouter.push({
        path: '/connection',
    })
}
// 控制在线咨询页面是否显示
const dialogVisible = ref(false)
// 获取组件传递的值，并根据传递的值设置字体样式
const props = defineProps({
    info: String
})
const info = ref("")
info.value = props.info
</script>
// 页面样式(此处省略了页面的 CSS 样式代码)
<style scoped>
...
</style>
```

页面的跳转是通过 router/index.js 文件中的路由配置来实现的。具体代码如下。

(2) router/index.js：路由配置。

```
import {createRouter, createWebHistory} from 'vue-router'
const routes = [
    {
        // 首页
        path: '/',
        component: () => import('../components/Home.vue')
    },
    {
        // 关于我们
        path: '/aboutUs',
        component: () => import('../components/AboutUs.vue')
    },
    {
        // 核心业务
        path: '/core',
        component: () => import('../components/Core.vue')
    },
    {
        // 新闻动态
        path: '/news',
        component: () => import('../components/News.vue')
    },
    {
        // 联系我们
        path: '/connection',
        component: () => import('../components/Connection.vue')
    }
];
const router = createRouter({
    history: createWebHistory(),
    routes
})
export default router
```

导航栏字体颜色的变化是通过调用组件时所传递的值来判断的，例如，当传递的值为“1”时，首页显示的字体颜色为蓝色。

### 2. 底部导航栏

底部导航栏的主要功能是实现底部导航栏页面之间的相互跳转，实现代码如下。

Bottom.vue：底部导航栏。

```
<template>
    <div class="bottom">
        <div>
            <div class="d_v" @click="home">首页</div>
            <div class="d_v" @click="aboutUs">关于我们</div>
            <div class="d_v" @click="core">核心业务</div>
            <div class="d_v" @click="news">新闻动态</div>
            <div class="d_v" @click="connection">联系我们</div>
        </div>
    </div>
    <div class="underline">
        <p></p>
```

```
        <p class="p_1">邮箱：154623549@qq.com</p>
        <p class="p_1">联系电话：155325978411</p>
        <p class="p_1">地址：56841246421
</p>
    </div>
</template>
<script setup>
// 引入 router
import { useRouter } from 'vue-router'
const userRouter = useRouter()
// 跳转到关于我们页面
const aboutUs = () => {
    userRouter.push({
        path: '/aboutUs',
    })
}
// 跳转到首页
const home = () => {
    userRouter.push({
        path: '/',
    })
}
// 跳转到核心业务页面
const core = () => {
    userRouter.push({
        path: '/core',
    })
}
// 跳转到新闻动态页面
const news = () => {
    userRouter.push({
        path: '/news',
    })
}
// 跳转到联系我们页面
const connection = () => {
    userRouter.push({
        path: '/connection',
    })
}
</script>
// 页面样式(此处省略了页面的 CSS 样式代码)
<style scoped>
...
</style>
```

3. 首页

在首页中分别引入 Head.vue 文件和 Bottom.vue 文件，并且将 Head.vue 文件设置在最顶端，将 Bottom.vue 文件设置在最底端。具体实现代码如下。

Home.vue：首页。

```
<!-- 首页 -->
<template>
    <!-- 头部组件 -->
    <Head :info="1" ></Head>
```

```
<!-- 首页轮播图 -->
<div>
   <div class="carousel_1">
      <el-carousel indicator-position="outside" height="1000px">
         <el-carousel-item v-for="item in picture" :key="item">
            <img style="width: 100%;height: 100%;" :src=
               "getAssetUrl(item.url)" alt="" />
         </el-carousel-item>
      </el-carousel>
   </div>
   <div class="carousel_2">
      <p style="color: white; font-size: 50px; padding-top: 300px;
         padding-right: 300px;">欢迎加入我们</p>
      <p style="color: white; font-size: 70px; padding-right: 130px;">
         让我们共同成长</p>
      <p style="color: white; font-size: 45px; padding-right: 230px;">
         Let's grow together</p>
   </div>
   <div class="carousel_3">
      <div class="div_1">
         <DocumentCopy style="width: 5em; height: 5em;color: white;
            padding-top: 300px;" />
         <h1 style="color: white;padding-top: 30px;">集团信息</h1>
         <h2 style="color: white;padding-top: 30px;">Group information</h2>
         <div class="d_v2"  @click="aboutUs">
            <a>具体信息</a>
         </div>
      </div>
      <div class="div_1">
         <FolderOpened style="width: 5em; height: 5em;color: white;
            padding-top: 300px;" />
         <h1 style="color: white;padding-top: 30px;">核心任务</h1>
         <h2 style="color: white;padding-top: 30px;">Core task</h2>
         <div class="d_v2" @click="core">
            <a>具体信息</a>
         </div>
      </div>
      <div class="div_1">
         <Message style="width: 5em; height: 5em;color: white;
            padding-top: 300px;" />
         <h1 style="color: white;padding-top: 30px;">新闻动态</h1>
         <h2 style="color: white;padding-top: 30px;">News trends</h2>
         <div class="d_v2" @click="news">
            <a>具体信息</a>
         </div>
      </div>
      <div class="div_1">
         <ChatLineSquare style="width: 5em; height: 5em;color: white;
            padding-top: 300px;" />
         <h1 style="color: white;padding-top: 30px;">联系我们</h1>
         <h2 style="color: white;padding-top: 30px;">Contact us</h2>
         <div class="d_v2" @click="connection">
            <a>具体信息</a>
         </div>
      </div>
   </div>
</div>
<!-- 底部组件 -->
```

```
    <Bottom></Bottom>
</template>
<script setup>
// 引用头部组件
import Head from './Head.vue'
// 引用底部组件
import Bottom from './Bottom.vue'
import { ref } from 'vue'
// 引入 axios
import axios from 'axios'
// 引入 router
import { useRouter } from 'vue-router'
const userRouter = useRouter()
// 查询轮播图
const picture = ref([{}])
axios({
    url: '/mock/get',
    method: 'get'
}).then((res) => {
    picture.value = res.data
})
// 轮播图显示
const getAssetUrl = (image) => {
    // 参数一：相对路径
    // 参数二：当前路径 url
    return new URL('../assets/home/${image}', import.meta.url).href
}
// 跳转到关于我们页面
const aboutUs = () => {
    userRouter.push({
        path: '/aboutUs',
    })
}
// 跳转到核心业务页面
const core = () => {
    userRouter.push({
        path: '/core',
    })
}
// 跳转到新闻动态页面
const news = () => {
    userRouter.push({
        path: '/news',
    })
}
// 跳转到联系我们页面
const connection = () => {
    userRouter.push({
        path: '/connection',
    })
}
</script>
// 页面样式(此处省略了页面的 CSS 样式代码)
<style scoped>
...
</style>
```

**提示**

由于此 Vue 项目是使用 vite 创建的，因此在浏览器中显示图片时需要使用其专用的显示方式，否则将无法正常显示。

此处使用的轮播图为 Element Plus 中的走马灯样式，而轮播图的图片信息和图片路径为 mock/index.js 文件中的数据。具体代码如下。

mock/index.js：轮播图数据。

```
// 轮播图
const getdata = () => {
    return [
        {
            id: 1,
            url: "home1.jpg"
        },
        {
            id: 2,
            url: "home2.jpg"
        },
        {
            id: 3,
            url: "home3.jpg"
        },
        {
            id: 4,
            url: "home4.jpg"
        },
    ]
}
Mock.mock('/mock/get', getdata)
```

此数据为模拟数据，在正式开发中，此数据一般会存储在数据库中，如 MySQL、Oracle 等。

最终页面实现效果如图 3-8 所示。

图 3-8　首页

## 3.5.2　关于我们页面的实现

关于我们页面主要展示企业的具体信息，如集团背景和集团发展史等。由于背景只有一条，因此这里直接在页面中将数据写成固定的。而由于集团发展史有多条且是动态多变的，因此将集团发展史中的数据设置为动态获取。具体实现代码如下。

AboutUs.vue：关于我们页面。

```
<!-- 关于我们 -->
<template>
    <!-- 头部组件 -->
    <Head :info="2"></Head>
    <div>
        <!-- 顶部图片 -->
        <img style="width: 100%;height: 100%;" :src="getAssetUrl()" />
    </div>
    <div>
        <div class="sort">
            <el-row>
                <el-col :span="1" v-html="'\u00a0'" />
                <el-col :span="11">
                    <div>
                        <h1 style="color: #409eff; text-align: left;">集团背景</h1>
                        <h3 style="text-align: left;">
                          集团背景介绍
                        </h3>
                    </div>
                </el-col>
                <el-col :span="2" v-html="'\u00a0'" />
                <el-col :span="8">
                    <img :src="getAssetUrl1()" />
                </el-col>
            </el-row>
        </div>
        <div class="sort_1">
            <h1 style="color: #409eff;">集团发展史</h1>
            <el-row>
                <el-col :span="2" v-html="'\u00a0'" />
                <el-col :span="5" v-for="item in history" :key="item">
                    <div style="margin-right: 50px;">
                        <img style="width: 100%;height: 100%;" :src=
                            "getAssetUrl2(item.url)" alt="" />
                        <h1>{{ item.years }}</h1>
                        <h4>{{ item.introduce }}</h4>
                    </div>
                </el-col>
            </el-row>
        </div>
    </div>
    <!-- 底部组件 -->
    <Bottom></Bottom>
</template>
<script setup>
```

```
import Head from './Head.vue'
import Bottom from './Bottom.vue'
import { ref } from 'vue'
// 引入 axios
import axios from 'axios'
// 获取图片
const getAssetUrl = () => {
   // 参数一：相对路径
   // 参数二：当前路径 url
   return new URL('../assets/about/about2.jpg', import.meta.url).href
}
// 获取图片
const getAssetUrl1 = () => {
   return new URL('../assets/about/about1.jpg', import.meta.url).href
}
// 查询发展史
const history = ref([{}])
axios({
   url: '/mock/getHistory',
   method: 'get'
}).then((res) => {
   history.value = res.data
})
// 获取图片
const getAssetUrl2 = (image) => {
   return new URL('../assets/home/${image}', import.meta.url).href
}
</script>
// 页面样式(此处省略了页面的 CSS 样式代码)
<style scoped>
...
</style>
```

说明：此处的页面布局使用的是 Element Plus 的布局方式，它将页面分成了 24 等份。最终页面实现效果如图 3-9 所示。

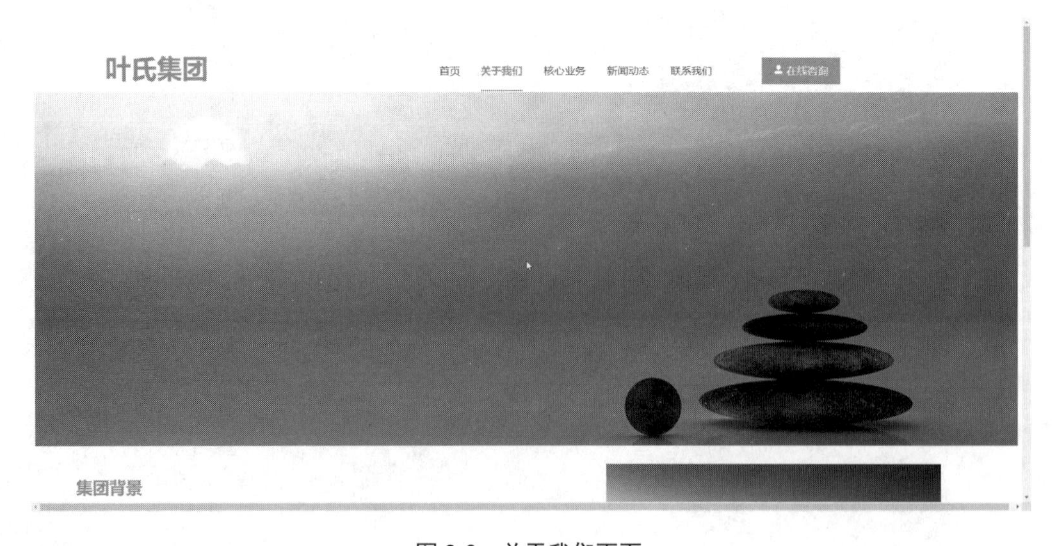


图 3-9　关于我们页面

### 3.5.3　核心业务页面的实现

核心业务页面主要展示企业的主要经营产品，如家居设计和旅游规划。其中页面中家居设计列表和旅游规划列表的切换样式，是 Element Plus 中的标签页样式。核心业务页面的具体实现代码如下。

Core.vue：核心业务页面。

```
<!-- 核心业务 -->
<template>
    <!-- 头部组件 -->
    <Head :info="3"></Head>
    <div>
        <img style="width: 100%;height: 100%;" :src="getAssetUrl()" />
    </div>
    <div style="margin-top: 30px;">
        <el-row>
            <el-col :span="24">
                <el-tabs v-model="activeName" class="demo-tabs">
                    <el-tab-pane label="家居设计" name="first">
                        <h1 style="color: #409eff;">家居设计</h1>
                        <el-row>
                            <el-col :span="6" v-for="item in furniture" :key="item">
                                <div style="margin:0 20px;">
                                    <img style="width: 100%;height: 100%;" :src=
                                        "getAssetUrl2(item.url)" alt="" />
                                    <h1>{{ item.years }}</h1>
                                    <h4>{{ item.introduce }}</h4>
                                </div>
                            </el-col>
                        </el-row>
                    </el-tab-pane>
                    <el-tab-pane label="旅游规划" name="second">
                        <h1 style="color: #409eff;">旅游规划</h1>
                        <el-row>
                            <el-col :span="6" v-for="item in travel" :key="item">
                                <div style="margin:0 20px;">
                                    <img style="width: 100%;height: 100%;" :src=
                                         "getAssetUrl3(item.url)" alt="" />
                                    <h1>{{ item.years }}</h1>
                                    <h4>{{ item.introduce }}</h4>
                                </div>
                            </el-col>
                        </el-row>
                    </el-tab-pane>
                </el-tabs>
            </el-col>
        </el-row>
    </div>
    <!-- 底部组件 -->
    <Bottom></Bottom>
</template>
<script setup>
import Head from './Head.vue'
import Bottom from './Bottom.vue'
```

```
import { ref } from 'vue'
// 引入 axios
import axios from 'axios'
const activeName = ref('first')
const getAssetUrl = () => {
   return new URL('../assets/core/core2.jpg', import.meta.url).href
}
// 查询家居设计
const furniture = ref([{}])
axios({
   url: '/mock/getFurniture',
   method: 'get'
}).then((res) => {
   furniture.value = res.data
})
const getAssetUrl2 = (image) => {
   return new URL('../assets/furniture/${image}', import.meta.url).href
}
// 查询旅游规划
const travel = ref([{}])
axios({
   url: '/mock/getTravel',
   method: 'get'
}).then((res) => {
   travel.value = res.data
})
const getAssetUrl3 = (image) => {
   return new URL('../assets/travel/${image}', import.meta.url).href
}
</script>
// 页面样式(此处省略了页面的 CSS 样式代码)
<style scoped>
...
</style>
```

最终页面实现效果如图 3-10 所示。

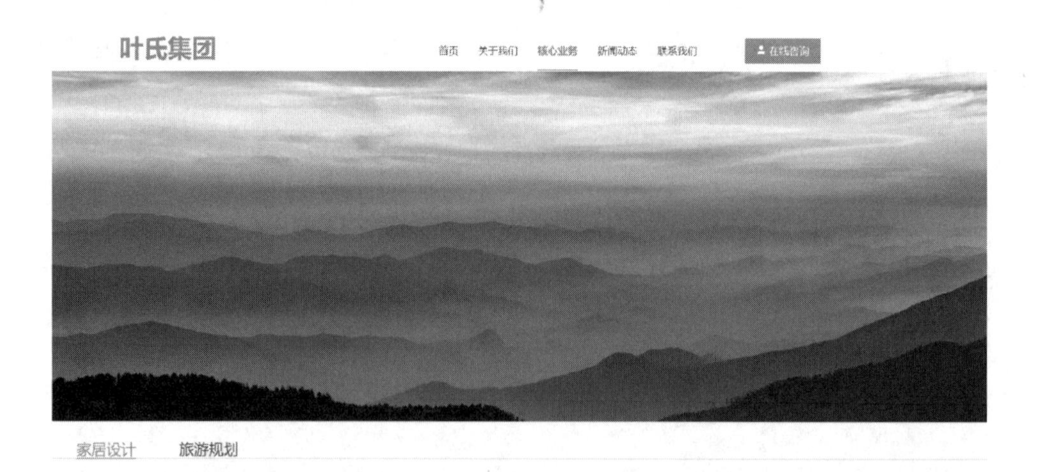


图 3-10　核心业务页面

图 3-10　核心业务页面(续)

## 3.5.4　新闻动态页面的实现

新闻动态页面主要展示企业的热点新闻。由于它和关于我们页面类似，因此这里只给出新闻动态页面的核心代码。

News.vue：新闻动态页面。

```
<!-- 新闻动态 -->
<template>
    ...(页面样式)
</template>
<script setup>
    ...(引用的文件)
// 查询新闻图片
const news = ref([{}])
axios({
    url: '/mock/getNews',
    method: 'get'
}).then((res) => {
    news.value = res.data
})
const getAssetUrl2 = (image) => {
    return new URL('../assets/news/${image}', import.meta.url).href
}
// 查询新闻列表
const newsList = ref([{}])
axios({
    url: '/mock/getNewsList',
    method: 'get'
}).then((res) => {
    newsList.value = res.data
    console.log(newsList.value)
})
</script>
// 页面样式(此处省略了页面的 CSS 样式代码)
<style scoped>
...
</style>
```

最终页面实现效果如图 3-11 所示。

图 3-11　新闻动态页面

## 3.5.5　联系我们页面的实现

联系我们页面主要展示企业的信息，如企业地址、企业电话、企业邮箱等。由于它和关于我们页面类似，因此这里只给出其核心代码。

Connection.vue：联系我们页面。

```
<!-- 联系我们 -->
<template>
    <!-- 头部组件 -->
    <Head :info="5"></Head>
    <!-- 头部图片 -->
    <div>
```

```
        <img style="width: 100%;height: 100%;" :src="getAssetUrl()" />
    </div>
    <!-- "联系我们"主体 -->
    <div style="padding-top: 100px; padding-bottom: 100px;">
        <el-row>
            <el-col :span="2" v-html="'\u00a0'" />
            <el-col :span="9">
                <div style="text-align: left;">
                    <h1 style="color: #409eff;">联系我们</h1>
                    <h3>感谢您对我们的信赖！当您进入到此页面时，您已成为我们尊贵的客户，
                        我们将以微笑欢迎您的到来。</h3>
                    <div style="display: inline-block;">
                        <h3>QQ: 154623549</h3>
                        <h3>地址: 56841246421</h3>
                    </div>
                    <div style="display: inline-block; margin-left: 200px;">
                        <h3>电话: 155325978411</h3>
                        <h3>邮箱: 154623549@qq.com</h3>
                    </div>
                </div>
            </el-col>
            <el-col :span="2" v-html="'\u00a0'" />
            <el-col :span="9">
                <img style="width: 100%;height: 100%;" :src="getAssetUrl1()" />
            </el-col>
        </el-row>
    </div>
    <!-- 底部组件 -->
    <Bottom></Bottom>
</template>
```

最终页面实现效果如图 3-12 所示。

图 3-12　联系我们页面

## 3.5.6　“在线咨询”弹窗的实现

在线咨询页面主要用于和客户交流，当单击“在线咨询”标签时，将打开“在线咨询”弹窗。由于目前此项目为一个纯前端项目，因此页面的数据为固定数据。“在线咨询”弹窗的实现代码如下。

Head.vue：“在线咨询”弹窗界面。

```
<template>
    <!-- 在线咨询弹窗 -->
    <el-dialog v-model="dialogVisible" title="在线咨询" width="30%" style=
        "position: fixed;bottom: -25px;right: 25px;">
        <div style="text-align: left; margin-left: 30px;">
            <el-avatar :icon="UserFilled" />
            <div class="div_1">
                <a>欢迎访问，请问有什么可以帮到您</a>
            </div>
        </div>
        <template #footer>
            <span class="dialog-footer">
                <el-input placeholder="请输入要咨询的问题" style="width: 70%;
                    margin-right: 20px; margin-bottom: 30px;" />
                <el-button type="primary" style="margin-bottom: 30px;">
                    发送
                </el-button>
            </span>
        </template>
    </el-dialog>
</template>
<script setup lang="js">
    ... (引用的文件)
// 控制在线咨询页面是否显示(默认关闭)
const dialogVisible = ref(false)
</script>
</script>
// 页面样式(此处省略了页面的 CSS 样式代码)
<style scoped>
...
</style>
```

说明：此处的头像使用的是 Element Plus 中的头像样式。

最终页面实现效果如图 3-13 所示。

图 3-13 “在线咨询”弹窗

## 3.6 本章小结

本章介绍的项目是一个基于 Vue 框架构建的企业网站系统，其功能基本符合企业网站的要求。本章以企业网站的设计开发为主线，让读者从企业网站的设计、开发流程中真正感受到企业网站是如何策划、设计、开发的。此项目完成了企业核心业务、企业新闻动态、联系我们、在线业务咨询等功能。其中页面布局使用的是 Element Plus 布局，页面之间的跳转使用的是 vue-router，模拟数据使用的是 Mock.js。

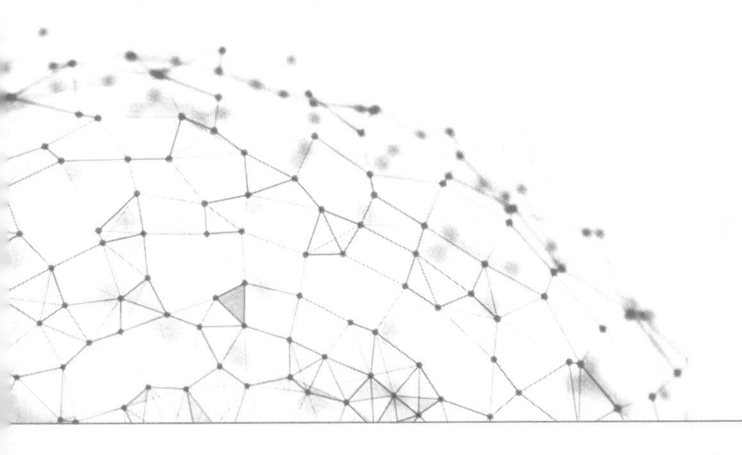

# 第4章 商城网站系统

【本章概述】

本章将为大家介绍如何使用 Vue 框架搭建一个天天新鲜商城网站系统。此系统主要包含七个页面，分别为首页、商品详情页、商品分类页、商品结算页、个人信息页、订单信息页和支付详情页。下面将通过项目环境及框架、系统分析、天天新鲜商城网站系统运行和系统主要功能实现四小节来为大家讲解此项目的实现。

【知识导读】

本章要点(已掌握的在方框中打钩)

- □ 项目环境及框架
- □ 系统分析
- □ 天天新鲜商城网站系统运行
- □ 系统主要功能实现

# 4.1 项目环境及框架

开发一个 Vue 项目，首先需要搭建好 Vue 的运行环境，而想要高效地进行项目开发，那么一个便捷的开发工具是必不可少的，本系统使用的 Vue 版本为 Vue.js 3.0，开发工具使用的是 Visual Studio Code。

## 4.1.1 系统开发环境要求

开发和运行天天新鲜商城网站系统之前，本地计算机需满足以下条件。

操作系统：Windows 7 以上。

开发工具：Visual Studio Code。

开发框架：Vue.js 3.0。

开发环境：Node16.20.0 以上。

## 4.1.2 软件框架

此天天新鲜商城网站系统是一个前端项目，它所使用的主要技术有 Vue.js、TypeScript、CSS、vue-router 和 Vant，下面简单介绍一下这些技术。

1. Vue.js

Vue.js 是一套构建用户界面的渐进式框架。与其他重量级框架不同的是，Vue 采用自底向上增量开发的设计。Vue 的核心库只关注视图层，因此非常容易学习，也很容易与其他库或已有项目整合。Vue 完全有能力驱动单文件组件和 Vue 生态系统支持的库开发的复杂单页应用。

2. TypeScript

TypeScript 是由微软公司在 JavaScript 基础上开发的一种脚本语言，可以理解为是 JavaScript 的超集。

3. CSS

CSS 是一种用来表现 HTML 或 XML 等文件样式的计算机语言。它不仅可以静态地修饰网页，还可以配合各种脚本语言动态地对网页各元素进行格式化。它能够对网页中元素位置的排版进行像素级精确控制，支持几乎所有的字体字号样式，拥有对网页对象和模型样式编辑的能力。

4. vue-router

vue-router 是 Vue.js 下的路由组件，它和 vue.js 深度集成，适用于构建单页面应用。

5. Vant

Vant 是一套轻量、可靠的移动端 Vue 组件库(建议搭配 webpack、babel 使用)。使用它可以快速地搭建出风格统一的前端页面，提高开发效率。

# 4.2 系统分析

此天天新鲜商城网站系统是一个由 Vue 和 TypeScript 组合开发的系统。下面将通过系统功能设计和系统功能结构图，来为大家介绍此系统的功能设计。

## 4.2.1 系统功能设计

在当今社会环境中，商城网站系统已经成为商家和消费者进行交易的主要方式，而天天新鲜商城网站系统作为一个电子商务平台，能提供展示商品、商品购买/销售、订单处理等功能，可以为商家和消费者提供一个快捷高效的交易平台。

天天新鲜商城网站系统的前端页面主要有七个，各页面实现的功能具体如下。

(1) 首页：展示商品及商城活动。

(2) 商品详情页：展示商品的详细信息。

(3) 商品分类页：根据商品的类别将商品分类展示。

(4) 商品结算页(购物车)：展示想要购买但还未购买的商品。

(5) 个人信息页：展示用户的个人信息。

(6) 订单信息页：展示所购买商品的信息。

(7) 支付详情页：展示用户的支付信息。

## 4.2.2 系统功能结构图

系统功能结构图就是根据系统不同功能之间的关系绘制的图表，此天天新鲜商城网站系统的功能结构图如图 4-1 所示。

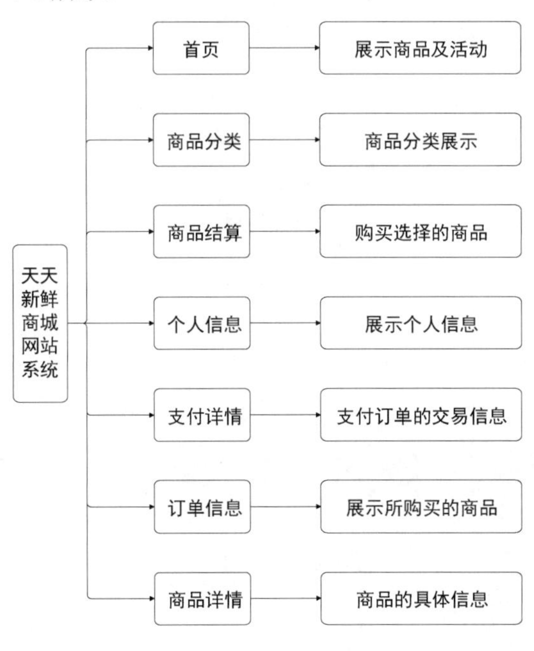


图 4-1 系统功能结构图

# 4.3 商城网站系统运行

在制作天天新鲜商城网站系统之前，大家首先要学会如何在本地运行本系统和查看本系统的文件结构，以加深对本程序功能的理解。

## 4.3.1 系统文件结构

下载天天新鲜商城网站系统源文件 chapter-04\test，然后使用 Visual Studio Code 打开，具体目录结构如图 4-2 所示。

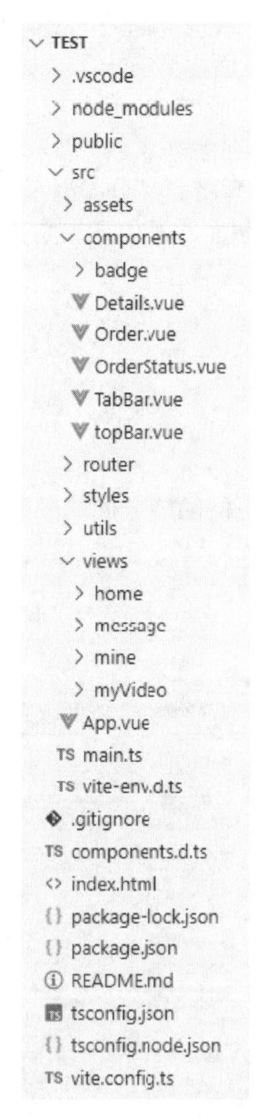


图 4-2　系统目录结构

部分文件说明如表 4-1 所示。

表 4-1　文件目录解析

| 文 件 名 | 说　明 |
| --- | --- |
| node_modules | 通过 npm install 下载安装的项目依赖包 |
| public | 存放静态公共资源(不会被压缩合并) |
| src | 项目开发主要文件夹 |
| assets | 存放静态文件(如图片等) |
| components | 存放 Vue 页面 |
| Details.vue | 商品详情页面 |
| Order.vue | 订单结算页面 |
| OrderStatus.vue | 订单信息页面 |
| TabBar.vue | 底部导航页面 |
| topBar.vue | 头部组件 |
| router | 存放路由 |
| home | 首页 |
| message | 订单页 |
| mine | 我的信息页 |
| myVideo | 分类页 |
| App.vue | 根组件 |
| main.ts | 入口文件 |
| .gitignore | 用来配置不归 git 管理的文件 |
| package.json | 项目配置和包管理文件 |
| tsconfig.json | 编译选项 |

## 4.3.2　运行系统

在本地运行天天新鲜商城网站系统，具体操作步骤如下。

step 01 使用 Visual Studio Code 打开 chapter-04\test 文件夹，然后在终端中输入指令 npm run dev，运行项目，结果如图 4-3 所示。

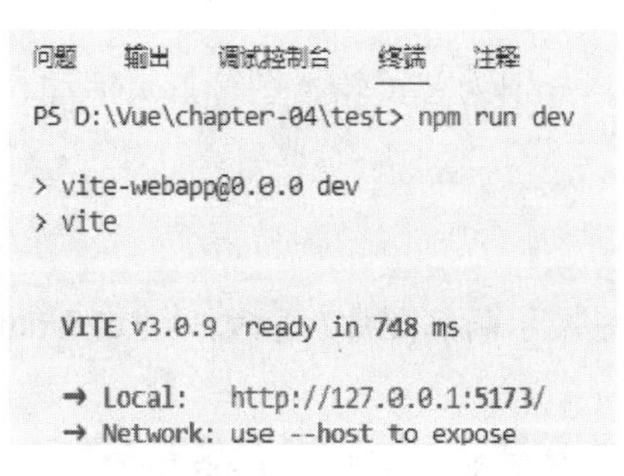


图 4-3　运行项目

step 02 在浏览器中访问 http://127.0.0.1:5173/，项目的最终实现效果如图 4-4 所示。

图 4-4　天天新鲜商城网站系统界面

# 4.4　系统主要功能实现

本节将对系统中的各个页面的实现方法进行分析和探讨，包括首页的实现、商品详情页面的实现、商品分类页面的实现、商品结算页面的实现、个人信息页面的实现和订单信息页面的实现。下面将带领大家学习如何使用 Vue 完成天天新鲜商城网站系统的开发。

## 4.4.1　首页的实现

首页具体可分为四部分，分别为首页轮播图、首页活动、商品展示和底部导航栏。下面为大家介绍首页的实现。

1. 首页轮播图

首页轮播图的主要功能是展示商品图片，此功能通过 Vant 的 van-swipe 标签来实现，具体实现代码如下。

(1) Home/index.vue：首页轮播。

```
<template>
  <!-- 首页轮播图 -->
  <van-swipe class="swiper-carousel" lazy-render :autoplay="3000" :show-
```

```
    indicators="false">
   <van-swipe-item v-for="(image, index) in homeImgs" :key="index">
     <img class="lazy_img" :src="image.imgUrl" />
   </van-swipe-item>
  </van-swipe>
</template>
```

(2) Home/index.vue：轮播图数据。

```
<script setup lang="ts">
import { reactive, ref } from "vue";
// 轮播图数据
const homeImgs = reactive([
  {
    id: 1,
    imgUrl: 'src/assets/home/home1.jpg'
  }, {
    id: 1,
    imgUrl: 'src/assets/home/home2.jpg'
  }, {
    id: 1,
    imgUrl: 'src/assets/home/home3.jpg'
  }, {
    id: 1,
    imgUrl: 'src/assets/home/home4.jpg'
  }
]);
<script>
```

2. 首页活动

首页活动的主要功能是展示商城的最新活动和特价商品。

Home/index.vue：首页活动，实现代码如下。

```
<template>
  <!-- 活动 -->
  <section class="home-tags">
    <ul class="tags-content">
      <a tag="li" class="tags-item">
        <van-icon class="tags-icon" name="gift-o" style="background-color:
            rgb(243, 5, 5);"></van-icon>
        <span class="item-text">天天精品</span>
      </a>
      <a tag="li" class="tags-item">
        <van-icon class="tags-icon" name="fire" style="background-color:
            rgb(148, 12, 211);"></van-icon>
        <span class="item-text">天天特惠</span>
      </a>
      <a tag="li" class="tags-item">
        <van-icon class="tags-icon" name="friends-o" style="background-color:
            rgb(12, 115, 211);"></van-icon>
        <span class="item-text">优惠团购</span>
      </a>
      <a tag="li" class="tags-item">
        <van-icon class="tags-icon" name="gold-coin" style="background-color:
            rgb(24, 214, 81);"></van-icon>
        <span class="item-text">在线领券</span>
      </a>
```

```
    <a tag="li" class="tags-item">
      <van-icon class="tags-icon" name="vip-card-o" style="background-
          color: rgb(240, 224, 8);"></van-icon>
      <span class="item-text">会员专属</span>
    </a>
  </ul>
</section>
<section class="spike-area">
  <ul class="spike-top">
    <router-link class="top-left" to="/details" tag="li">
      <div class="item-top">
        <span class="item-title">限时秒杀</span>
        <div class="time-text">
          <span class="eight-time">8 点场</span>
          <van-count-down :time="timeData" class="time-count-down">
            <template v-slot="timeData">
              <span class="time-item" v-if="timeData.hours < 10">{{
                "0" + timeData.hours
              }}</span>
              <span class="time-item" v-else>{{ timeData.hours }}</span>
              <i class="tow-point">:</i>
              <span class="time-item" v-if="timeData.minutes < 10">{{
                "0" + timeData.minutes
              }}</span>
              <span class="time-item" v-else>{{ timeData.minutes }}</span>
              <i class="tow-point">:</i>
              <span class="time-item" v-if="timeData.seconds < 10">{{
                "0" + timeData.seconds
              }}</span>
              <span class="time-item" v-else>{{ timeData.seconds }}</span>
            </template>
          </van-count-down>
        </div>
      </div>
      <div class="item-info">
        <div class="item-content">
          <img src="src/assets/home/home5.jpg" style="width: 60px;height:
              80px;" />
          <span class="new-price">¥298</span>
          <span class="old-price">¥399</span>
        </div>
        <div class="item-content">
          <img src="src/assets/home/home5.jpg" style="width: 70px;height:
              80px;" />
          <span class="new-price">¥298</span>
          <span class="old-price">¥399</span>
        </div>
        <div class="item-content">
          <img src="src/assets/home/home5.jpg" style="width: 70px;height:
              80px;" />
          <span class="new-price">¥298</span>
          <span class="old-price">¥399</span>
        </div>
      </div>
    </router-link>
    <router-link class="top-right" to="/details" tag="li">
      <div class="right-header">
        <span class="cat-spike-text">发现好货</span>
        <span class="tag-text">品质好物</span>
```

```
        </div>
        <span class="good-item">好吃不贵</span>
        <div class="item-imgs">
          <img src="src/assets/home/home6.jpg" />
          <img src="src/assets/home/home6.jpg" />
        </div>
      </router-link>
    </ul>
    <ul class="spike-center">
      <router-link class="center-item" to="/details" tag="li">
        <span class="center-title">特价秒杀</span>
        <span class="center-descr">10 元抢购</span>
        <img src="src/assets/home/home7.jpg" />
      </router-link>
      <router-link class="center-item" to="/details" tag="li">
        <span class="center-title">特价团购</span>
        <span class="center-descr" style="color: #dd3749">水果秒杀</span>
        <img src="src/assets/home/home7.jpg" />
      </router-link>
      <router-link class="center-item" to="/details" tag="li">
        <span class="center-title">新品秒杀</span>
        <span class="center-descr" style="#FC6380">最新上市</span>
        <img src="src/assets/home/home7.jpg" />
      </router-link>
      <router-link class="center-item" to="/details" tag="li">
        <span class="center-title">销量排行</span>
        <span class="center-descr" style="color: #91c95b">榜上好物</span>
        <img src="src/assets/home/home7.jpg" />
      </router-link>
    </ul>
  </section>
</template>
```

页面中使用的图标为 Vant 的图标。

**提示**

由于此项目是一个纯前端项目，因此以上代码中的数据均为固定数据。在完整的项目开发中，数据常常会设置为动态数据。动态数据可以大大提高项目的定制化。

3. 商品展示

商品展示的主要功能是根据精品、水果、蔬菜、速食和肉类五种分类展示商品，实现代码如下。

(1) Home/index.vue：商品展示。

```
<template>
<!-- 商品展示 -->
  <div class="content-tabs">
    <van-tabs :swipe-threshold="5" title-inactive-color="#3a3a3a" title-
        active-color="#D8182D" background="transparent"
        animated>
      <!-- 遍历商品类别 -->
      <van-tab v-for="(list, index) in tabArray" :title=
            "list.describe" :name="list.type" :key="index">
        <template #title>
```

```
        <div class="slot-title">
          <b class="tab-title">{{ list.title }}</b>
          <span class="tab-name">{{ list.name }}</span>
        </div>
      </template>
      <!-- 遍历不同商品类别中的商品 -->
      <section class="goods-box search-wrap">
        <ul class="goods-content">
          <li v-for="(item, index) in list.list" :key="index">
            <router-link class="goods-img" tag="div" to="/details">
              <img :src="item.img" />
            </router-link>
            <div class="goods-layout">
              <div class="goods-title">{{ item.productName }}</div>
              <span class="goods-div">{{ item.title }}</span>
              <div class="goods-desc">
                <span class="goods-price">
                  <i>{{ item.productCnyPrice }}元/kg</i>
                </span>
                <span class="add-icon">
                  +
                </span>
              </div>
            </div>
          </li>
        </ul>
      </section>
    </van-tab>
  </van-tabs>
 </div>
</template>
```

(2) Home/index.vue：商品展示数据。

```
<script setup lang="ts">
import { reactive, ref } from "vue";
// 轮播图数据
// 商品展示数据
const tabArray = reactive([
  {
    id: 1,
    describe: '',
    type: '',
    title: '精品',
    name: '猜你喜欢',
    list: [
      {
        img: 'src/assets/home/home8.jpg',
        productName: '火龙果',
        title: '1 火龙果',
        productCnyPrice: '99'
      }, {
        img: 'src/assets/home/home8.jpg',
        productName: '火龙果',
        title: '2 火龙果',
        productCnyPrice: '99'
      }, {
        img: 'src/assets/home/home8.jpg',
```

```
      productName: '火龙果',
      title: '3 火龙果',
      productCnyPrice: '99'
    }, {
      img: 'src/assets/home/home8.jpg',
      productName: '火龙果',
      title: '4 火龙果',
      productCnyPrice: '99'
    },
  ]
 }
…(其他商品数据)
]);
<script>
```

说明：商品类别之间的切换通过 Vant 的 van-tabs 标签来实现。

4. 底部导航栏

底部导航栏的主要功能是实现页面之间的跳转，具体实现代码如下。

TabBar.vue：底部导航栏。

```
<!-- 底部导航 -->
<template>
  <div class="tabBar">
    <div class="ulbox">
      <router-link to="/">
        <Badge>
          <span class="item">首页</span>
        </Badge>
      </router-link>
      <router-link to="/myVideo">
        <Badge>
          <span class="item">分类</span>
        </Badge>
      </router-link>
      <router-link to="/message">
        <Badge :count="1">
          <span class="item">结算</span>
        </Badge>
      </router-link>
      <router-link to="/mine">
        <Badge>
          <span class="item">我的</span>
        </Badge>
      </router-link>
    </div>
  </div>
</template>

<script lang="ts" setup>
// 引入 Badge 组件
import Badge from "@/components/badge/";
</script>
// CSS 样式
<style scoped lang="scss">
...
</style>
```

**提示**

在使用<router-link to="/">跳转页面之前，需要先安装引用路由，路由的安装指令为 npm install vue-router@next - save，路由的配置文件为 router/index.js。

最终页面实现效果如图 4-5 所示。

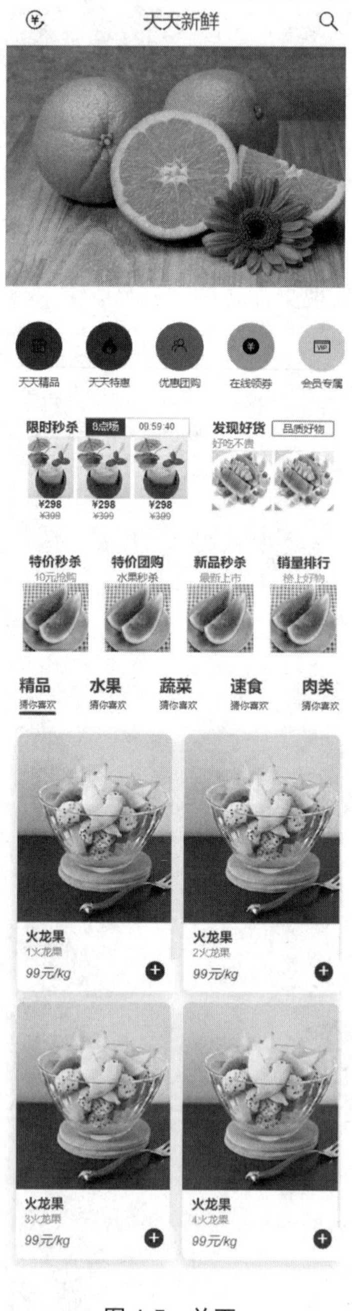


图 4-5　首页

## 4.4.2　商品详情页面的实现

商品详情页面的主要功能是展示商品的详细信息，其中页面中的轮播图通过 Vant 中的 van-swipe 标签来实现。具体实现代码如下。

Details.vue：商品详情页。

```
<!-- 商品详情 -->
<template>
    <!-- 头部轮播图 -->
    <div class="details">
        <van-swipe :autoplay="3000" :height="250">
            <van-swipe-item v-for="(image, index) in detailsImgs" :key="index">
                <img v-if="image.imgUrl" :src="image.imgUrl" style="width: 100%;" />
            </van-swipe-item>
        </van-swipe>
    </div>
    <div class="d_v1">
        <p style="color: red; font-size: 25px;">1 号西瓜<van-icon name="like-o"
                style="float: right; margin-right: 10px;"></van-icon></p>
        <p style="font-size: 15px; color: rgb(182, 179, 179);">这是一个不错的
            品种<a style="float: right; font-size: 10px;">月销 2000</a></p>
    </div>
    <div class="d_v2">
        <img src="src/assets/sort/tx.jpg" class="store-header" />
        <p class="store-name">我家小铺</p>
        <van-button size="small" type="danger" class="jin">进店逛逛</van-button>
    </div>
    // 商品详情
    <div class="item-details">
        <span>商品详情</span>
        <img src="src/assets/home/home8.jpg" style="width: 100%;
            padding-top: 10px;" />
    </div>
    <div class="product-footer">
        <van-button style="width: 50%;" type="warning" text="加入购物车" />
        <van-button style="width: 50%;" type="danger" text="立即购买" />
    </div>
    <div style="height: 100px;"></div>
</template>
<script setup lang="ts">
import { reactive } from "vue";
// 轮播图数据
const detailsImgs = reactive(
    [
        {
            id: 1,
            imgUrl: 'src/assets/home/home1.jpg'
        }
    ]
)
</script>
// CSS 样式
```

```
<style scoped lang="scss">
...
</style>
```

**提示**

此页面中的数据均为固定数据，在完整的项目开发中，商品详情页中的数据通常是根据商品的 id 查询获取。

最终页面实现效果如图 4-6 所示。

图 4-6　商品详情页面

## 4.4.3　商品分类页面的实现

商品分类页面的主要功能是根据商品的分类展示商品，具体实现代码如下。

myVideo/index.vue：商品分类页。

```
<!-- 分类 -->
<template>
    <div class="myVideo">
        <section class="search-wrap" ref="searchWrap">
            <!-- 商品类别 -->
```

```
        <div class="nav-side-wrapper">
            <ul class="nav-side">
                <!-- 遍历出具体的商品类别 -->
                <li v-for="(item, index) in categoryDatas" :key=
                    "index" :class="{ active: currentIndex === index }"
                    @click="selectMenu(index)">
                    <span>{{ item.name.slice(0, 2) }}</span>
                    <span>{{ item.name.slice(2) }}</span>
                </li>
            </ul>
        </div>
        <!-- 不同类别的商品 -->
        <div class="search-content">
            <div class="swiper-container">
                <div class="swiper-wrapper">
                    <template v-for="(category, index) in categoryDatas">
                        <div class="swiper-slide" :key="index" v-if=
                            "currentIndex === index">
                            <div v-for="(products, index) in
                                category.list" :key="index">
                                <router-link to="/details">
                                    <p class="goods-title">
                                        {{ products.title }}</p>
                                    <div class="category-list">
                                        <!-- 遍历出具体的商品 -->
                                        <div class="product-item" v-for=
                                            "(product, index) in
                                            products.productList"
                                            :key="index">
                                            <img class="item-img" :src=
                                                "product.imgUrl" />
                                            <p class="product-title">
                                                {{ product.title }}</p>
                                        </div>
                                    </div>
                                </router-link>
                            </div>
                        </div>
                    </template>
                </div>
            </div>
        </div>
    </section>
    <tabbar></tabbar>
  </div>
</template>
<script setup lang="ts">
import { ref, reactive } from "vue";
const searchWrap = ref(null);
const currentIndex = ref(0);
// 修改 currentIndex 的值为 index
const selectMenu = index => {
  currentIndex.value = index;
};
// 商品数据
const categoryDatas = reactive(
  ...(商品的具体数据)
)
</script>
```

```
// CSS 样式
<style scoped lang="scss">
...
</style>
```

提示

商品类别的样式，通过 currentIndex 的值动态控制。

最终页面实现效果如图 4-15 所示。

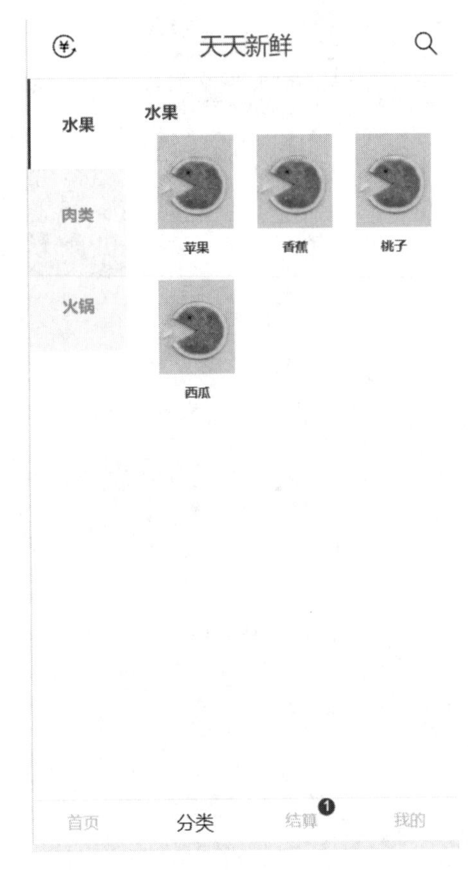


图 4-7　商品分类页面

## 4.4.4　商品结算页面的实现

商品结算页面的主要功能是展示想要购买但还未购买的商品，具体实现代码如下。

message/index.vue：商品结算页。

```
<!-- 商品结算 -->
<template>
  <div class="shop-cart">
    <header class="page-header">
      <div class="header-content">购物车</div>
      <span v-if="cartMode === false" class="appeal-record"
```

```
    @click="setCartMode">完成</span>
  <span v-if="cartMode === true" class="appeal-record"
    @click="setCartMode">编辑</span>
</header>
<!-- 购物车为空时显示 -->
<section class="cart-empty" v-if="clearCart === true">
  <ul class="empty-content">
    <li class="item-text">
      <p>您的购物车空空的哦~</p>
      <p>去看看心仪的商品吧~</p>
    </li>
    <li class="item-btn">
      <router-link to="/" class="hairline-btn" tag="span">立即去购物
        </router-link>
    </li>
  </ul>
</section>
<!-- 购物车不为空时显示 -->
<div v-else>
  <section class="order-card">
    <van-checkbox checked-color="#91C95B" v-model="checked">
      <p class="checkbox-all">
      <div class="store-info">
        <img src="src/assets/sort/tx.jpg" class="header-img" />
        <span>我家小铺</span>
      </div>
      </p>
    </van-checkbox>
    <van-checkbox-group class="order-list">
      <ul v-for="(item, index) in lists" :key="index">
        <div class="order-info">
          <img :src="item.imgSrc" />
          <li class="order-detail">
            <ul>
              <li class="info-one">
                <span>{{ item.desc }}</span>
              </li>
              <li class="info-two">
                <span>{{ item.info }}</span>
              </li>
            </ul>
            <div class="info-count">
              <span>￥{{ item.price }}</span>
              <!-- 修改数量 -->
              <van-stepper v-model="item.num" />
            </div>
          </li>
        </div>
        <div class="order-total">
          <label>合计：</label>
          <!-- 根据数量和价格计算总价 -->
          <span>{{ item.price * item.num }}</span>
        </div>
      </ul>
    </van-checkbox-group>
  </section>
</div>
```

```
    <!-- 结算编辑 -->
    <div v-if="clearCart === false">
      <section v-if="cartMode" class="options-edit">
        <van-submit-bar :price="amount" button-text="结算"
          @submit="submitSettlement">
          <van-checkbox checked-color="#91C95B" v-model="checked"
          @change="quan">全选</van-checkbox>
        </van-submit-bar>
      </section>
      <section v-else class="options-delete">
        <van-submit-bar button-text="删除" @submit="submitDelete">
          <van-checkbox checked-color="#91C95B" v-model="checked">全选
            </van-checkbox>
        </van-submit-bar>
      </section>
    </div>
    <tabbar></tabbar>
  </div>
</template>
<script setup lang="ts">
import { ref, reactive } from "vue";
import { useRouter } from 'vue-router';
const $router = useRouter();
const checked = ref(false);
// 编辑完成按钮
const cartMode = ref(true);
// 修改编辑按钮
const setCartMode = () => {
  cartMode.value = !cartMode.value;
};
// 结算
const submitSettlement = () => {
  if (amount.value != 0) {
    $router.push("/order");
  } else {
    alert("请选择结算产品")
  }
};
// 删除
const submitDelete = () => {
  clearCart.value = true
};
// 判断购物车是否为空
const clearCart = ref(false);
// 结算金额
const amount = ref(0);
const quan = () => {
  console.log(checked.value)
  if (checked.value == true) {
    amount.value = 3000 * 10
  } else {
    amount.value = 0
  }
};
// 购物车数据
const lists = reactive(
  [
```

```
    {
      imgSrc: 'src/assets/home/home6.jpg',
      info: "西瓜、橙子、圣女果",
      price: 100,
      desc: "水果拼盘",
      num: 1
    },
    {
      imgSrc: 'src/assets/home/home7.jpg',
      info: "1 号西瓜;",
      price: 200,
      desc: "西瓜",
      num: 1
    }
  ]
);
</script>
// CSS 样式
<style scoped lang="scss">
...
</style>
```

说明：通过 cartMode 和 setCartMode 函数的值控制购物车的编辑删除状态。
最终页面实现效果如图 4-8 所示。

图 4-8　商品结算页面

### 4.4.5 个人信息页面的实现

个人信息页面的主要功能是展示用户信息，主要包括用户的基本信息和用户的订单信息。具体实现代码如下。

mine/index.vue：个人信息页。

```
<!-- 个人信息 -->
<template>
   <div class="mine-layout">
      <!-- 头像 -->
      <section class="mine-header">
         <img src="src/assets/sort/tx.jpg" class="header-img" />
         <ul class="user-info">
            <li class="user-name">张三</li>
         </ul>
      </section>
      <section class="my-info">
         <ul class="info-list">
            <li class="info-item">
               <b>99</b>
               <span>商品关注</span>
            </li>
            <li class="info-item">
               <b>99</b>
               <span>店铺关注</span>
            </li>
            <li class="info-item">
               <b>99</b>
               <span>我的足迹</span>
            </li>
         </ul>
      </section>
      <!-- 订单信息 -->
      <section class="order-all">
         <a @click="orderStatus(0)" class="look-orders" tag="span">
            查看全部订单>></a>
         <ul class="order-list">
            <a @click="orderStatus(1)" class="order-item" tag="li">
               <van-icon name="gold-coin-o" size="40"></van-icon>
               <span>待付款</span>
            </a>
            <a @click="orderStatus(2)" class="order-item" tag="li">
               <van-icon name="todo-list-o" size="40"></van-icon>
               <span>待发货</span>
            </a>
            <a @click="orderStatus(3)" class="order-item" tag="li">
               <van-icon name="logistics" size="40"></van-icon>
               <span>待收货</span>
            </a>
            <a @click="orderStatus(4)" class="order-item" tag="li">
               <van-icon name="contact" size="40"></van-icon>
               <span>退换/售后</span>
            </a>
         </ul>
```

```
        </section>
        <section class="mine-content">
            <ul class="options-list">
                <router-link to="/" class="option-item" tag="li">
                    <div class="item-info">
                        <svg-icon class="incon" icon-class="shipping-address">
                             </svg-icon>
                        <span>收货地址</span>
                    </div>
                    <van-icon name="arrow" color="#DBDBDB" />
                </router-link>
                <router-link to="/" class="option-item" tag="li">
                    <div class="item-info">
                        <svg-icon class="incon" icon-class="message-center">
                            </svg-icon>
                        <span>消息中心</span>
                    </div>
                    <van-icon color="#DBDBDB" name="arrow" />
                </router-link>
                <router-link to="/" class="option-item" tag="li">
                    <div class="item-info">
                        <svg-icon class="incon" icon-class="help-center">
                            </svg-icon>
                        <span>帮助中心</span>
                    </div>
                    <van-icon color="#DBDBDB" name="arrow" />
                </router-link>
                <router-link to="/" class="option-item" tag="li">
                    <div class="item-info">
                        <svg-icon class="incon" icon-class="setting"></svg-icon>
                        <span>设置</span>
                    </div>
                    <van-icon color="#DBDBDB" name="arrow" />
                </router-link>
            </ul>
        </section>
        <tabbar></tabbar>
    </div>
</template>
<script setup lang="ts">
import { useRouter } from 'vue-router';
const $router = useRouter();
// 路由跳转并传参
const orderStatus = (num: number) => {
    $router.push({
        name: 'orderStatus',
        params: {
            id: num,
        },
    }
    );
};
</script>
// CSS 样式
<style scoped lang="scss">
...
</style>
```

说明：通过 orderStatus 函数实现页面的跳转和传参。需要注意的是，在使用路由之前需要先引入路由。

最终页面实现效果如图 4-9 所示。

图 4-9　个人信息页面

## 4.4.6　订单信息页面的实现

订单信息页面的主要功能是展示所购买的商品订单，具体实现代码如下。

OrderStatus.vue：订单信息页。

```
<!-- 订单信息 -->
<template>
   <!-- 待发货 -->
   <div class="OrderStatus" v-for="(time, index) in orders" :key="index">
      <!-- 根据父组件传递的值判断订单的状态 -->
      <section class="order-card" v-if="time.status == status || status == 0">
         <ul class="order-list">
            <li class="order-item">
               <div class="store-info">
                  <img :src="time.img" class="header-img" />
                  <span>{{time.shopName}}</span>
               </div>
               <span>{{time.statusName}}</span>
```

```
          </li>
          <li class="order-desc">
             <img :src="time.imgUrl" />
             <div class="order-detail">
                <p class="info-one">
                   <span>{{time.product}}</span>
                   <i>{{time.jin}}</i>
                </p>
                <p class="info-two">
                   <span>{{time.specification}}</span>
                   <span>{{time.quantity}}</span>
                </p>
             </div>
          </li>
          <li class="order-total">
             <span>订单总价：</span>
             <i>{{time.totalPrice}}</i>
          </li>
          <li class="order-count">
             <span>实付款：</span>
             <i>{{time.outOfPocket}}</i>
          </li>
       </ul>
    </section>
  </div>
  <div style="height: 100px;"></div>
</template>
<script setup lang="ts">
import { reactive, ref, onMounted } from "vue";
import { useRoute } from 'vue-router';
const route = useRoute();
const status = ref();
// 接受父组件传的值
onMounted(() => {
   status.value = route.params.id
})
// 订单数据
const orders = reactive(
   [
      ...
   ]
)
</script>
// CSS 样式
<style scoped lang="scss">
...
</style>
```

**提示**

组件传值时使用的是 useRouter，组件接受值时使用的是 useRoute。

最终页面实现效果如图 4-10 所示。

图 4-10　订单信息页面

## 4.5　本 章 小 结

本章介绍的项目是一个基于 Vue 框架构建的天天新鲜商城网站系统，其功能基本符合商城网站的要求。本章以商城网站的设计开发为主线，让读者从商城网站的设计、开发流程中真正感受到天天新鲜商城网站是如何策划、设计、开发的。此项目完成了商城网站的核心业务商品展示、商品分类、商品结算、商品订单和个人信息等功能。其中页面风格为 Vant，页面之间的跳转使用的是 vue-router。

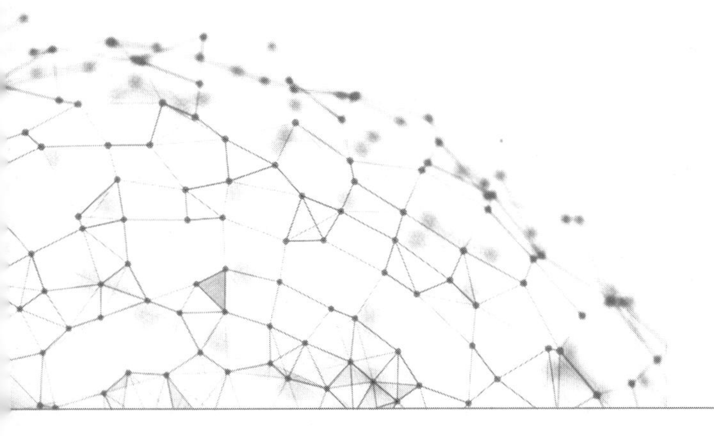

# 第5章 金融管理系统

【本章概述】

本章将为大家介绍如何使用 Vue 框架搭建一个金融管理系统。此系统主要包含六个页面，分别为登录页、注册页、首页、用户信息页、放贷信息页和还款信息页。下面将通过项目环境及框架、系统分析、金融管理系统运行和系统主要功能实现等小节来为大家讲解此项目的实现。

【知识导读】

本章要点(已掌握的在方框中打钩)

☐ 项目环境及框架

☐ 系统分析

☐ 金融管理系统运行

☐ 系统主要功能实现

# 5.1 项目环境及框架

开发一个 Vue 项目，首先需要搭建好 Vue 的运行环境，而要想高效地进行项目开发，那么一个便捷的开发工具是必不可少的，此金融管理系统使用的 Vue 版本为 Vue.js 3.0，开发工具使用的是 Visual Studio Code。

## 5.1.1 系统开发环境要求

开发和运行金融管理系统之前，本地计算机需满足以下条件。

操作系统：Windows 7 以上。

开发工具：Visual Studio Code。

开发框架：Vue.js 3.0。

开发环境：Node16.20.0 以上。

## 5.1.2 软件框架

此金融管理系统是一个前端项目，它所使用的主要技术有 Vue.js、JavaScript、CSS、Mock.js、vue-router 和 Element Plus，下面简单介绍一下这些技术。

### 1. Vue.js

Vue.js 是一套构建用户界面的渐进式框架。与其他重量级框架不同的是，Vue 采用自底向上增量开发的设计。Vue 的核心库只关注视图层，因此容易学习，很容易与其他库或已有项目整合。Vue 完全有能力驱动单文件组件和 Vue 生态系统支持的库开发的复杂单页应用。

### 2. JavaScript

JavaScript 是一种轻量级的且可以即时编译的编程语言(简称“JS”)。虽然它作为开发 Web 页面的脚本语言而出名，但是它也被应用到了很多非浏览器环境中。

### 3. CSS

CSS 是一种用来表现 HTML 或 XML 等文件样式的计算机语言。CSS 不仅可以静态地修饰网页，还可以配合各种脚本语言动态地对网页各元素进行格式化。CSS 能够对网页中元素位置的排版进行像素级精确控制，它支持几乎所有的字体字号样式，拥有对网页对象和模型样式编辑的能力。

### 4. Mock.js

Mock.js 是一块模拟数据的生成器，可用于生成数据和拦截 Ajax 请求，常在前端开发中使用，想要了解更多的 Mock.js 知识，可以在 Mock.js 官网(http://mockjs.com/)中查看。

### 5. vue-router

vue-router 是 Vue.js 下的路由组件，它和 Vue.js 深度集成，适用于构建单页面应用。

6. Element Plus

Element Plus 是一个基于 Vue 3.0、面向开发者和设计师的组件库，使用它可以快速地搭建一些简单的前端页面。

# 5.2 系统分析

此金融管理系统是一个由 Vue 和 JavaScript 组合开发的系统，其主要功能为实现用户的登录注册，展示金融数据，处理用户信息、放贷信息和还款信息。下面将通过系统功能设计和系统功能结构图，为大家介绍此系统的功能设计。

## 5.2.1 系统功能设计

随着客户需求的多元化以及金融科技的迅速发展，数字化经济已经走进了大众的视野，而金融管理系统作为一个数字化经济的管理平台，可以提供数据展示、用户信息展示修改、放贷信息展示修改和还款信息展示修改等功能，可以为客户和金融公司提供一个快捷高效的管理平台。

此系统的前端页面主要有六个，各页面实现的功能具体如下。

(1) 登录页：实现用户的登录功能。

(2) 注册页：实现用户的注册功能。

(3) 首页：展示系统数据。

(4) 用户信息页：实现用户信息的增删改查功能。

(5) 放贷信息页：实现用户放贷信息的增删改查功能。

(6) 还款信息页：实现用户还款信息的增删改查功能。

## 5.2.2 系统功能结构图

系统功能结构图就是根据系统不同功能之间的关系绘制的图表，此金融管理系统的功能结构图如图 5-1 所示。

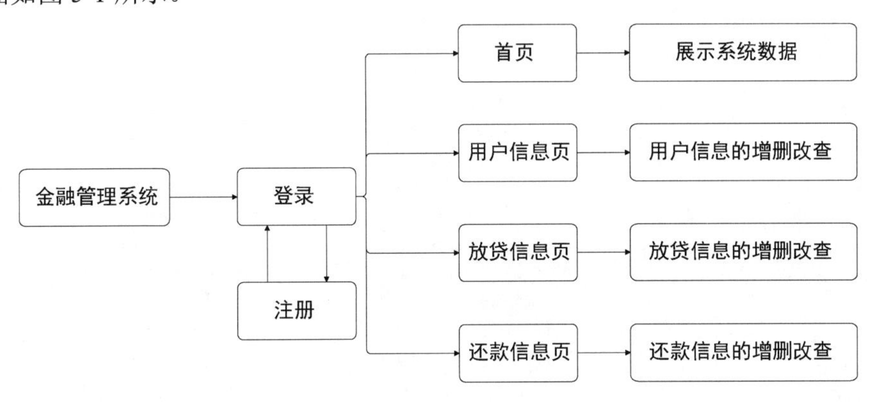


图 5-1 系统功能结构图

# 5.3　金融管理系统运行

在制作金融管理系统之前，大家首先要学会如何在本地运行本系统和查看本系统的文件结构，以加深对本程序功能的理解。

## 5.3.1　系统文件结构

下载金融管理系统源文件 chapter-05\test，然后使用 Visual Studio Code 打开，具体目录结构如图 5-2 所示。

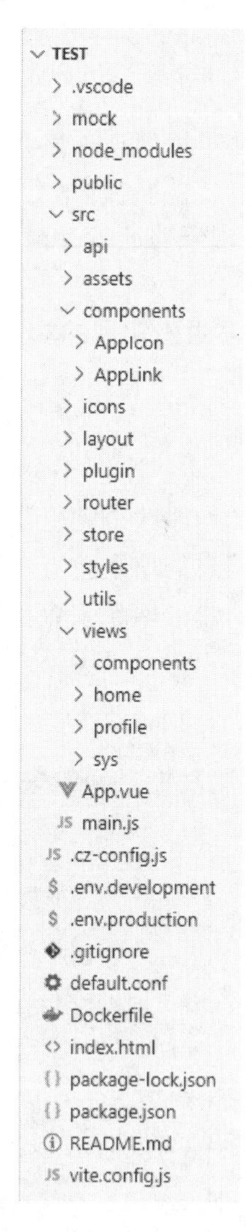


图 5-2　系统目录结构

部分文件说明如表 5-1 所示。

表 5-1　文件目录解析

| 文件名 | 说　明 |
| --- | --- |
| node_modules | 通过 npm install 下载安装的项目依赖包 |
| public | 存放静态公共资源(不会被压缩合并) |
| src | 项目开发主要文件夹 |
| assets | 存放静态文件(如图片等) |
| src/components | 存放 Vue 页面 |
| AppIcon | 处理图标的全局组件 |
| AppLink | 处理 path 路径的全局组件 |
| layout | 页面框架布局 |
| router | 存放路由 |
| views/components | 存放账单管理页面 |
| profile | 存放用户信息页 |
| sys | 存放登录注册即 404 等页面 |
| App.vue | 根组件 |
| main.js | 入口文件 |
| .gitignore | 用来配置不归 git 管理的文件 |
| package.json | 项目配置和包管理文件 |

## 5.3.2　运行系统

在本地运行金融管理系统，具体操作步骤如下。

step 01 使用 Visual Studio Code 打开 chapter-05\test 文件夹，然后在终端中输入指令 npm run dev，运行项目，结果如图 5-3 所示。

图 5-3　运行项目

step 02 在浏览器中访问网址 http://localhost:3000/，项目的最终实现效果如图 5-4 所示。

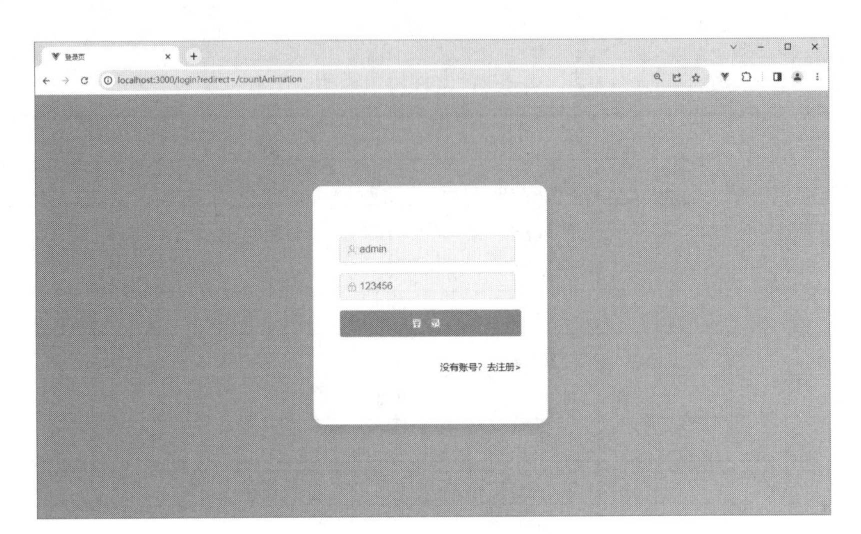


图 5-4　金融管理系统登录界面

# 5.4　系统主要功能实现

本节将对系统中的各个页面的实现方法进行分析和探讨，包括登录页面的实现、注册页面的实现、首页的实现、用户信息页面的实现、放贷信息页面的实现和还款信息页面的实现。下面将带领大家学习如何使用 Vue 完成金融管理系统的开发。

## 5.4.1　登录页面的实现

用户通过输入用户名和密码进行登录。通过验证用户名和密码实现登录验证，当用户名和密码正确时即可登录成功，否则将会登录失败。具体实现代码如下。

login/index.vue：登录页。

```
<!-- 登录页 -->
<template>
  <div class="admin-login">
    <div class="login-container">
      <div class="login-right">
        <el-form :model="loginFormData">
          <el-form-item label="">
            <el-input prefix-icon="el-icon-user" style="
            height: 44px;
            margin-right: 10px" class="login-input" v-model=
                "loginFormData.username" placeholder="">
            </el-input>
          </el-form-item>
          <el-form-item label="">
            <el-input prefix-icon="el-icon-lock" style="
            height: 44px;
            margin-right: 10px" class="login-input" v-model=
                "loginFormData.password" placeholder="">
            </el-input>
          </el-form-item>
          <el-button class="login-btn" type="primary" @click="loginBtn">登录
```

```
</el-button>
        <div style="float: right;margin-top: 40px;"><a @click="register">
            没有账号？去注册</a></div>
      </el-form>
    </div>
  </div>
 </div>
</template>
<script>
import { reactive, ref } from "vue";
import { useRouter } from "vue-router";
import { ElMessage } from "element-plus";
import { useUserStore } from "../../../store/user"
export default {
  name: "login",
  setup() {
    const router = useRouter();
    const loginFormData = reactive({
      username: "admin",
      password: "123456",
      code: "4396"
    })
    // 登录验证
    const loginBtn = () => {
      if (loginFormData.username == "admin" && loginFormData.password ==
          "123456") {
        useUserStore().login(loginFormData)
          .then(() => {
            // 延迟 100 毫秒跳转
            setTimeout(() => {
              ElMessage({
                type: "success",
                message: '登录成功',
              })
              // 登录成功跳转到首页
              router.push("/");
            }, 100)
          });
      } else {
        // 登录失败提示
        ElMessage({
          type: "error",
          message: '登录失败',
        })
      }
    }
    // 跳转到注册页
    const register = () => {
      router.push("/register");
    }
    return { loginFormData, loginBtn,register };
  },
};
</script>
// CSS 样式
<style scoped lang="scss">
...
</style>
```

说明：通过 loginBtn 函数验证用户名是否为 admin，密码是否为 123456，当用户名和密码都正确时调用路由跳转到首页。

**提示** 在完整的项目开发中，用户的登录信息通常会保存在数据库中，通过查询数据库中是否有当前用户来实现登录功能。由于这是一个纯前端项目，因此登录的用户名和密码直接在前端写成了固定数据。

最终页面实现效果如图 5-5 所示。

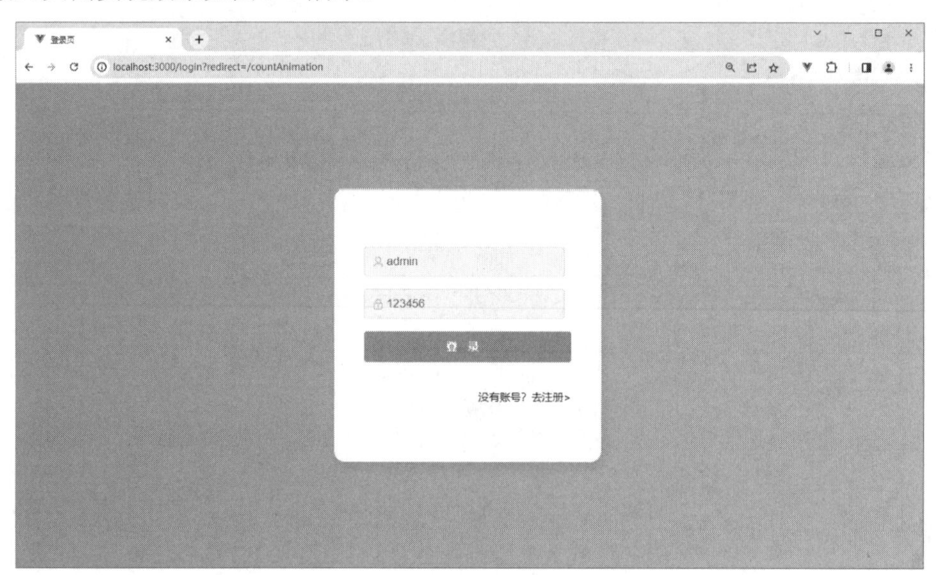


图 5-5　登录页面

## 5.4.2　注册页面的实现

注册页面的主要功能是实现新用户的注册，具体实现代码如下。

register/index.vue：注册页。

```
<!-- 注册页 -->
<template>
  <div class="admin-login">
    <div class="login-container">
      <div class="login-right">
        <el-form :model="loginFormData">
          <el-form-item label="">
            <el-input prefix-icon="el-icon-user" style="
              height: 44px;
              margin-right: 10px" class="login-input" placeholder="用户名">
            </el-input>
          </el-form-item>
          <el-form-item label="">
            <el-input prefix-icon="el-icon-lock" style="
              height: 44px;
              margin-right: 10px" class="login-input" placeholder="密码">
            </el-input>
```

```
          </el-form-item>
          <el-button class="login-btn" type="primary" @click="loginBtn">注册
          </el-button>
        </el-form>
      </div>
    </div>
  </div>
</template>
<script>
// 引入路由
import { useRouter } from "vue-router";
import { ElMessage } from "element-plus";
export default {
  name: "login",
  setup() {
    const router = useRouter();
    // 注册成功跳转到登录页
    const loginBtn = () => {
      router.push("/");
      // 注册成功提示
      ElMessage({
        type: "success",
        message: '注册成功',
      })
    }
    return { loginBtn };
  },
};
</script>
// CSS 样式
<style scoped lang="scss">
...
</style>
```

说明：注册消息提醒为 Element-Plus 的 Message 消息提示样式。

最终页面实现效果如图 5-6 所示。

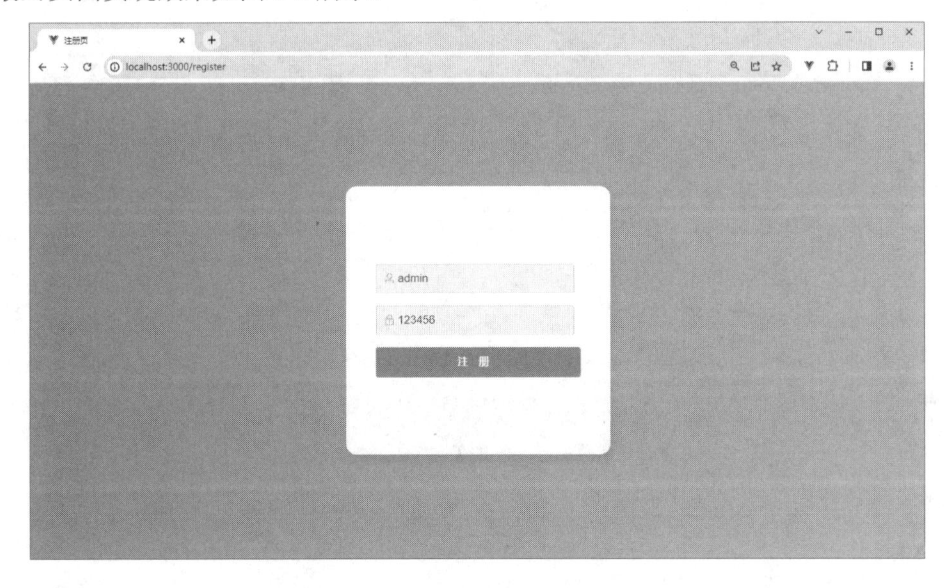


图 5-6　注册页面

### 5.4.3 首页的实现

首页的主要功能是展示系统数据。其展示方式有两种：一种是数据直接展示，另一种是通过折线图的方式展示。具体实现代码如下。

(1) home/index.vue：首页数据展示。

```
<!-- 首页 -->
<template>
  <div>
    <el-row>
      <el-col :span="6">
        <div class="head">
          <p class="heap_p1">买进</p>
          <Flag style="width: 50px; height: 50px; float: right;margin-right:
              20px;margin-top: -30px;color: crimson;" />
          <p class="heap_p2">2023/5/31-2022/5/31</p>
          <p class="heap_p3"><a>99999.99</a><a style="font-size: 20px;color:
              #000;"> 股</a></p>
        </div>
      </el-col>
      <el-col :span="6">
        <div class="head">
          <p class="heap_p1">卖出</p>
          <Briefcase
            style="width: 50px; height: 50px; float: right;margin-right:
                20px;margin-top: -30px;color: rgb(238, 6, 114);" />
          <p class="heap_p2">2023/5/31-2022/5/31</p>
          <p class="heap_p3"><a>88888.99</a><a style="font-size: 20px;color:
              #000;"> 股</a></p>
        </div>
      </el-col>
      <el-col :span="6">
        <div class="head">
          <p class="heap_p1">总收益</p>
          <ShoppingCartFull
            style="width: 50px; height: 50px; float: right;margin-right:
                20px;margin-top: -30px;color: rgb(182, 211, 19);" />
          <p class="heap_p2">2023/5/31-2022/5/31</p>
          <p class="heap_p3"><a>77777.99</a><a style="font-size: 20px;color:
              #000;"> 万元</a></p>
        </div>
      </el-col>
      <el-col :span="6">
        <div class="head">
          <p class="heap_p1">总资产</p>
          <Histogram
            style="width: 50px; height: 50px; float: right;margin-right:
               20px;margin-top: -30px;color: rgb(97, 20, 220);" />
          <p class="heap_p2">2023/5/31-2022/5/31</p>
          <p class="heap_p3"><a>66666.99</a><a style="font-size: 20px;color:
              #000;"> 万元</a></p>
        </div>
      </el-col>
    </el-row>
    <!-- 折线图 -->
```

```
    <div class="bottom">
      <Statistics :width="'100%'" :height="'500px'"></Statistics>
    </div>
  </div>
</template>
<script>
// 引用 statistics.vue
import Statistics from "./statistics.vue";
export default {
  components: {
    // 声明组件
    Statistics
  }
}
</script>
// CSS 样式
<style scoped lang="scss">
...
</style>
```

说明：页面中的布局使用的是 Element Plus 的 Layout 布局，图标使用的是 Element Plus 的 Icon 图标。

(2) home/ statistics.vue：折线图展示。

```
<!-- 折线图 -->
<template>
    <div class="echarts-box">
        <div id="myEcharts" :style="{ width: this.width, height:
            this.height }"></div>
    </div>
</template>
<script>
import * as echarts from "echarts";
import { onMounted, onUnmounted } from "vue";
export default {
    name: "App",
    props: ["width", "height"],
    setup() {
        let myEcharts = echarts;
        onMounted(() => {
            initChart();
        });
        onUnmounted(() => {
            myEcharts.dispose;
        });
        function initChart() {
            let chart = myEcharts.init(document.getElementById("myEcharts"),
                "purple-passion");
            // 折线图的数据和样式
            chart.setOption({
                title: {
                    text: "收益走势",
                    left: "center",
                },
                xAxis: {
                    type: "category",
                    data: [
                        "一月", "二月", "三月", "四月", "五月", "六月", "七月",
```

```
            "八月", "九月", "十月", "十一月", "十二月"
            ]
        },
        tooltip: {
            trigger: "axis"
        },
        yAxis: {
            type: "value"
        },
        series: [
            {
                data: [
                    150, 230, 224, 218, 135, 147, 260, 206, 283, 284,
                    469, 637
                ],
                type: "line",
                itemStyle: {
                    normal: {
                        label: {
                            show: true,
                            position: "top",
                            formatter: "{c}"
                        }
                    }
                },
                areaStyle: {
                    color: {
                        type: 'linear',
                        x: 0,
                        y: 0,
                        x2: 0,
                        y2: 1,
                        colorStops: [  // 渐变颜色
                            {
                                offset: 0,
                                color: 'red',
                            },
                            {
                                offset: 1,
                                color: 'Orange',
                            },
                        ],
                        global: false,
                    },
                },
            }
        ]
    });
    window.onresize = function () {
        chart.resize();
    };
  }
  return {
    initChart
  };
 }
};
</script>
```

**提示**

此折线图使用的是 echarts 的折线图，echarts 的安装指令为 npm install echarts - save。

最终页面实现效果如图 5-7 所示。

图 5-7　首页

## 5.4.4　用户信息页面的实现

用户信息页面的主要功能是展示用户信息、修改用户信息、新增用户信息、查询用户信息和删除用户信息，具体实现代码如下。

profile/index.vue：用户信息。

```
<!-- 用户信息 -->
<template>
    <div>
        <div style="background-color: white;padding-top: 30px;padding-bottom:
            80px;">
            <!-- 搜索框 -->
            <div style="margin: 30px;">
                姓名：<el-input placeholder="姓名" size="large" style="width:
                    200px;padding-right: 20px;" />
                性别：<el-input placeholder="性别" size="large" style="width:
                    200px;padding-right: 20px;" />
                <el-button link type="primary">搜索</el-button>
                <el-button link type="primary">重置</el-button>
                <el-button link type="success" style="float: right;margin-right:
                    30px;"
                    @click="dialogVisible = true">新增</el-button>
            </div>
            <!-- 用户列表 -->
            <div style="margin:15px;padding: 10px;">
                <el-table ref="singleTableRef" :data="tableData" highlight-
                    current-row style="width: 100%"
                    :header-cell-style="{ textAlign: 'center' }" :cell-
```

```
            style="{ textAlign: 'center' }" size="medium">
          <el-table-column type="index" width="50" />
          <el-table-column property="name" label="姓名" />
          <el-table-column property="gender" label="性别" />
          <el-table-column property="nativePlace" label="籍贯" />
          <el-table-column property="address" label="详细地址" />
          <el-table-column property="phone" label="电话" />
          <el-table-column property="idNumber" label="身份证号" />
          <el-table-column property="amount" label="金额" />
          <el-table-column property="grade" label="等级" />
          <el-table-column property="state" label="状态" />
          <el-table-column fixed="right" label="操作">
            <template #default>
              <el-button link type="success" size="small"
                @click="dialogVisible = true">修改</el-button>
              <el-button link type="danger" size="small"
                @click="open">删除</el-button>
            </template>
          </el-table-column>
        </el-table>
        <!-- 分页组件 -->
        <div style="float: right;padding-top: 20px;">
          <el-pagination :page-size="20" :pager-count="11"
            layout="prev, pager, next" :total="1000" />
        </div>
      </div>
    </div>
    <!-- 编辑框 -->
    <el-dialog v-model="dialogVisible" title="用户信息" width="30%">
      <el-form :model="tableData">
        <el-form-item label="姓名: ">
          <el-input />
        </el-form-item>
        <el-form-item label="性别: ">
          <el-select placeholder="请选择性别">
            <el-option label="男" />
            <el-option label="女" />
          </el-select>
        </el-form-item>
        <el-form-item label="籍贯: ">
          <el-input />
        </el-form-item>
        <el-form-item label="详细地址: ">
          <el-input />
        </el-form-item>
        <el-form-item label="电话: ">
          <el-input />
        </el-form-item>
        <el-form-item label="身份证号: ">
          <el-input />
        </el-form-item>
        <el-form-item label="金额: ">
          <el-input />
        </el-form-item>
        <el-form-item label="等级: ">
          <el-input />
```

```
            </el-form-item>
            <el-form-item label="状态：">
                <el-input />
            </el-form-item>
        </el-form>
        <!-- 确认删除框 -->
        <template #footer>
            <span>
                <el-button @click="dialogVisible = false">取消</el-button>
                <el-button type="primary" @click="dialogVisible = false">
                    确定
                </el-button>
            </span>
        </template>
    </el-dialog>
  </div>
</template>
<script lang="ts" setup>
import { ref } from 'vue'
import { ElTable, ElMessage, ElMessageBox } from 'element-plus'
interface User {
    // 姓名
    name: string
    // 性别
    gender: string
    // 籍贯
    nativePlace: string
    // 详细地址
    address: string
    // 电话
    phone: string
    // 身份证号
    idNumber: string
    // 金额
    amount: string
    // 等级
    grade: string
    // 状态
    state: string
}
const currentRow = ref()
const singleTableRef = ref<InstanceType<typeof ElTable>>()
// 用户数据
const tableData: User[] = [
    {
        name: '张三',
        gender: '男',
        nativePlace: '河南',
        address: '郑州',
        phone: '16627037239',
        idNumber: 'xxxxxxxxxxxxxxxxxx',
        amount: '99999 万元',
        grade: '白银会员',
        state: '正常',
    },
    {
```

```
        ...(用户数据)
    }
]
// 删除确认框
const dialogVisible = ref(false)
const open = () => {
    ElMessageBox.confirm(
        '确定要删除此条记录么?',
        '删除',
        {
            confirmButtonText: '确定',
            cancelButtonText: '取消',
            type: 'warning',
        }
    )
        .then(() => {
            ElMessage({
                type: 'success',
                message: '删除成功',
            })
        })
        .catch(() => {
            ElMessage({
                type: 'info',
                message: '已取消删除',
            })
        })
}
</script>
```

说明：

(1) 通过 dialogVisible 的值来控制新增修改框的显示和隐藏。

(2) 页面中的表格样式为 Element Plus 的 Table 表格样式。

最终页面实现效果如图 5-8 所示。

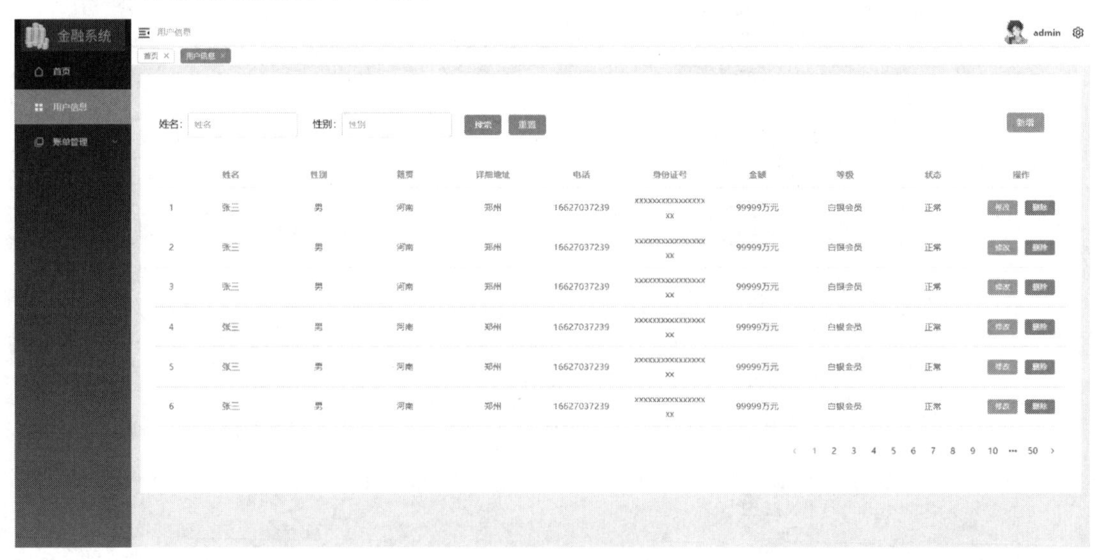


图 5-8　用户信息页面

## 5.4.5　放贷信息页面的实现

放贷信息页面的主要功能是展示放贷信息、修改放贷信息、新增放贷信息、查询放贷信息和删除放贷信息。由于此页面的实现代码和用户信息页面的类似，因此这里不再介绍其具体实现代码。

放贷信息页面的实现效果如图 5-9 所示。

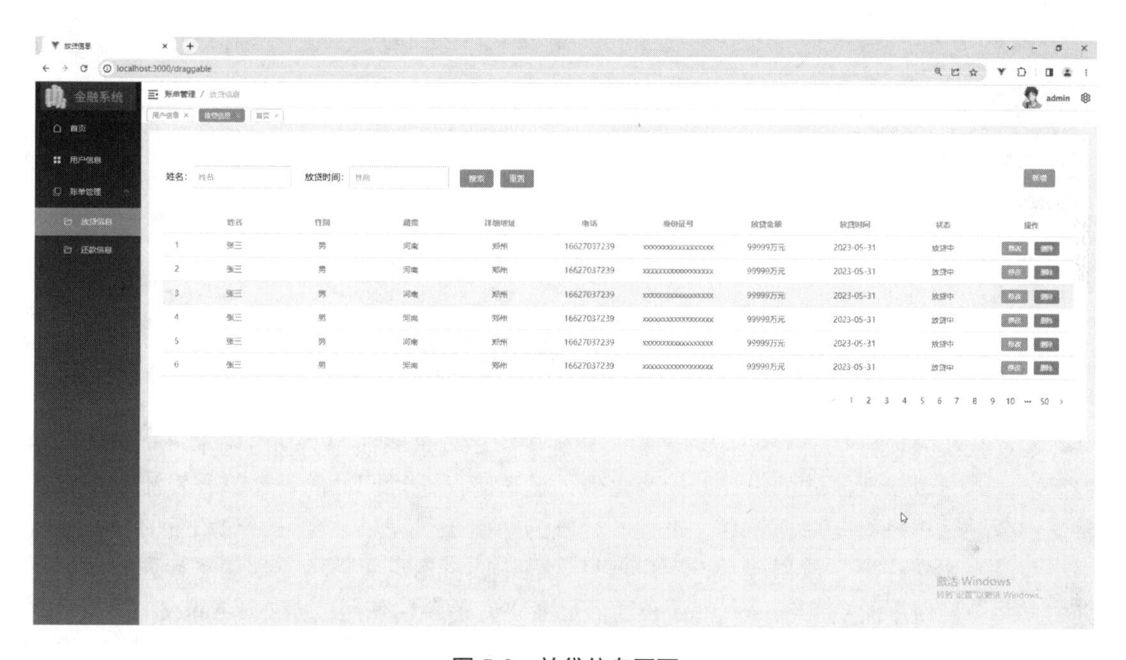


图 5-9　放贷信息页面

## 5.4.6　还款信息页面的实现

还款信息页面的主要功能是展示还款信息、修改还款信息、新增还款信息、查询还款信息和删除还款信息。由于此页面的实现代码和用户信息页面的类似，因此这里不再介绍其具体实现代码。

还款信息页面的实现效果如图 5-10 所示。

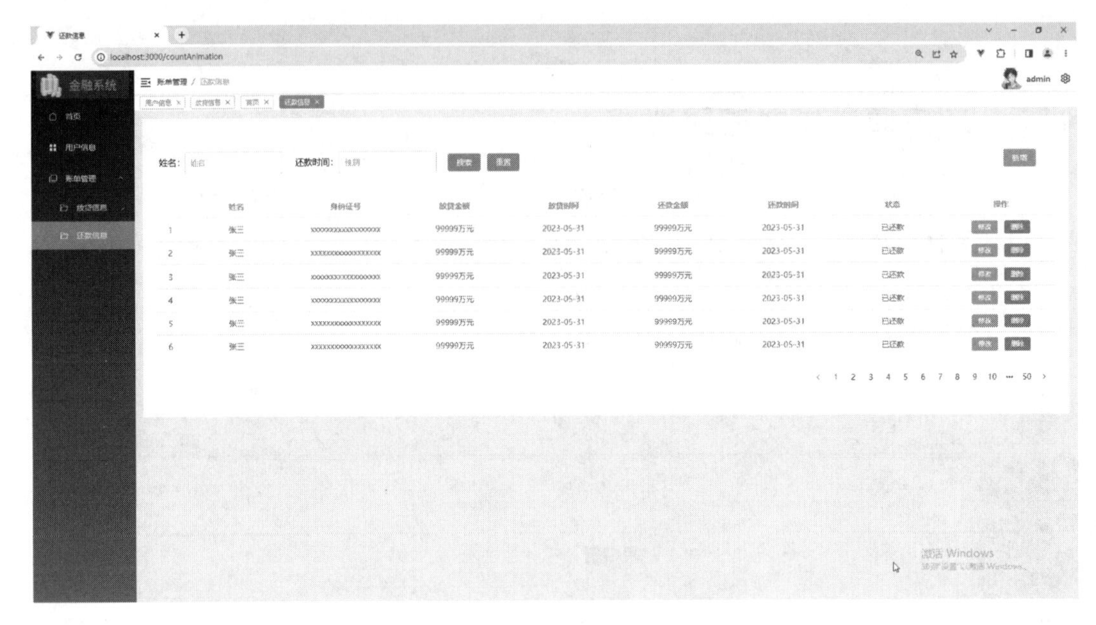


图 5-10　还款信息页面

## 5.5　本章小结

本章介绍的项目是一个基于 Vue 框架构建的金融管理系统，其功能基本符合金融网站的要求。本章以金融网站的设计开发为主线，让读者从金融网站的设计、开发流程中真正感受到金融管理系统是如何策划、设计、开发的。此项目完成了金融管理系统的核心业务用户登录、用户注册、数据展示、用户信息管理、放贷信息管理和还款信息管理等功能。其中页面布局使用的是 Element Plus 布局，页面之间的跳转使用的是 vue-router，模拟数据使用的是 Mock.js。

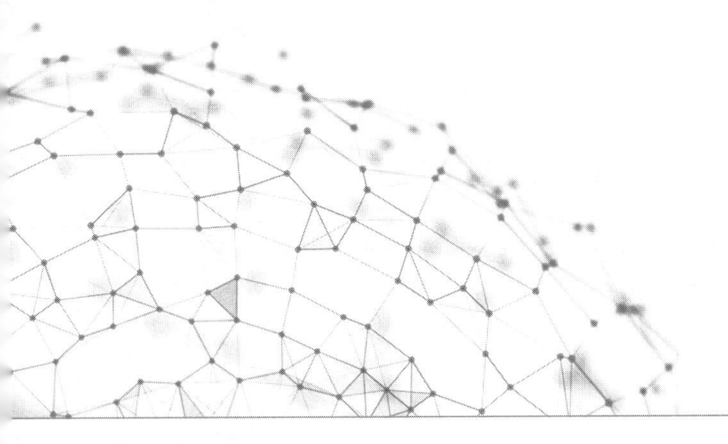

# 第6章

# 游戏娱乐网站系统

【本章概述】

本章将为大家介绍如何使用 Vue 的前端框架开发一个游戏娱乐网站系统。此系统主要包含六个页面，分别为登录页、注册页、首页、游戏详情页、游戏列表页和我的收藏页等。下面将通过项目环境及框架、系统分析、游戏娱乐网站系统运行和系统主要功能实现等小节来为大家讲解此项目的实现。

【知识导读】

本章要点(已掌握的在方框中打钩)

☐ 项目环境及框架

☐ 系统分析

☐ 游戏娱乐网站系统运行

☐ 系统主要功能实现

## 6.1 项目环境及框架

开发一个 Vue 项目，首先需要搭建好 Vue 的运行环境，而要想高效地进行项目开发，那么一个便捷的开发工具是必不可少的，此游戏娱乐网站系统使用的 Vue 版本为 Vue.js 3.0，开发工具使用的是 Visual Studio Code。

### 6.1.1 系统开发环境要求

开发和运行游戏娱乐网站系统之前，本地计算机需满足以下条件。

操作系统：Windows 7 以上。

开发工具：Visual Studio Code。

开发框架：Vue.js 3.0。

开发环境：Node16.20.0 以上。

### 6.1.2 软件框架

此游戏娱乐网站系统是一个前端项目，它所使用的主要技术有 Vue.js、JavaScript、CSS、vue-router、Vuex 和 Element Plus，下面简单介绍一下这些技术。

1. Vue.js

Vue.js 是一套构建用户界面的渐进式框架。与其他重量级框架不同的是，Vue 采用自底向上增量开发的设计。Vue 的核心库只关注视图层，因此非常容易学习，很容易与其他库或已有项目整合。Vue 完全有能力驱动单文件组件和 Vue 生态系统支持的库开发的复杂单页应用。

2. JavaScript

JavaScript 是一种轻量级的且可以即时编译的编程语言(简称“JS”)。虽然它作为开发 Web 页面的脚本语言而出名，但也被应用到了很多非浏览器环境中。

3. CSS

CSS 是一种用来表现 HTML 或 XML 等文件样式的计算机语言。CSS 不仅可以静态地修饰网页，还可以配合各种脚本语言动态地对网页各元素进行格式化。CSS 能够对网页中元素位置的排版进行像素级精确控制，它支持几乎所有的字体字号样式，拥有对网页对象和模型样式编辑的能力。

4. vue-router

vue-router 是 Vue.js 下的路由组件，它和 Vue.js 深度集成，适用于构建单页面应用。

5. Vuex

Vuex 是一个专门为 Vue.js 应用程序开发的状态管理模式，其最大特点是响应式。它可以将多个组件共享的变量存储在一个对象中，然后将这个对象放置在顶层的 Vue 实例中，使其他组件也可以使用。

6. Element Plus

Element Plus 是一个基于 Vue 3.0、面向开发者和设计师的组件库，使用它可以快速搭建一些简单的前端页面。

# 6.2　系统分析

此游戏娱乐网站系统是一个由 Vue 和 JavaScript 组合开发的系统，其主要功能是实现用户的登录注册、展示游戏分类、展示游戏列表和游戏详情。下面将通过系统功能设计和系统功能结构图，为大家介绍此系统的功能设计。

## 6.2.1　系统功能设计

随着游戏产业的迅速发展，越来越多的人开始热衷于游戏，目前游戏网站已经成为人们娱乐生活中不可或缺的一部分。游戏网站的设计与实现涉及多个方面，包括网站架构、页面设计等。

此系统的前端页面主要有六个，各页面实现的功能具体如下。

(1) 登录页：实现用户的登录功能。

(2) 注册页：实现用户的注册功能。

(3) 首页：展示游戏分类和游戏推荐。

(4) 游戏详情页：展示游戏的详细信息。

(5) 游戏列表页：根据分类展示游戏。

(6) 我的收藏页：展示用户所收藏的游戏。

## 6.2.2　系统功能结构图

系统功能结构图就是根据系统不同功能之间的关系绘制的图表，此游戏娱乐网站系统的功能结构图如图 6-1 所示。

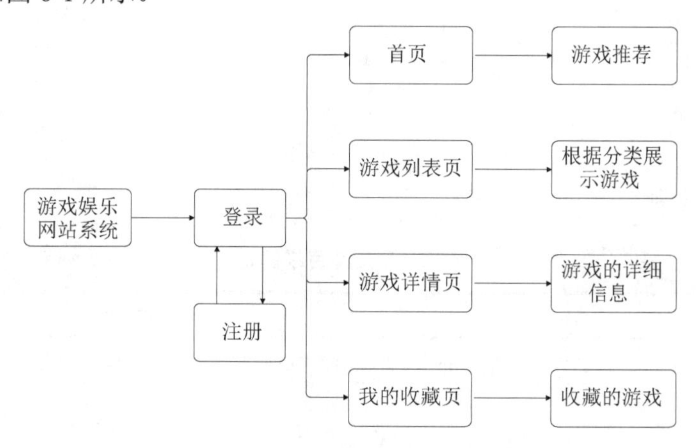


图 6-1　系统功能结构图

# 6.3　游戏娱乐网站系统运行

在制作游戏娱乐网站系统之前，大家首先要学会如何在本地运行本系统和查看本系统的文件结构，以加深对本程序功能的理解。

## 6.3.1　系统文件结构

下载游戏娱乐网站系统源文件 chapter-06\test，然后使用 Visual Studio Code 打开，具体目录结构如图 6-2 所示。

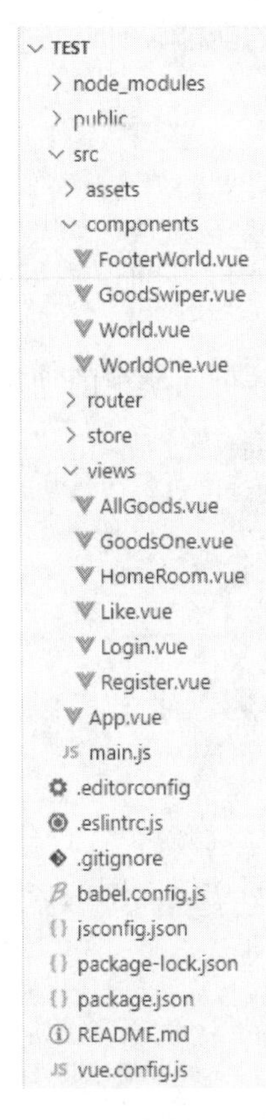


图 6-2　系统目录结构

部分文件说明如表 6-1 所示。

表 6-1　文件目录解析

| 文 件 名 | 说　明 |
| --- | --- |
| node_modules | 通过 npm install 下载安装的项目依赖包 |
| public | 存放静态公共资源(不会被压缩合并) |
| src | 项目开发主要文件夹 |

续表

| 文 件 名 | 说　明 |
|---|---|
| assets | 存放静态文件(如图片等) |
| components | 存放 Vue 页面 |
| FooterWorld.vue | 底部组件 |
| GoodSwiper.vue | 轮播图组件 |
| World.vue | 头部组件 |
| WorldOne.vue | 头部导航栏组件 |
| router | 路由配置 |
| store | Vuex 配置 |
| views | 存放 Vue 页面 |
| AllGoods.vue | 游戏列表页 |
| GoodsOne.vue | 游戏详情页 |
| HomeRoom.vue | 首页 |
| Like.vue | 我的收藏页 |
| Login.vue | 登录页 |
| Register.vue | 注册页 |
| App.vue | 根组件 |
| main.js | 入口文件 |
| .gitignore | 用来配置不归 git 管理的文件 |
| package.json | 项目配置和包管理文件 |

## 6.3.2　运行系统

在本地运行游戏娱乐网站系统，具体操作步骤如下。

step 01 使用 Visual Studio Code 打开 chapter-06\test 文件夹，然后在终端中输入指令 npm run server，运行项目，结果如图 6-3 所示。

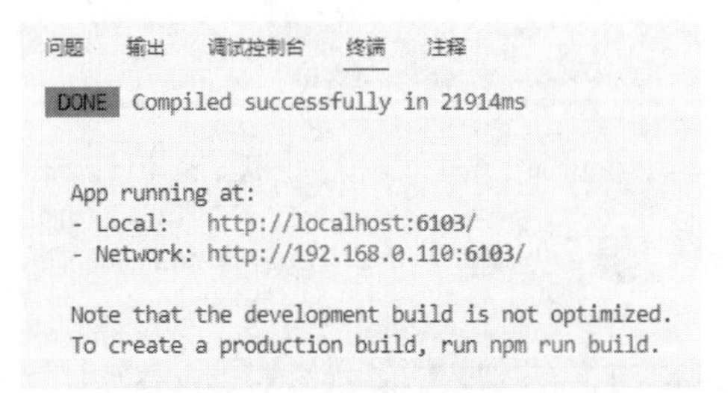


图 6-3　运行项目

step 02 在浏览器中访问网址 http://localhost:6103/，项目的最终实现效果如图 6-4 所示。

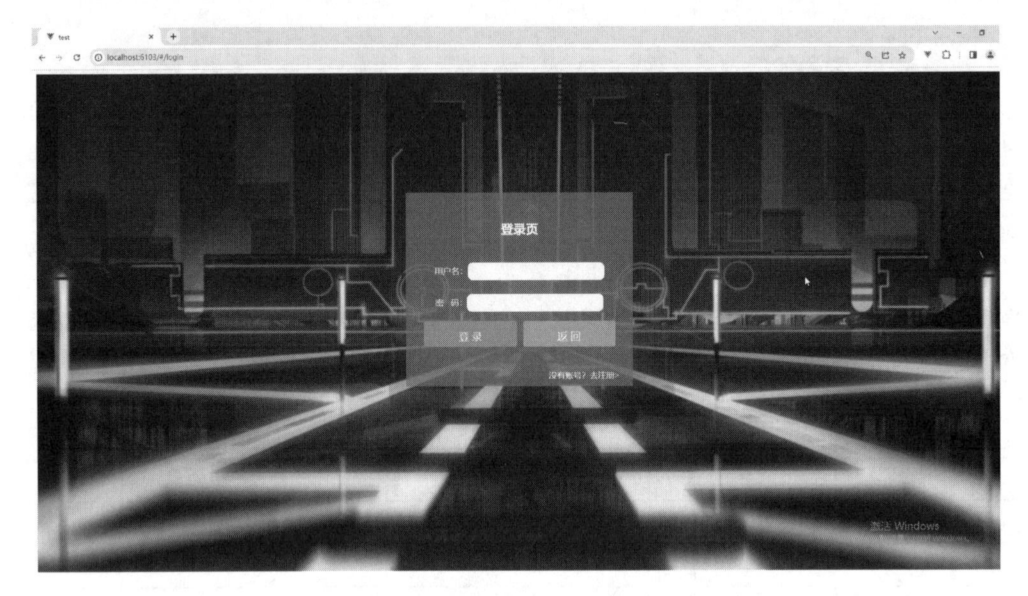

图 6-4　游戏娱乐网站系统界面

# 6.4　系统主要功能实现

本节将对系统中的各个页面的实现方法进行分析和探讨，包括登录页面的实现、注册页面的实现、首页的实现、游戏详情页面的实现、游戏列表页面的实现和我的收藏页面的实现。下面将带领大家学习如何使用 Vue 完成游戏娱乐网站系统的开发。

## 6.4.1　登录页面的实现

登录页面主要实现用户的登录，由于此项目是一个纯前端项目，因此这里并未添加登录验证，只是实现了登录路由跳转。具体实现代码如下。

Login.vue：登录页。

```
<!-- 登录页 -->
<template>
  <div class="login">
    <div style="padding-top: 10%;">
      <div class="login_form">
        <h2 style="text-align: center; color: #fff;">登录页</h2>
        <div>
          用户名：<input type="text" v-model="username" @blur="handleUsername">
        </div>
        <div>
          密   码：<input type="password" v-model="pass"
              @blur="handlePass">
        </div>
        <!-- 登录返回按钮 -->
        <div>
          <el-button type="primary" class="but"><router-link to="/">登 录
              </router-link></el-button>
          <el-button type="success" class="but"><router-link to="/">返 回
```

```
            </router-link></el-button>
        </div>
        <!-- 跳转到注册页 -->
        <div>
          <a style="float: right;"><router-link to="/register">没有账号？去注册>
            </router-link></a>
        </div>
      </div>
    </div>
  </div>
</template>
<script setup>
import { ref } from "vue";
const username = ref('')
const pass = ref('')
// 用户名称不能为空提示
const handleUsername = () => {
  if (username.value == null || username.value === '') {
    alert('用户名称不能为空')
  }
}
// 密码不能为空提示
const handlePass = () => {
  if (pass.value == null || pass.value === '') {
    alert('密码不能为空')
  }
}
</script>
// 页面 CSS 样式
<style  scoped lang="scss">
  ...
</style>
```

说明：通过<router-link to="/register">标签实现注册页的跳转。

最终页面实现效果如图 6-5 所示。

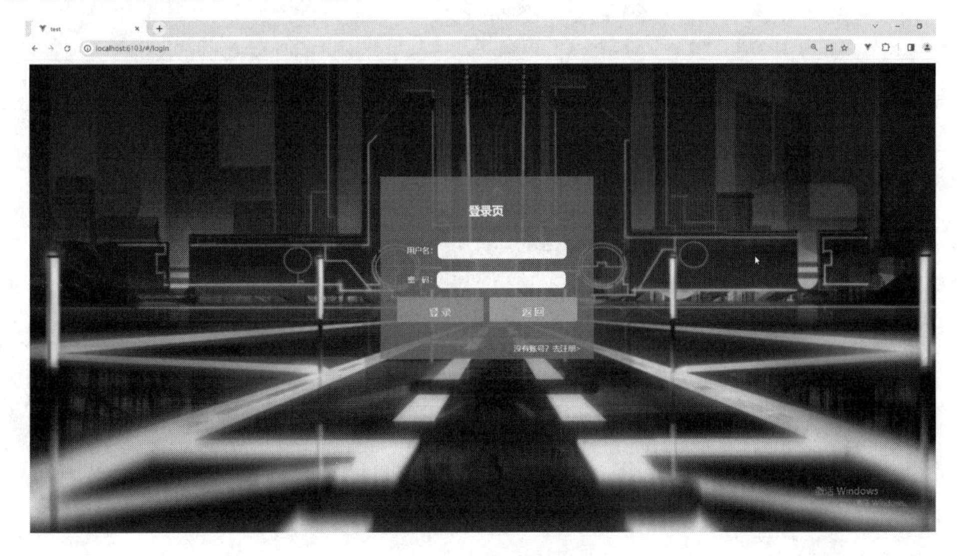


图 6-5　登录页面

## 6.4.2　注册页面的实现

注册页面主要实现用户的注册功能，它和登录页面类似。具体实现代码如下。

Register.vue：注册页。

```
<!-- 注册页 -->
<template>
  <div class="login">
    <div style="padding-top: 10%;">
      <div class="login_form">
        <h2 style="text-align: center; color: #fff;">注册页</h2>
        <div>
          用户名: <input type="text" v-model="username" @blur="handleUsername">
        </div>
        <div>
          密   码: <input type="password" v-model="pass"
            @blur="handlePass">
        </div>
        <!-- 跳转到登录页 -->
        <div>
          <el-button type="primary" class="but"><router-link to="/login">
              注 册</router-link></el-button>
          <el-button type="success" class="but"><router-link to="/login">
              返 回</router-link></el-button>
        </div>
      </div>
    </div>
  </div>
</template>
<script setup>
import { ref } from "vue";
const username = ref('')
const pass = ref('')
// 用户名称不能为空提示
const handleUsername = () => {
  if (username.value == null || username.value === '') {
    alert('用户名称不能为空')
  }
}
// 密码不能为空提示
const handlePass = () => {
  if (pass.value == null || pass.value === '') {
    alert('密码不能为空')
  }
}
</script>
// 页面 CSS 样式
<style  scoped lang="scss">
  ...
</style>
```

说明：通过<router-link to="/login ">标签实现注册页的跳转。

最终页面实现效果如图 6-6 所示。

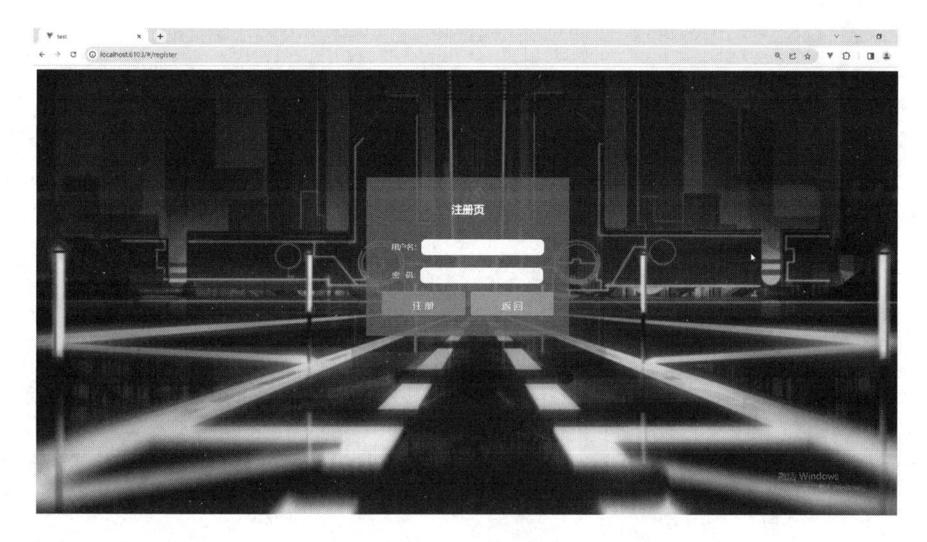


图 6-6　注册页面

## 6.4.3　首页的实现

首页的主要功能是展示游戏分类、游戏列表和游戏推荐。此页面可分为两部分，分别为游戏分类和游戏推荐。具体实现代码如下。

(1) World.vue：首页(游戏分类)。

```
<!-- 头部组件 -->
<template>
  <div>
    <div class="nav">
      <ul>
        <li>
          <el-dropdown>
            <span class="el-dropdown-link">
              <a style="font-size: 23px;line-height: 60px;">admin</a>
              <el-icon class="el-icon--right">
                <arrow-down />
              </el-icon>
            </span>
            <template #dropdown>
              <el-dropdown-menu>
                <el-dropdown-item><router-link to="/login"><a
                      style="color: black;">退出登录</a></router-link>
                          </el-dropdown-item>
                <el-dropdown-item> <router-link to="/like"><a
                      style="color: black;">我的游戏</a></router-link>
                          </el-dropdown-item>
              </el-dropdown-menu>
            </template>
          </el-dropdown>
        </li>
        <li>
          <router-link to="/like">我的收藏</router-link>
        </li>
      </ul>
    </div>
```

```
<div>
  <el-row>
    <el-col :span="4" v-html="'\u00a0'" />
    <el-col :span="16">
      <div class="menu">
        <div class="menu_le">
          <a class="m_on" href="/">首页</a>
          <a><router-link to="/goods">动作</router-link></a>
          <a><router-link to="/goods">体育</router-link></a>
          <a><router-link to="/goods">益智</router-link></a>
          <a><router-link to="/goods">射击</router-link></a>
          <a><router-link to="/goods">冒险</router-link></a>
          <a><router-link to="/goods">棋牌</router-link></a>
          <a><router-link to="/goods">策略</router-link></a>
          <a><router-link to="/goods">休闲</router-link></a>
          <a><router-link to="/goods">女生</router-link></a>
          <a><router-link to="/goods">装扮</router-link></a>
          <a><router-link to="/goods">儿童</router-link></a>
          <a><router-link to="/goods">过关</router-link></a>
          <a><router-link to="/goods">双人</router-link></a>
        </div>
      </div>
      <div class="middle_2">
        <!-- 循环 3 次 -->
        <div class="mi_dl" v-for="a in 3">
          <div class="mi-lr">
            <a class="mi_tit" href="#">专辑</a>
            <div class="mi_d"><span><a href="#" class="fb6"><b>云游戏
                  </b></a></span><span><a
                  href="#">热游推荐</a></span><span><a href="#">最新游戏
                  </a></span><span><a href="#"
                  class="fb6"><b>双人小游戏</b></a></span><span><a href="#">
                      无敌版</a></span><span><a href="#"
                  class="fb6">单人</a></span><span><a href="#">冰火人</a>
                          </span><span><a>三人</a></span>
            </div>
          </div>
          <div class="mi-lr">
            <a class="mi_tit" href="#">儿童</a>
            <div class="mi_d"><span><a href="#">填颜色</a></span><span>
                  <a href="#">小马宝莉</a></span><span><a
                  href="#">海绵宝宝</a></span><span><a href="#" class=
                      "fb6">组装游戏</a></span><span><a href="#">
                      朵拉</a></span><span><a
                  href="#">学习</a></span><span><a href="#">玩具</a></span>
                      <span><a href="#">托马斯</a></span></div>
          </div>
        </div>
        <!-- 循环 3 次 -->
        <div class="mi_dl" v-for="a in 3">
          <a class="mi_tit" href="#" style="margin-left: 35px;">女生</a>
          <div class="mi_g"><span><a href="#">阿 sue</a></span><span>
              <a href="#">美图</a></span><span><a
                href="#">美人鱼</a></span><span><a href="#">公主</a></span>
```

```
                    <span><a href="#">古代换装</a></span><span><a
                href="#">做饭</a></span><span><a href="#">精灵</a></span>
                    <span><a href="#">化妆</a></span><span><a
                href="#">美甲</a></span><span><a href="#">婚纱</a></span>
                    <span><a href="#">美发</a></span><span><a
                href="#">餐厅</a></span><span><a href="#">蛋糕</a></span>
                    <span><a href="#">礼服</a></span><span><a
                href="#">布置</a></span><span><a href="#">宠物</a></span>
                    <span><a href="#">购物</a></span><span><a
                href="#">芭比</a></span><span><a href="#">制作</a></span>
                    <span><a href="#">养成</a></span><span><a
                href="#">宝贝</a></span><span><a href="#">时尚</a></span>
                    <span><a href="#">打工挣钱</a></span></div>
          </div>
        </div>
      </el-col>
    </el-row>
  </div>
 </div>
</template>
// 页面 CSS 样式
<style  scoped lang="scss">
  ...
</style>
```

(2) HomeRoom.vue：首页(游戏推荐)。

```
<!-- 首页 -->
<template>
  <div class="room">
    <!-- 头部组件 -->
    <World />
    <el-row>
      <el-col :span="4" v-html="'\u00a0'" />
      <el-col :span="16">
        <el-row style="margin-top: 30px;">
          <!-- 游戏推荐 -->
          <el-col :span="18">
            <div class="details" style="height: 100%;">
              <div style="padding-top: 20px;padding-bottom: 10px;">
                <h3>最近好玩的游戏列表</h3>
              </div>
              <ul>
                <!-- 游戏列表 -->
                <li v-for="i in list " :key="i.value">
                  <img v-bind:src="i.src" alt="">
                  <p style="font-size: 14px; color: grey;"> <router-link to=
                      "/goodsone">{{ i.title }}</router-link></p>
                  <br>
                </li>
              </ul>
            </div>
          </el-col>
          <el-col :span="1" v-html="'\u00a0'" />
          <!-- 今日推荐 -->
          <el-col :span="5">
```

```
        <div class="rec left cf">
          <div class="top_tit">
            <a>今日推荐</a>
          </div>
          <ul class="rec_ul">
            <li v-for="a in 4">
              <router-link to="/goodsone">
                <a class="rec_img" href="#"><img alt="海绵宝宝第九季" src=
                    "../assets/images/goods/goods1.png"></a>
                <p><em><a href="#">海绵宝宝第九季</a></em><a class="p_ac"
                    href="#">在一片名为比基尼的海底之下的黄色海绵趣味生活</a></p>
              </router-link>
            </li>
          </ul>
        </div>
        <!-- 热门游戏 -->
        <div class="details1">
          <div style="padding-top: 20px;padding-bottom: 10px;">
            <h4>热门游戏</h4>
          </div>
          <ul>
            <li v-for="i in list" :key="i.value">
              <img v-bind:src="i.src" alt="">
              <p style="font-size: 14px; color: grey;"> <router-link to=
                    "/goodsone">{{ i.title }}</router-link></p>
              <br>
            </li>
          </ul>
        </div>
      </el-col>
    </el-row>
  </el-col>
  <el-col :span="4" v-html="'\u00a0'" />
 </el-row>
 <!-- 底部组件 -->
 <FooterWorld />
 </div>
</template>
<script setup>
// 引入头部组件
import World from '@/components/World.vue'
// 引入底部组件
import FooterWorld from '@/components/FooterWorld.vue'
import { reactive } from "vue";
// 游戏列表
const list = reactive(
  [
    {
      value: ' 0 ',
      src: require('../assets/images/goods/goods1.png'),
      title: '火影游戏',
      path: '/goodsone'
    },
    ...(游戏数据)
  ]
)
</script>
```

```
// 页面 CSS 样式
<style  scoped lang="scss">
  ...
</style>
```

**提示**

由于此项目是一个纯前端项目，因此在声明 list 变量时直接为 list 赋值了。在正常的开发中，list 的数据通常在数据库中查询获取(即通过接口获取)。

最终页面实现效果如图 6-7 所示。

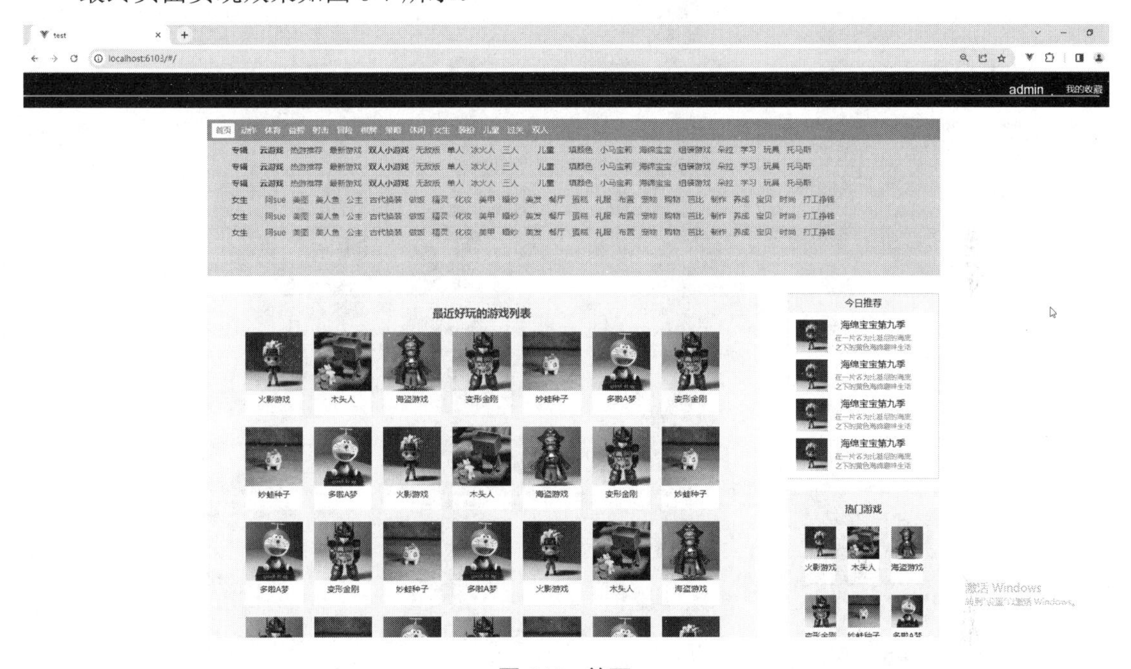


图 6-7　首页

## 6.4.4　游戏详情页面的实现

游戏详情页的主要功能是展示游戏详情。此页面可分为两部分，分别为轮播图和游戏介绍。具体实现代码如下。

(1) GoodSwiper.vue：游戏详情(轮播图)。

```
<!-- 游戏详情轮播图组件 -->
<template>
  <div id="goodswiper">
    <div id="box">
      <img :src="swiperImg[currentIndex].src" alt="img">
    </div>
    <div id="span" :style="{ display: show.button }">
      <!-- 图片轮播 -->
      <div>
        <span :key="index" v-for="(item, index) in swiperImg" v-on:click=
          "currentIndexClick(index)"
         :style="{ backgroundColor: currentIndex === index ? '#ff4500' :
```

```
        '#f6f8f9' }"></span>
      </div>
    </div>
    <!-- 向左 -->
    <div id="leftSide" v-on:click="leftClick" :style="{ display: show.preNext }">
      <i class="el-icon-back"></i>
    </div>
    <!-- 向右 -->
    <div id="rightSide" v-on:click="rightClick" :style="{ display: show.preNext }">
      <i class="el-icon-right"></i>
    </div>
  </div>
</template>
<script>
export default {
  name: 'GoodSwiper',
  props: {
    show: Object,
    swiperImg: Array
  },
  data: function () {
    return {
      // require 引入照片
      currentIndex: 0,
      timer: ''
    }
  },
  methods: {
    // 轮播图实现
    currentIndexClick: function (index) {
      this.currentIndex = index
      clearInterval(this.timer)
      this.swiperStart()
    },
    swiperStart: function () {
      this.timer = setInterval(() => {
        this.currentIndex = this.currentIndex + 1
      }, 3000)
    },
    // 向左切换
    leftClick: function () {
      this.currentIndex--
      if (this.currentIndex === -1) {
        this.currentIndex = this.swiperImg.length - 1
      }
      clearInterval(this.timer)
      this.swiperStart()
    },
    // 向右切换
    rightClick: function () {
      this.currentIndex++
      clearInterval(this.timer)
      this.swiperStart()
    }
  },
  mounted() {
    this.swiperStart()
```

```
  },
  watch: {
    currentIndex: function () {
      // 图片数量
      if (this.currentIndex === this.swiperImg.length) {
        this.currentIndex = 0
      }
    }
  }
}
</script>
// 页面 CSS 样式
<style  scoped lang="scss">
  ...
</style>
```

说明：通过 leftClick 和 rightClick 方法实现轮播图的向左和向右切换。

(2) GoodsOne.vue：游戏详情(游戏介绍)。

```
<!-- 游戏详情 -->
<template>
  <div class="goodsone">
    <!-- 头部组件 -->
    <WorldOne />
    <el-row>
      <el-col :span="4" v-html="'\u00a0'" />
      <el-col :span="16">
        <div class="container-fluid">
          <div id="intro">
            <div>
              <!-- 轮播图组件 -->
              <GoodSwiper :swiperImg="swiperImg" :show="show" />
            </div>
            <div class="dec">
              <h3>火影小游戏</h3>
              <p>介绍：腾讯旗下手游《火影小游戏》支持平台云玩体验啦！火之意志，格斗重燃！
                  《火影小游戏》手游正统还原原著剧情，疾风传篇章登场，十年百忍强力降临，
                  体验酣畅淋漓的忍术格斗连打和全屏奥义大招</p>
              <p>操作指南：</p>
              <p>(1)通过 W、A、S、D 控制角色移动</p>
              <p>(2)通过鼠标左键进行攻击</p>
              <p><span>下载次数:100 次</span><span>收藏次数:200 次</span></p>
              <p>
                <router-link to="">开始游戏</router-link>
                <router-link to="/like">加入收藏</router-link>
              </p>
            </div>
          </div>
        </div>
        <div class="details2">
          <ul>
            <p style="font-size: 28px;">游戏推荐</p>
            <li v-for="i in list" :key="i.value">
              <img v-bind:src="i.src" alt="">
              <p style="font-size: 14px; color: grey;"><router-link to=
                  "/goodsone">{{ i.title }}</router-link></p><br>
```

```
          </li>
        </ul>
      </div>
    </el-col>
  </el-row>
  <!-- 底部组件 -->
  <FooterWorld />
 </div>
</template>
<script setup>
// 头部组件
import WorldOne from '@/components/WorldOne.vue'
// 底部组件
import FooterWorld from '@/components/FooterWorld.vue'
// 轮播图
import GoodSwiper from '@/components/GoodSwiper.vue'
import { reactive } from "vue";
const swiperImg = reactive(
  [
    {
      // 传入图片的路径以及要显示的照片介绍文字
      src: require('../assets/images/banner1.png')
    },
    ...(轮播图数据)
  ]
)
// 游戏推荐
const list = reactive(
  [
    {
      value: ' 0 ',
      src: require('../assets/images/goods/goods1.png'),
      title: '火影小游戏',
    },
    ...(游戏推荐数据)
  ]
)
const show = reactive(
  {
    // 照片介绍文字是否显示
    text: 'block',
    // 左右单击按钮是否显示
    preNext: 'block',
    // 底部按钮是否显示
    button: 'block'
  }
)
</script>
// 页面CSS样式
<style  scoped lang="scss">
  ...
</style>
```

最终页面实现效果如图 6-8 所示。

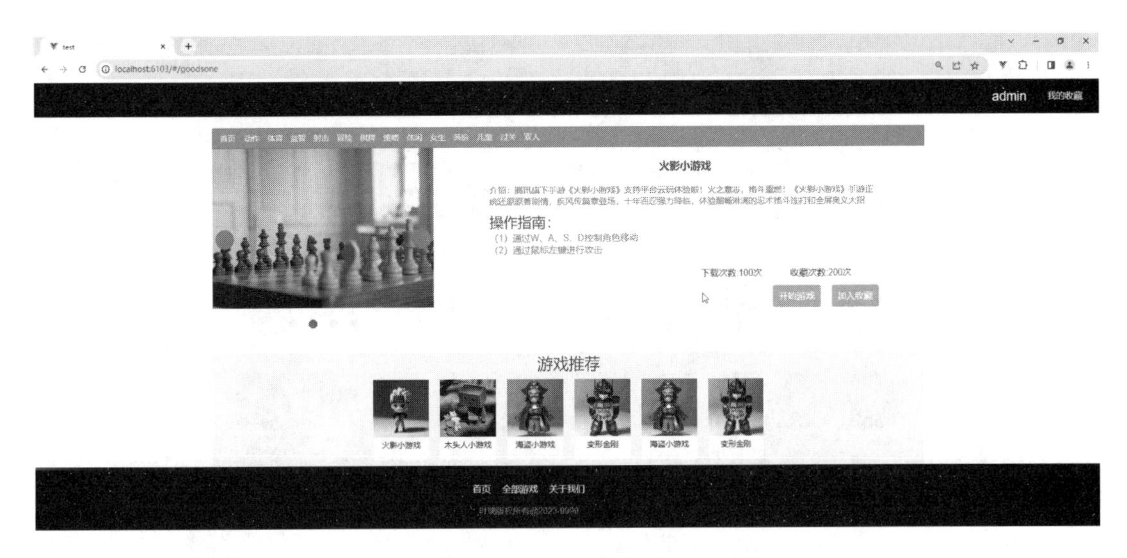


图 6-8　游戏详情页面

## 6.4.5　游戏列表页面的实现

游戏列表页的主要功能是展示游戏。由于此页面的实现代码和首页的类似，因此这里不再介绍其具体实现代码。

最终页面实现效果如图 6-9 所示。

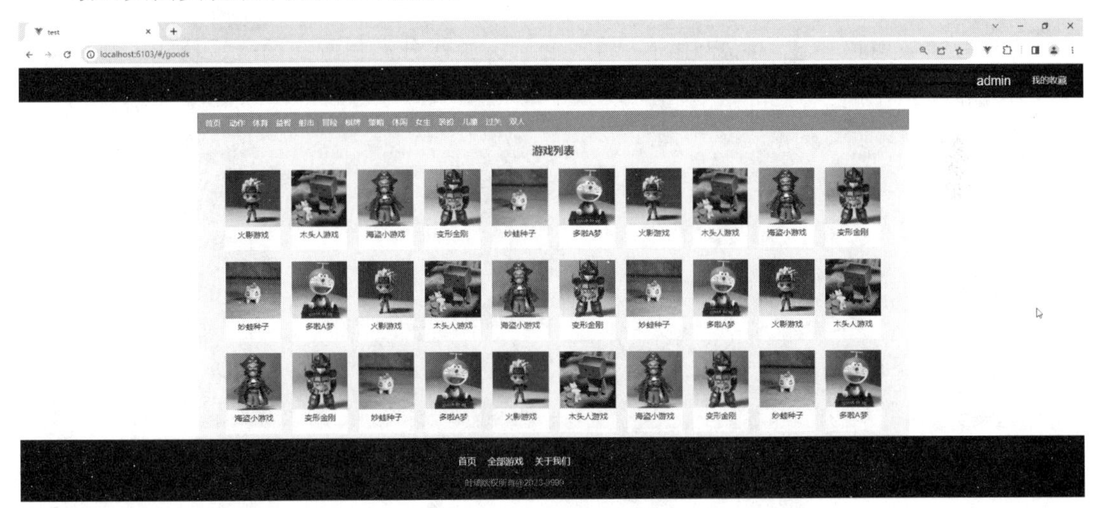


图 6-9　游戏列表页面

## 6.4.6　我的收藏页面的实现

我的收藏页的主要功能是展示用户所收藏的游戏。由于此页面的实现代码和首页的类似，因此这里不再介绍其具体实现代码。

最终页面实现效果如图 6-10 所示。

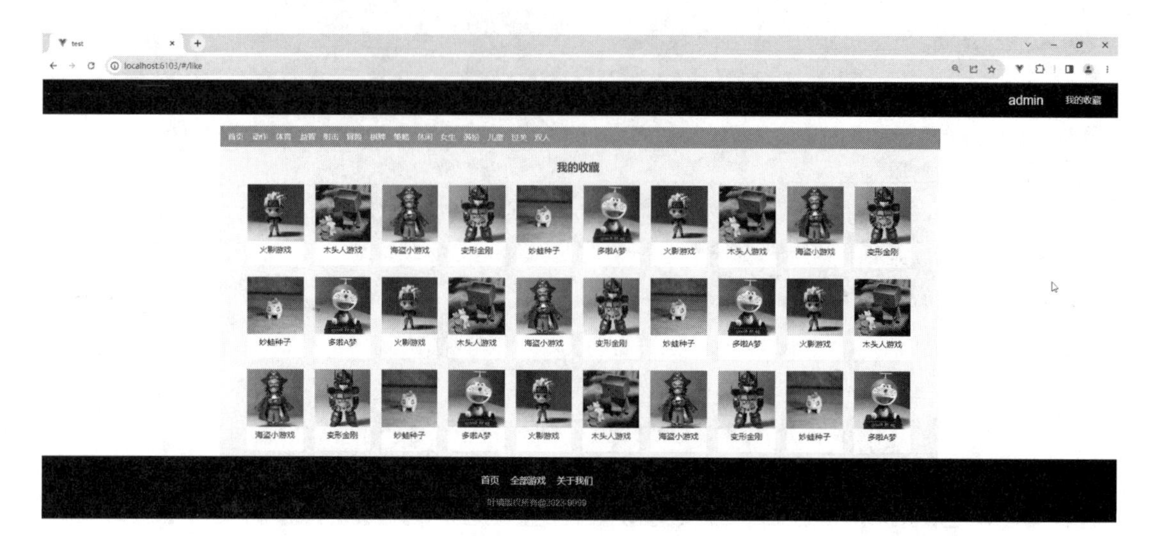


图 6-10　我的收藏页面

## 6.5　本 章 小 结

本章介绍的项目是一个基于 Vue 框架构建的游戏娱乐网站系统，其功能基本符合游戏网站的要求。本章以游戏网站的设计开发为主线，让读者从游戏网站的设计、开发的流程中真正感受到游戏娱乐网站系统是如何策划、设计、开发的。此项目完成了游戏娱乐网站系统的核心业务用户登录、用户注册、游戏展示、游戏分类和游戏详情等功能。其中页面布局使用的是 Element Plus 布局，页面之间的跳转使用的是 vue-router。

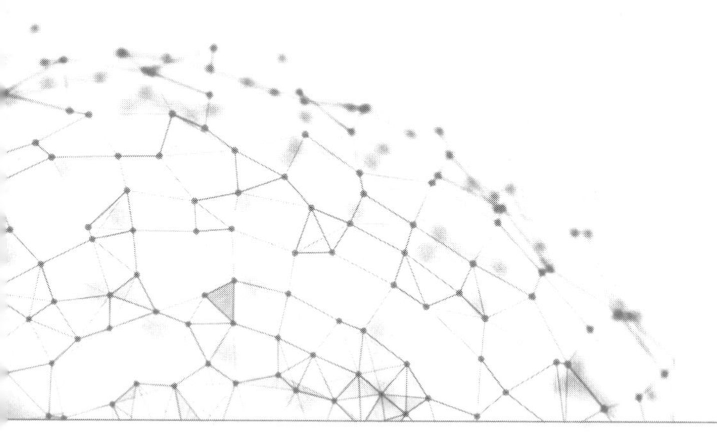

# 第 7 章

# 在线教育网站系统

【本章概述】

本章将为大家介绍如何使用 Vue 的前端框架开发一个在线教育网站系统。此系统主要包含六个页面，分别为登录注册页、首页、课程列表页、合作院校页、高职课堂页和课程详情页等。下面将通过项目环境及框架、系统分析、在线教育网站系统运行和系统主要功能实现等小节来为大家讲解此项目的实现。

【知识导读】

本章要点(已掌握的在方框中打钩)

- ☐ 项目环境及框架
- ☐ 系统分析
- ☐ 在线教育网站系统运行
- ☐ 系统主要功能实现

# 7.1 项目环境及框架

开发一个 Vue 项目，首先需要搭建好 Vue 的运行环境，而要想高效地进行项目开发，那么一个便捷的开发工具是必不可少的，此在线教育网站系统使用的 Vue 版本为 Vue.js 3.0，开发工具使用的是 Visual Studio Code。

## 7.1.1 系统开发环境要求

开发和运行在线教育网站系统之前，本地计算机需满足以下条件。

操作系统：Windows 7 以上。

开发工具：Visual Studio Code。

开发框架：Vue.js 3.0。

开发环境：Node16.20.0 以上。

## 7.1.2 软件框架

此在线教育网站系统是一个前端项目，其所使用的主要技术有 Vue.js、TypeScript、CSS、vue-router 和 Element Plus，下面简单介绍一下这些技术。

1. Vue.js

Vue.js 是一套构建用户界面的渐进式框架。与其他重量级框架不同的是，Vue 采用自底向上增量开发的设计。Vue 的核心库只关注视图层，因此非常容易学习，很容易与其他库或已有项目整合。Vue 完全有能力驱动单文件组件和 Vue 生态系统支持的库开发的复杂单页应用。

2. TypeScript

TypeScript 是由微软公司在 JavaScript 基础上开发的一种脚本语言，可以理解为是 JavaScript 的超集。

3. CSS

CSS 是一种用来表现 HTML 或 XML 等文件样式的计算机语言。CSS 不仅可以静态地修饰网页，还可以配合各种脚本语言动态地对网页各元素进行格式化。CSS 能够对网页中元素位置的排版进行像素级精确控制，它支持几乎所有的字体字号样式，拥有对网页对象和模型样式编辑的能力。

4. vue-router

vue-router 是 Vue.js 下的路由组件，它和 Vue.js 深度集成，适用于构建单页面应用。

5. Element Plus

Element Plus 是一个基于 Vue 3.0、面向开发者和设计师的组件库，使用它可以快速地搭建一些简单的前端页面。

# 7.2 系统分析

此在线教育网站系统是一个由 Vue 和 TypeScript 组合开发的系统，其主要功能是实现用户的登录注册、课程展示、课程详情展示和合作院校展示。下面将通过系统功能设计和系统功能结构图，为大家介绍此系统的功能设计。

## 7.2.1 系统功能设计

随着互联网的快速发展，目前在线教育已经成为教育培训行业的一个重要分支，越来越多的教育培训机构开始转向在线教育领域，以满足用户的多元化需求。一个优秀的在线教育网站系统对于教育培训机构来说至关重要，因此，搭建一套高效、稳定的在线教育网站系统对于教育培训机构来说必不可少。

此系统的前端页面主要有六个，各页面实现的功能具体如下。

(1) 登录注册页：实现用户的登录注册功能。

(2) 首页：展示热门直播、课程推荐、热门活动等。

(3) 课程列表页：根据课程分类展示课程。

(4) 合作院校页：展示合作院校的合作信息。

(5) 高职课堂页：展示高职课堂中的课程信息。

(6) 课程详情页：展示课程信息详情。

## 7.2.2 系统功能结构图

系统功能结构图就是根据系统不同功能之间的关系绘制的图表，此在线教育网站系统的功能结构图如图 7-1 所示。

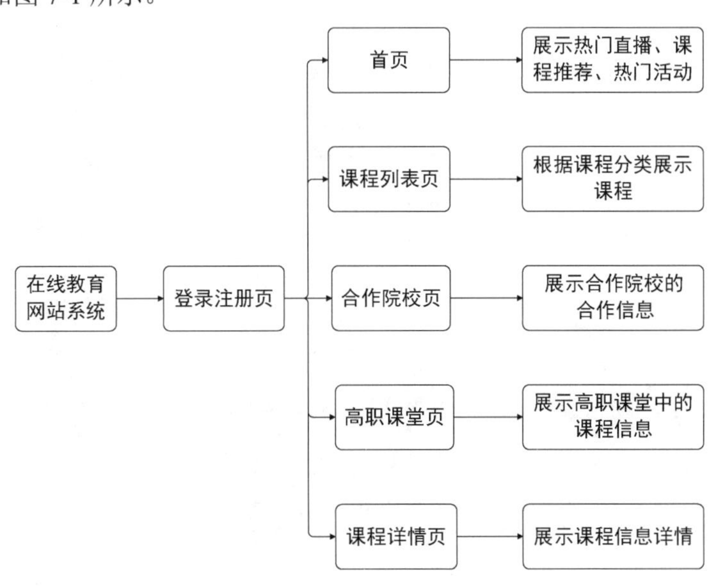


图 7-1　系统功能结构图

# 7.3 在线教育网站系统运行

在制作在线教育网站系统之前，大家首先要学会如何在本地运行本系统和查看本系统的文件结构，以加深对本程序功能的理解。

## 7.3.1 系统文件结构

下载在线教育网站系统源文件 chapter-07\test，然后使用 Visual Studio Code 打开，具体目录结构如图 7-2 所示。

图 7-2 系统目录结构

部分文件说明如表 7-1 所示。

表 7-1　文件目录解析

| 文 件 名 | 说　明 |
| --- | --- |
| node_modules | 通过 npm install 下载安装的项目依赖包 |
| public | 存放静态公共资源(不会被压缩合并) |
| src | 项目开发主要文件夹 |
| api | Axios 配置 |
| assets | 存放静态文件(如图片等) |
| components | 存放 Vue 页面 |
| Banner.vue | 首页轮播图组件 |
| Card.vue | 首页图片组件 |
| Footer.vue | 底部组件 |
| Header.vue | 头部组件 |
| LoginAndReg.vue | 登录注册页 |
| cooperative.vue | 合作院校页 |
| courses.vue | 课程列表页 |
| details.vue | 课程详情页 |
| education.vue | 高职课程页 |
| home.vue | 首页 |
| router | 路由配置 |
| store | Vuex 配置 |
| App.vue | 根组件 |
| main.ts | 入口文件 |
| .gitignore | 用来配置不归 git 管理的文件 |
| package.json | 项目配置和包管理文件 |
| tsconfig.json | 编译选项 |

## 7.3.2　运行系统

在本地运行在线教育网站系统，具体操作步骤如下。

step 01 使用 Visual Studio Code 打开 chapter-07\test 文件夹，然后在终端中输入指令 npm run dev，运行项目，结果如图 7-3 所示。

step 02 在浏览器中访问网址 http://localhost:5173/，项目的最终实现效果如图 7-4 所示。

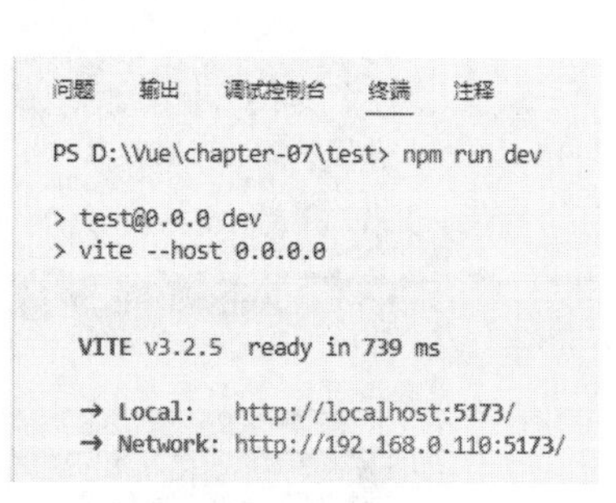
问题
输出
调试控制台
终端
注释
PS D:\Vue\chapter-07\test> npm run dev
> test@0.0.0 dev
> vite --host 0.0.0.0
VITE v3.2.5  ready in 739 ms
➜ Local:   http://localhost:5173/
➜ Network: http://192.168.0.110:5173/

图 7-3　运行项目

图 7-4　在线教育网站系统界面

# 7.4　系统主要功能实现

本节将对系统中的各个页面的实现方法进行分析和探讨，包括首页的实现、课程列表页面的实现、合作院校页面的实现、高职课堂页面的实现、课程详情页面的实现和登录注册页面的实现。下面将带领大家学习如何使用 Vue 完成在线教育网站系统的开发。

## 7.4.1　首页的实现

首页的主要功能是展示热门直播、课程推荐和热门活动等数据。其主要功能可分为五部分，分别为头部组件、轮播图组件、页面主体、图片组件和底部组件。具体实现代码如下。

(1) Header.vue：首页(头部组件)。

```
<!-- 头部组件 -->
<template>
   <div class="header">
      <div class="header-main">
         <div class="header-left">
            <!-- 图标 -->
            <img class="logo" src="src/assets/home/home6.png" alt="">
            <!-- 页面跳转 -->
            <div class="header-router">
               <router-link to="/home">首页</router-link>
               <router-link to="/courses">课程列表</router-link>
               <router-link to="/cooperative">合作院校</router-link>
               <router-link to="/education">高职课程</router-link>
            </div>
         </div>
         <div class="header-menu">
            <!-- 搜索框 -->
            <div class="hearder-search">
               <input type="text" placeholder="Vue 实战">
               <el-icon class="search">
                  <Search />
               </el-icon>
            </div>
            <!-- 登录注册按钮 -->
            <div class="login" @click="loginAndReg(1)">登录</div>
            <div class="register" @click="loginAndReg(2)">
               注册
            </div>
         </div>
      </div>
      <!-- 登录注册弹框 -->
      <LoginAndReg :dialogFormVisible='dialogFormVisible' :login='login'
      :register='register' :back='back'
      @changeDialogFormVisible='changeDialogFormVisible'
      @changeLogin='changeLogin' @changeRegister="changeRegister"
      @changeBack="changeBack"></LoginAndReg>
   </div>
```

```
</template>
<script setup lang="ts">
import { ref } from 'vue';
// 登录注册组件
import LoginAndReg from '../components/LoginAndReg.vue'
import { ShowStoreHook } from "../store/loginAndReg";
const dialogFormVisible = ref<boolean>(ShowStoreHook().dialogFormVisible)
const login = ref<boolean>(ShowStoreHook().login)
const register = ref<boolean>(ShowStoreHook().register)
const back = ref<boolean>(ShowStoreHook().back)
// 登录注册方法
const loginAndReg = (index: number) => {
   ShowStoreHook().changeDialogFormVisible(true)
   // 判断是登录方法还是注册方法
   if (index === 1) {
       ShowStoreHook().login = true
       ShowStoreHook().register = false
   } else {
       ShowStoreHook().login = false
       ShowStoreHook().register = true
   }
   dialogFormVisible.value = ShowStoreHook().dialogFormVisible
   login.value = ShowStoreHook().login
   register.value = ShowStoreHook().register
}
const changeDialogFormVisible = (data: boolean) => {
   ShowStoreHook().changeDialogFormVisible(data)
   dialogFormVisible.value = data;
}
const changeLogin = (data: boolean) => {
   ShowStoreHook().changeLogin(data)
   login.value = data
}
const changeRegister = (data: boolean) => {
   ShowStoreHook().changeRegister(data)
   register.value = data
}
const changeBack = (data: boolean) => {
   ShowStoreHook().changeBack(data)
   back.value = data
}
</script>
// 页面 CSS 样式
<style  scoped lang="scss">
  ...
</style>
```

说明：通过路由实现页面之间的跳转，通过<router-link to="/">标签实现首页的跳转。

(2) Banner.vue：首页(轮播图组件)。

```
<!-- 首页轮播图 -->
<template>
   <el-carousel trigger="click" height="550px">
       <el-carousel-item v-for="(item, index) in imgUrl" :key="index">
           <img :src="item.img" alt="">
       </el-carousel-item>
   </el-carousel>
</template>
<script setup lang="ts">
```

```
// 轮播图数据
const imgUrl = [
    {
        id: 1,
        img: 'src/assets/home/home1.png'
    },
    {
        id: 2,
        img: 'src/assets/home/home2.png'
    },
    {
        id: 3,
        img: 'src/assets/home/home3.png'
    }
]
</script>
// 页面 CSS 样式
<style  scoped lang="scss">
  ...
</style>
```

**提示**

此轮播图样式为 Element Plus 的 Carousel 走马灯样式。

(3) home.vue：首页(页面主体)。

```
<!-- 首页主体 -->
<template>
    <div class="home">
        <!-- 首页轮播图组件 -->
        <Banner></Banner>
        <!-- 热门直播 -->
        <div class="courList">
            <div class="title">热门直播</div>
            <router-link to="/details">
                <CardVue :courList="liveList" :type="1"></CardVue>
            </router-link>
            <div class="bottom-underline">
                <span>查看更多</span>
            </div>
        </div>
        <!-- 课程推荐 -->
        <div class="courList">
            <div class="title">课程推荐</div>
            <div class="swiper">
                <div class="content">
                    <span v-for="(item, index) in swiperList" :key=
                        "index" :class="swiperIndex == index ? 'checked' : ''"
                        @click="swiperIndex = index">{{ item }}</span>
                </div>
            </div>
            <router-link to="/details">
                <CardVue :courList="course" :type="2"></CardVue>
            </router-link>
            <div class="bottom-underline">
```

```
            <span>查看更多</span>
        </div>
    </div>
    <!-- 热门活动 -->
    <div class="courList">
        <div class="title">热门活动</div>
        <router-link to="/details">
            <CardVue :courList="courItList" :type="3"></CardVue>
        </router-link>
        <div class="bottom-underline">
            <span>查看更多</span>
        </div>
    </div>
    <!-- 为什么选择在线教育 -->
    <div class="change">
        <div class="bg"></div>
        <div class="about">
            <div class="about-header">
                <div class="about-title">为什么选择在线教育</div>
                <div class="about-des">在线教育是目前社会上较为流行的一种教育方式。
                </div>
            </div>
            <div class="about-con">
                <div class="about-card" v-for="(item, index) in
                      cardList" :key="index">
                <div class="card-title">
                    <img :src="item.headerImg" alt="" style="width: 50px;
                        height: 50px;">
                        <span> {{ item.headerTitle }} </span>
                    </div>
                    <div class="card-con">
                        <ul>
                            <li v-for="(k, i) in item.about" :key="i">{{ k }}
                            </li>
                        </ul>
                    </div>
                </div>
            </div>
        </div>
    </div>
  </div>
</template>
<script setup lang="ts">
import { ref, onMounted } from 'vue';
import BScroll from '@better-scroll/core'
import Banner from '../components/Banner.vue'
// 图片样式组件
import CardVue from '../components/Card.vue'
const scroll = ref<BScroll>()
// 课程推荐类别
const swiperList = ['Vue', 'JavaScript', 'TypeScript', '其他']
// 为什么选择在线教育数据
const cardList = [
    {
        headerImg: 'src/assets/home/home7.jpg',
        headerTitle: '不受时间空间的限制',
        about: ['费用低廉', '丰富的交互性和协作性', '随时随地学习']
```

```
    },
    ...
]
const swiperIndex = ref<number>(0)
// 热门活动数据
const courItList = [
    {
        name: 'JAVA 训练营',
        tips: '热门活动',
        imgurl: 'src/assets/home/home8.png'
    },
    ...
]
// 热门直播数据
const liveList = [
    {
        name: 'JAVA 课程 第二季',
        imgurl: 'src/assets/home/home4.jpg'
    },
    ...
]
// 视频推荐数据
const course = [
    {
        imgUrl: 'src/assets/home/home5.jpg',
        name: 'JAVA 入门到精通',
        tips: '让我们一起来学习 JAVA',
        schoolImg: 'src/assets/home/home7.jpg',
        count: '30000',
        schoolName: '在线教育'
    },
    ...
]

onMounted(() => {
    scroll.value = new BScroll('.swiper', {
        startX: 0, // better-scroll 配置信息
        click: true,
        scrollX: true,
        scrollY: false, // 忽略竖直方向的滚动
        eventPassthrough: "vertical",
        useTransition: false // 防止快速滑动触发的异常回弹
    })
})
</script>
// 页面 CSS 样式
<style  scoped lang="scss">
  ...
</style>
```

提示

通过 type 的值来判断图片的样式。

(4) Card.vue：首页(图片组件)。

```
<!-- 首页图片组件 -->
<template>
   <div class="live-con" v-show="type == 1">
      <div class="list" v-for="(item, index) in courList" :key="index">
         <div class="live-img">
            <img :src="item.imgurl" alt="" style="width: 100%;">
            <div class="live-tips">观看回放</div>
         </div>
         <div class="live-title">{{ item.name }}</div>
      </div>
   </div>
   <div class="hot-con" v-show="type == 2">
      <div class="list" v-for="(item, index) in courList" :key="index">
         <div class="hot-img">
            <img :src="item.imgUrl" alt="">
         </div>
         <div class="hot-main">
            <div class="hot-title">{{ item.name }}</div>
            <div class="hot-tips">{{ item.tips }}</div>
            <div class="hot-bottom">
               <div class="left">
                  <img :src="item.schoolImg" alt="">
                  <span>{{ item.schoolName }}</span>
               </div>
               <div class="right">
                  <el-icon :size="15">
                     <User />
                  </el-icon>
                  {{ item.count>10000?Math.floor(item.count / 10000)+
                     '万+' :item.count}}</div>
            </div>
         </div>
      </div>
   </div>
   <div class="cour-con" v-show="type == 3">
      <div class="list" v-for="(item, index) in courList" :key="index">
         <div class="list-img">
            <img :src="item.imgurl" alt="">
            <div class="list-tips">{{ item.tips }}</div>
         </div>
         <div class="list-title">{{ item.name }}</div>
      </div>
   </div>
</template>
<script setup lang="ts">
import { toRefs } from 'vue';
// 接收父组件传递的参数
interface Props {
   courList: Array<any>,
   type: number,
}
const props = defineProps<Props>();
const { courList, type } = toRefs(props);
</script>
// 页面CSS样式
```

```
<style  scoped lang="scss">
  ...
</style>
```

**提示**

通过接收父组件传递的 type 值来判断图片的样式。

(5) Footer.vue：首页(底部组件)。

```
<!-- 底部组件 -->
<template>
    <div class="footer">
        <div class="footer-main">
            <div class="main-left">
                <div class="main-center">
                    <div class="zh-title">在线教育 丰富世界</div>
                </div>
                <div class="main-bottom">
                    <span>公司名称：信息科技有限公司</span>
                    <span>联系电话：140196212155</span>
                    <span>地址：1546138546913125l321</span>
                </div>
            </div>
        </div>
    </div>
</template>
<script setup lang="ts">
</script>
// 页面 CSS 样式
<style  scoped lang="scss">
  ...
</style>
```

最终页面实现效果如图 7-5 所示。

图 7-5　首页

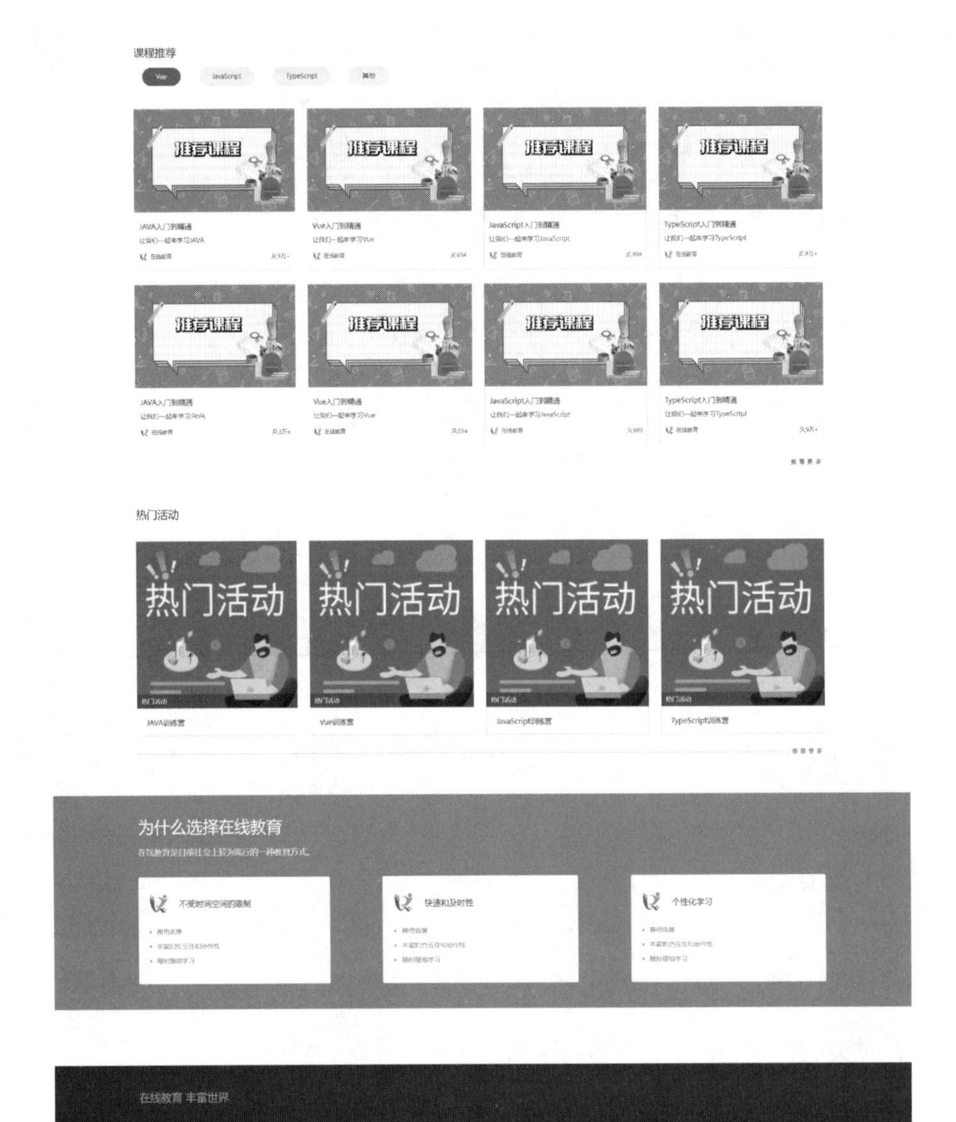


图 7-5 首页(续)

## 7.4.2 课程列表页面的实现

课程列表页面的主要功能是根据课程分类展示课程。具体实现代码如下。

courses.vue：课程列表。

```
<!-- 课程列表 -->
<template>
  <div class="courses">
    <!-- 课程筛选 -->
    <div class="courses-left">
      <div class="courses-left-title">课程筛选</div>
      <div class="courses-left-menu">
        <template v-for="menu in menuList" :key="menu">
```

```
          <div class="courses-left-menu-banner">{{ menu.menuTitle }}</div>
          <div class="courses-left-menu-content">
            <span class="menu-item" v-for="item in menu.menuItem" :key="item">{{
              item
            }}</span>
          </div>
        </template>
      </div>
    </div>
    <!-- 相关课程 -->
    <div class="courses-right">
      <div class="courses-right-title">
        搜索到<span>{{ courseCount }}门</span>相关课程
      </div>
      <!-- 课程列表展示 -->
      <div class="courses-right-content" v-for="(item, index) in
          courseList" :key="index">
        <router-link to="/details">
          <div class="course">
            <img class="course-img" :src="item.picUrl" alt="" />
            <div class="course-content">
              <div class="course-content-title">{{ item.title }}</div>
              <div class="course-content-info">
                <span class="author" v-for="author in formatAuthors
                    (item.authors)" :key="author">{{ author }}</span>
                |
                <span class="university">{{ item.university }}</span>
                <span class="peopleCount">{{ item.peopleCount }}人</span>
              </div>
              <div class="course-content-describe">{{ item.describe }}</div>
            </div>
          </div>
        </router-link>
      </div>
      <!-- 分页 -->
      <div class="pagination">
        <el-pagination layout="prev, pager, next" :total=
              "courseCount" :background="true" prev-text="上一页"
          next-text="下一页" />
      </div>
    </div>
  </div>
</template>
<script setup lang="ts">
import { formatAuthors } from "../utils";
const courseCount = 9999;
// 课程分类数据
const menuList = [
  { menuTitle: "上课状态", menuItem: ["全部", "即将开课", "开课中", "已结课"] },
  { menuTitle: "学科分类", menuItem: ["全部", "计算机", "经济学", "历史", "法学",
  "管理学", "哲学", "其他"] },
];
// 课程列表数据
const courseList = [
  {
    picUrl: 'src/assets/home/home9.png',
    title: "Vue 从入门到精通",
```

```
    authors: ["**"],
    university: "在线教育",
    peopleCount: 99999,
    describe:
      "Vue.js 是一套构建用户界面的渐进式框架。与其他重量级框架不同的是，Vue 采用自底向上增量开发的设计。Vue 的核心库只关注视图层，并且非常容易学习，非常容易与其他库或已有项目整合。",
   },
   ...
];
</script>
// 页面 CSS 样式
<style  scoped lang="scss">
   ...
</style>
```

**提示**

此处的分页功能仅是展示，并未实现真正的分页。在正常的项目开发中常通过分页接口或分页插件来实现分页。

最终页面实现效果如图 7-6 所示。

图 7-6　课程列表页面

## 7.4.3　合作院校页面的实现

合作院校页面的主要功能是展示合作的院校。由于此页面只是一些简单的页面布局，因此这里不再介绍其具体实现代码。

最终页面实现效果如图 7-7 所示。

图 7-7　合作院校页面

## 7.4.4　高职课堂页面的实现

高职课堂页面的主要功能是展示热门课程、电子商务和财经商贸等类型的课程数据。由于此页面的实现代码和首页的类似，因此这里不再介绍其具体实现代码。

最终页面实现效果如图 7-8 所示。

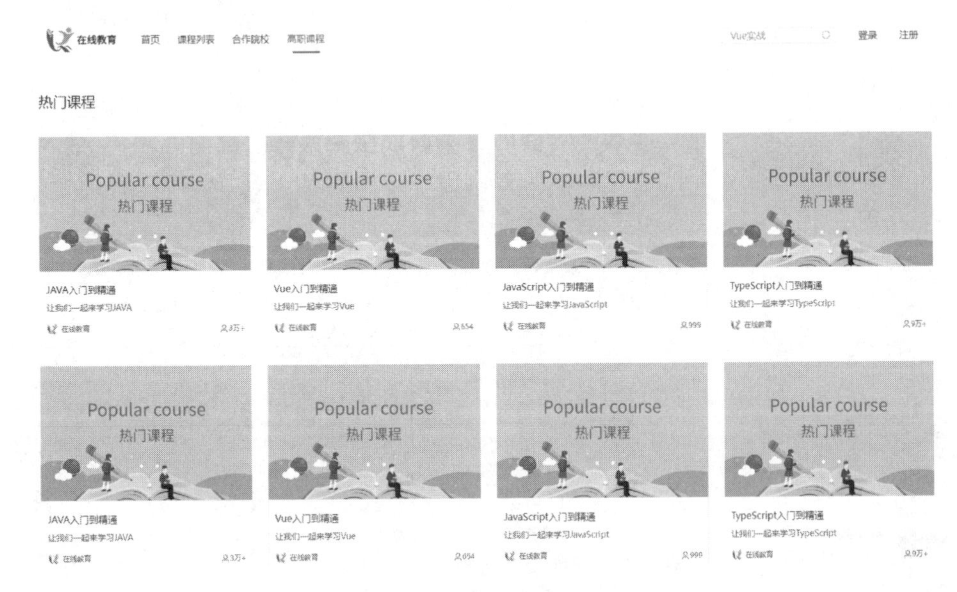


图 7-8　高职课堂页面

## 7.4.5 课程详情页面的实现

课程详情页面的主要功能是展示课程的详细信息。具体实现代码如下。

details.vue：课程详情。

```
<!-- 课程详情 -->
<template>
   <!-- 图片 -->
   <div class="details">
      <div class="banner">
      </div>
   </div>
   <!-- 课程简介 -->
   <div class="intro">
      <el-row>
         <el-col :span="4" v-html="'\u00a0'" />
         <el-col :span="7">
            <div class="jan_1">
               <p>课程简介</p>
               <p style="font-size: 18px; padding-top: 30px;">
                  Vue.js 是一套构建用户界面的渐进式框架。与其他重量级框架不同的是，
                  Vue 采用自底向上增量开发的设计。Vue 的核心库只关注视图层，并且非
                  常容易学习，非常容易与其他库或已有项目整合。另一方面，Vue 完全有
                  能力驱动单文件组件和 Vue 生态系统支持的库开发的复杂单页应用。
               </p>
            </div>
         </el-col>
         <el-col :span="1" v-html="'\u00a0'" />
         <el-col :span="8">
            <div class="jan_2">
            </div>
         </el-col>
      </el-row>
   </div>
   <!-- 课程时长信息 -->
   <div>
      <el-row>
         <el-col :span="4" v-html="'\u00a0'" />
         <el-col :span="16">
            <div class="jan">
               <div class="jan_3">
                  <div class="jan_3_1">
                     <Calendar style="width: 4em; height: 4em;
                        padding-top: 20PX;" />
                  </div>
                  <div class="jan_3_2">
                     <p>开课时间</p>
                     <p>2023 年 9 月 1 号</p>
                  </div>
               </div>
               <div class="jan_3">
                  <div class="jan_3_1">
                     <Clock style="width: 4em; height: 4em; padding-top:
                        20PX;" />
```

```
                    </div>
                    <div class="jan_3_2">
                        <p>教学时长</p>
                        <p>60 小时</p>
                    </div>
                </div>
                <div class="jan_3">
                    <div class="jan_3_1">
                        <Coin style="width: 4em; height: 4em; padding-top:
                            20PX;" />
                    </div>
                    <div class="jan_3_2">
                        <p>投入时间</p>
                        <p>1200 分钟</p>
                    </div>
                </div>
            </div>
        </el-col>
    </el-row>
  </div>
  <!-- 教师列表 -->
  <h1 style="text-align: center; font-size: 40px;padding-top: 50px;">
    教师团队</h1>
  <div class="teacher">
    <el-row>
        <el-col :span="5" v-html="'\u00a0'" />
        <el-col v-for="(o, index) in 3" :key="o" :span=
            "4" :offset="index > 0 ? 1 : 0">
            <el-card shadow="always" :body-style="{ padding: '0px' }">
                <img src="src/assets/home/home16.png" class="image" />
                <div style="padding: 14px">
                    <span>十年经验，优质教师</span>
                    <div class="bottom">
                        <time class="time">2022 年 01 月 01 日入职</time>
                        <el-button type="info" class="button">教师详情</el-button>
                    </div>
                </div>
            </el-card>
        </el-col>
    </el-row>
  </div>
</template>
<script setup lang="ts">
</script>
// 页面 CSS 样式
<style  scoped lang="scss">
  ...
</style>
```

说明：此页面的布局使用的是 Element Plus 的 Layout 布局。

最终页面实现效果如图 7-9 所示。

图 7-9 课程详情页面

## 7.4.6 登录注册页面的实现

登录注册页面的主要功能是实现用户的登录、注册和找回密码等功能。具体实现代码如下。

LoginAndReg.vue：登录注册。

```
<!-- 登录注册页 -->
<template>
   <div class="card" v-show="dialogFormVisible">
      <div class="bg" @click.stop="close">
         <!-- 登录 -->
         <div class="login" v-show="login" @click.stop="() => { }">
            <div class="close" @click.stop="close">
               <el-icon :size="25">
                  <Close />
               </el-icon>
            </div>
            <div class="titleList">
               <div
                  :class="['underline', loginIndex == 1 ? 'underline_one' :
                  loginIndex == 2 ? 'underline_two' : 'underline_three']">
```

```
            </div>
            <!-- 登录方式 -->
            <span @click.stop="changeLogin(1)" :class="loginIndex ==
                1 ? 'active' : ''">手机登录</span>
            <span @click.stop="changeLogin(2)" :class="loginIndex ==
                2 ? 'active' : ''">短信登录</span>
            <span @click.stop="changeLogin(3)" :class="loginIndex ==
                3 ? 'active' : ''">邮箱登录</span>
        </div>
        <!-- 根据 loginIndex 的值判断登录页面 -->
        <div class="from">
            <div class="usernameIpt" v-show="loginIndex == 1
                || loginIndex == 2">
                <div style="text-align: center;">
                    <el-input v-model="usernameValue" placeholder=
                    "输入手机号" clearable style="width: 90%;height:50px">
                        <template #prepend>
                            <el-select v-model="select" placeholder=
                                "+86" style="width: 70px">
                                <el-option label="+999" value="1" />
                                <el-option label="+999" value="2" />
                                <el-option label="+999" value="3" />
                            </el-select>
                        </template>
                    </el-input>
                </div>
            </div>
            <div class="yzmIpt" style="text-align: center;"
                v-show="loginIndex == 2">
                <el-input v-model="yzmValue" type="text" placeholder=
                    "输入验证码" clearable
                    style="width: 90%;height:50px" />
                <span class="text">获取验证码</span>
            </div>
            <div class="emailIpt" style="text-align: center;"
                v-show="loginIndex == 3">
                <el-input v-model="emailValue" type="text"
                    placeholder="输入邮箱" clearable
                    style="width: 90%;height:50px" />
            </div>
            <div class="passwordIpt" style="text-align: center;"
                v-show="loginIndex == 1 || loginIndex == 3">
                <el-input v-model="passwordValue" type="password"
                    placeholder="输入密码" show-password clearable
                    style="width: 90%;height:50px" />
            </div>
        </div>
        <div class="btns">
            <span @click.stop="goBack">忘记密码</span>
            <span>|</span>
            <span @click.stop="goReg">去注册</span>
        </div>
        <div :class="['btn', usernameValue && passwordValue ? 'agree' :
            'disable']">
            <button disabled>登录</button>
        </div>
        <div class="tips">*若已有账号，直接登录即可</div>
        <div class="agreement">登录即代表阅读并同意<span>《服务协议和隐私政策》
```

```
            </span></div>
      </div>
      <!-- 注册 -->
      <div class="reg" v-show="register" @click.stop="() => { }">
         <div class="close" @click.stop="close">
            <el-icon :size="25">
               <Close />
            </el-icon>
         </div>
         <div class="titleList">
            <div :class="['underline', regIndex == 1 ?
               'underline_four' : 'underline_five']">
            </div>
            <!-- 注册方式 -->
            <span @click.stop="changeReg(1)" :class="regIndex == 1 ?
               'active' : ''">手机注册</span>
            <span @click.stop="changeReg(2)" :class="regIndex == 2 ?
               'active' : ''">邮箱注册</span>
         </div>
         <div class="from">
            <!-- 根据 regIndex 的值判断注册页面 -->
            <div class="usernameIpt" v-show="regIndex == 1">
               <div style="text-align: center;">
                  <el-input v-model="usernameValue" placeholder=
                  "输入手机号" clearable style="width: 90%;height:50px">
                     <template #prepend>
                        <el-select v-model="select" placeholder=
                          "+86" style="width: 70px">
                           <el-option label="+999" value="1" />
                           <el-option label="+999" value="2" />
                           <el-option label="+999" value="3" />
                        </el-select>
                     </template>
                  </el-input>
               </div>
            </div>
            <div class="emailIpt" style="text-align: center;"
               v-show="regIndex == 2">
               <el-input v-model="emailValue" type="text"
                   placeholder="输入邮箱" clearable
                  style="width: 90%;height:50px" />
            </div>
            <div class="passwordIpt" style="text-align: center;"
               v-show="regIndex == 1 || regIndex == 2">
               <el-input v-model="passwordValue" type="password"
                   placeholder="8-16 位大写字母、小写字母、数字组合"
                   show-password
                  clearable style="width: 90%;height:50px" />
            </div>
            <div class="yzmIpt" style="text-align: center;" v-show=
               "regIndex == 1">
               <el-input v-model="yzmValue" type="text" placeholder=
                 "输入验证码" clearable
                  style="width: 90%;height:50px" />
               <span class="text">获取验证码</span>
            </div>
            <div class="emailYzmIpt" style="text-align: center;"
               v-show="regIndex == 2">
```

```
            <el-input v-model="emailYzmValue" type="text"
                placeholder="输入邮箱验证码" clearable
               style="width: 90%;height:50px" />
            <span class="text">获取验证码</span>
         </div>
         <div class="btns">
            <span @click.stop="goLogin">去登录</span>
         </div>
         <div
            :class="['btn', usernameValue && passwordValue && yzmValue
            || emailValue && passwordValue && emailYzmValue ? 'agree' :
            'disable']">
            <button disabled>继续</button>
         </div>
         <div class="tips">*若已有账号，直接登录即可</div>

      </div>
   </div>
   <!-- 找回密码 -->
   <div class="back" v-show="back" @click.stop="() => { }">
      <div class="close" @click.stop="close">
         <el-icon :size="25">
            <Close />
         </el-icon>
      </div>
      <div class="titleList">
         <div :class="['underline', backIndex == 1 ?
              'underline_four' : 'underline_five']">
         </div>
         <!-- 找回密码方式 -->
         <span @click.stop="changeBack(1)" :class="backIndex == 1 ?
              'active' : ''">手机找回</span>
         <span @click.stop="changeBack(2)" :class="backIndex == 2 ?
              'active' : ''">邮箱找回</span>
      </div>
      <div class="from">
         <!-- 根据 backIndex 的值判断找回密码页面 -->
         <div class="usernameIpt" v-show="backIndex == 1">
            <div style="text-align: center;">
               <el-input v-model="usernameValue" placeholder=
               "输入手机号" clearable style="width: 90%;height:50px">
                  <template #prepend>
                     <el-select v-model="select" placeholder=
                         "+86" style="width: 70px">
                        <el-option label="+999" value="1" />
                        <el-option label="+999" value="2" />
                        <el-option label="+999" value="3" />
                     </el-select>
                  </template>
               </el-input>
            </div>
         </div>
         <div class="emailIpt" style="text-align: center;"
             v-show="backIndex == 2">
            <el-input v-model="emailValue" type="text"
                placeholder="输入邮箱" clearable
               style="width: 90%;height:50px" />
         </div>
```

```
                <div class="passwordIpt" style="text-align: center;"
                    v-show="backIndex == 1 || backIndex == 2">
                    <el-input v-model="passwordValue" type="password"
                    placeholder="8-16 位大写字母、小写字母、数字组合" show-password
                        clearable style="width: 90%;height:50px" />
                </div>
                <div class="yzmIpt" style="text-align: center;"
                    v-show="backIndex == 1">
                    <el-input v-model="yzmValue" type="text" placeholder=
                        "输入验证码" clearable
                        style="width: 90%;height:50px" />
                    <span class="text">获取验证码</span>
                </div>
                <div class="emailYzmIpt" style="text-align: center;"
                    v-show="backIndex == 2">
                    <el-input v-model="emailYzmValue" type="text"
                        placeholder="输入邮箱验证码" clearable
                        style="width: 90%;height:50px" />
                    <span class="text">获取验证码</span>
                </div>
                <div class="btns">
                    <span @click.stop="goLogin">去登录</span>
                </div>
                <div
                    :class="['btn', usernameValue && passwordValue && yzmValue
                    || emailValue && passwordValue && emailYzmValue ? 'agree' :
                    'disable']">
                    <button disabled>确定</button>
                </div>
            </div>
        </div>
    </div>
  </div>
</template>
<script setup lang="ts">
import { ref } from 'vue'
import { toRefs } from 'vue'
// 声明
const loginIndex = ref<number>(1)
const regIndex = ref<number>(1)
const backIndex = ref<number>(1)
const usernameValue = ref('')
const passwordValue = ref('')
const yzmValue = ref('')
const emailValue = ref('')
const emailYzmValue = ref('')
const select = ref('')
interface Props {
    // 注册页控制
    dialogFormVisible: boolean,
    // 登录页控制
    login: boolean,
    // 注册页控制
    register: boolean,
    // 找回密码页控制
    back: boolean
}
const emit = defineEmits(['changeDialogFormVisible', 'changeLogin',
```

```
'changeRegister', 'changeBack']);
const props = defineProps<Props>()
const { dialogFormVisible, login, register, back } = toRefs(props)
const close = () => {
    emit('changeDialogFormVisible', false)
}
// 登录方法
const changeLogin = (num: number) => {
    loginIndex.value = num
}
// 注册方法
const changeReg = (num: number) => {
    regIndex.value = num
}
// 账号找回
const changeBack = (num: number) => {
    backIndex.value = num
}
// 去登录跳转
const goLogin = () => {
    emit('changeLogin', true)
    emit('changeRegister', false)
    emit('changeBack', false)
    usernameValue.value = ''
    passwordValue.value = ''
    yzmValue.value = ''
    emailValue.value = ''
    emailYzmValue.value = ''
}
// 去注册跳转
const goReg = () => {
    emit('changeLogin', false)
    emit('changeRegister', true)
    emit('changeBack', false)
    usernameValue.value = ''
    passwordValue.value = ''
    yzmValue.value = ''
    emailValue.value = ''
    emailYzmValue.value = ''
}
// 找回账号跳转
const goBack = () => {
    emit('changeLogin', false)
    emit('changeRegister', false)
    emit('changeBack', true)
    usernameValue.value = ''
    passwordValue.value = ''
    yzmValue.value = ''
    emailValue.value = ''
    emailYzmValue.value = ''
}
</script>
// 页面 CSS 样式
<style scoped lang="scss">
  ...
</style>
```

说明：changeLogin 为登录方法，changeReg 为注册方法，changeBack 为找回密码方法。

**提示**

由于此项目是一个纯前端项目，因此这里的登录、注册和找回密码等方法均未进行校验。

最终页面实现效果如图 7-10 所示。

图 7-10　登录注册页面

## 7.5　本 章 小 结

本章介绍的项目是一个基于 Vue 框架的在线教育网站系统，其功能基本符合教育网站的要求。本章以教育网站的设计开发为主线，让读者从教育网站的设计、开发流程中真正感受到在线教育网站系统是如何策划、设计、开发的。此项目完成了在线教育网站系统的核心业务用户登录注册、课程列表、课程分类和课程详情等功能。其中页面布局使用的是 Element Plus 布局，页面之间的跳转使用的是 vue-router。

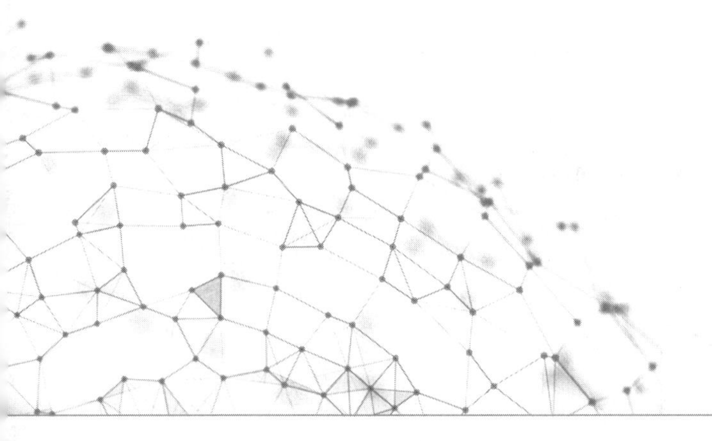

# 第8章

# 物流运输管理系统

【本章概述】

本章将为大家介绍如何使用 Vue 的前端框架开发一个物流运输管理系统。此系统主要包含五个页面，分别为登录页、注册页、工作台页、物流管理页和用户管理页。下面将通过项目环境及框架、系统分析、物流运输管理系统运行和系统主要功能实现等小节来为大家讲解此项目的实现。

【知识导读】

本章要点(已掌握的在方框中打钩)

- ☐ 项目环境及框架
- ☐ 系统分析
- ☐ 物流运输管理系统运行
- ☐ 系统主要功能实现

# 8.1 项目环境及框架

开发一个 Vue 项目，首先需要搭建好 Vue 的运行环境，而要想高效地进行项目开发，那么一个便捷的开发工具是必不可少的，此物流运输管理系统使用的 Vue 版本为 Vue.js 3.0，开发工具使用的是 Visual Studio Code。

## 8.1.1 系统开发环境要求

开发和运行物流运输管理系统之前，本地计算机需满足以下条件。

操作系统：Windows 7 以上。

开发工具：Visual Studio Code。

开发框架：Vue.js 3.0。

开发环境：Node16.20.0 以上。

## 8.1.2 软件框架

此物流运输管理系统是一个前端项目，其所使用的主要技术有 Vue.js、JavaScript、CSS、vue-router、Element Plus 和 ECharts，下面简单介绍一下这些技术。

1. Vue.js

Vue.js 是一套构建用户界面的渐进式框架。与其他重量级框架不同的是，Vue 采用自底向上增量开发的设计。Vue 的核心库只关注视图层，因此非常容易学习，也很容易与其他库或已有项目整合。Vue 完全有能力驱动单文件组件和 Vue 生态系统支持的库开发的复杂单页应用。

2. JavaScript

JavaScript 是一种轻量级的且可以即时编译的编程语言(简称“JS”)。虽然它作为开发 Web 页面的脚本语言而出名，但是也被应用到了很多非浏览器环境中。

3. CSS

CSS 是一种用来表现 HTML 或 XML 等文件样式的计算机语言。CSS 不仅可以静态地修饰网页，还可以配合各种脚本语言动态地对网页各元素进行格式化。CSS 能够对网页中元素位置的排版进行像素级精确控制，它支持几乎所有的字体字号样式，拥有对网页对象和模型样式编辑的能力。

4. vue-router

vue-router 是 Vue.js 下的路由组件，它和 Vue.js 深度集成，适用于构建单页面应用。

5. Element Plus

Element Plus 是一个基于 Vue 3.0、面向开发者和设计师的组件库，使用它可以快速地

搭建一些简单的前端页面。

6. ECharts

ECharts 是由百度团队开源的一套基于 JavaScript 的数据可视化图表库，它提供了折线图、柱状图、饼图、散点图、关系图、旭日图、漏斗图、仪表盘等。

# 8.2 系统分析

此物流运输管理系统是一个由 Vue 和 JavaScript 组合开发的系统，其主要功能是实现用户的登录注册、数据展示、用户信息管理和物流信息管理。下面将通过系统功能设计和系统功能结构图，为大家介绍此系统的功能设计。

## 8.2.1 系统功能设计

随着经济的快速发展，物流业也在迅速发展，成为目前社会上备受关注的一个经济热点。本系统是根据中小型企业的实际需求而开发的一套物流运输管理系统，它能够高度整合企业的物流业务，以提高企业的经济效益和效率。

此系统的前端页面主要有五个，各页面实现的功能具体如下。

(1) 登录页：实现用户的登录功能。

(2) 注册页：实现用户的注册功能。

(3) 工作台页：展示系统数据和用户信息。

(4) 用户管理页：实现用户信息的增删改查功能。

(5) 物流管理页：实现物流信息的增删改查功能。

## 8.2.2 系统功能结构图

系统功能结构图就是根据系统不同功能之间的关系绘制的图表，此物流运输管理系统的功能结构图如图 8-1 所示。

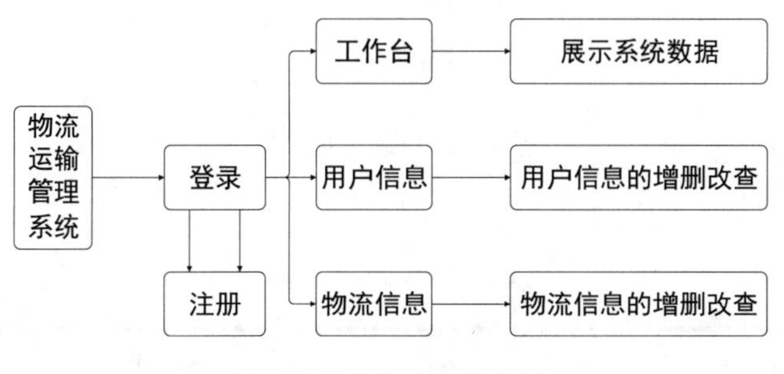


图 8-1　系统功能结构图

# 8.3 物流运输管理系统运行

在制作物流运输管理系统之前，大家首先要学会如何在本地运行本系统和查看本系统的文件结构，以加深对本程序功能的理解。

## 8.3.1 系统文件结构

下载物流运输管理系统源文件 chapter-08\test，然后使用 Visual Studio Code 打开，具体目录结构如图 8-2 所示。

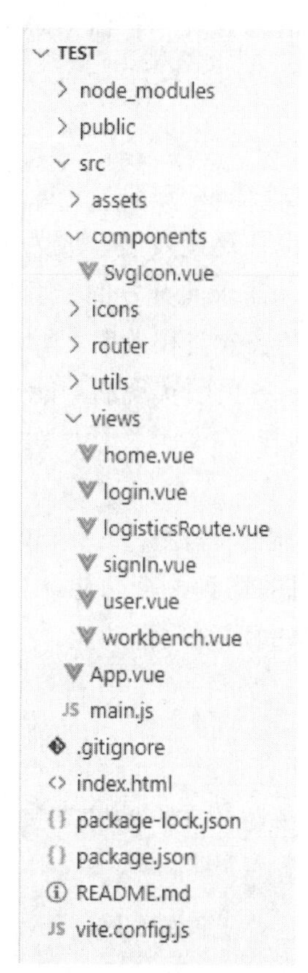


图 8-2 系统目录结构

部分文件说明如表 8-1 所示。

表 8-1 文件目录解析

| 文 件 名 | 说 明 |
|---|---|
| node_modules | 通过 npm install 下载安装的项目依赖包 |
| public | 存放静态公共资源(不会被压缩合并) |
| src | 项目开发主要文件夹 |

续表

| 文 件 名 | 说　明 |
| --- | --- |
| assets | 存放静态文件(如图片等) |
| components | 存放 Vue 页面 |
| SvgIcon.vue | 侧边栏组件 |
| icons | 存放图标 |
| router | 路由配置 |
| home.vue | 项目布局实现 |
| login.vue | 登录页 |
| logisticsRoute.vue | 物流管理页 |
| signIn.vue | 注册页 |
| user.vue | 用户管理页 |
| workbench.vue | 工作台页 |
| App.vue | 根组件 |
| main.js | 入口文件 |
| .gitignore | 用来配置不归 git 管理的文件 |
| package.json | 项目配置和包管理文件 |

## 8.3.2　运行系统

在本地运行物流运输管理系统，具体操作步骤如下。

step 01 使用 Visual Studio Code 打开 chapter-08\test 文件夹，然后在终端中输入指令 npm run dev，运行项目，结果如图 8-3 所示。

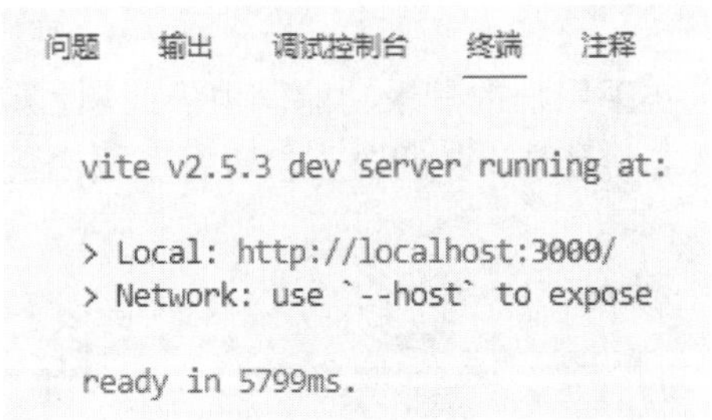

```
问题　输出　调试控制台　终端　注释

  vite v2.5.3 dev server running at:

  > Local: http://localhost:3000/
  > Network: use `--host` to expose

  ready in 5799ms.
```

图 8-3　运行项目

step 02 在浏览器中访问网址 http://localhost:3000/，项目的最终实现效果如图 8-4 所示。

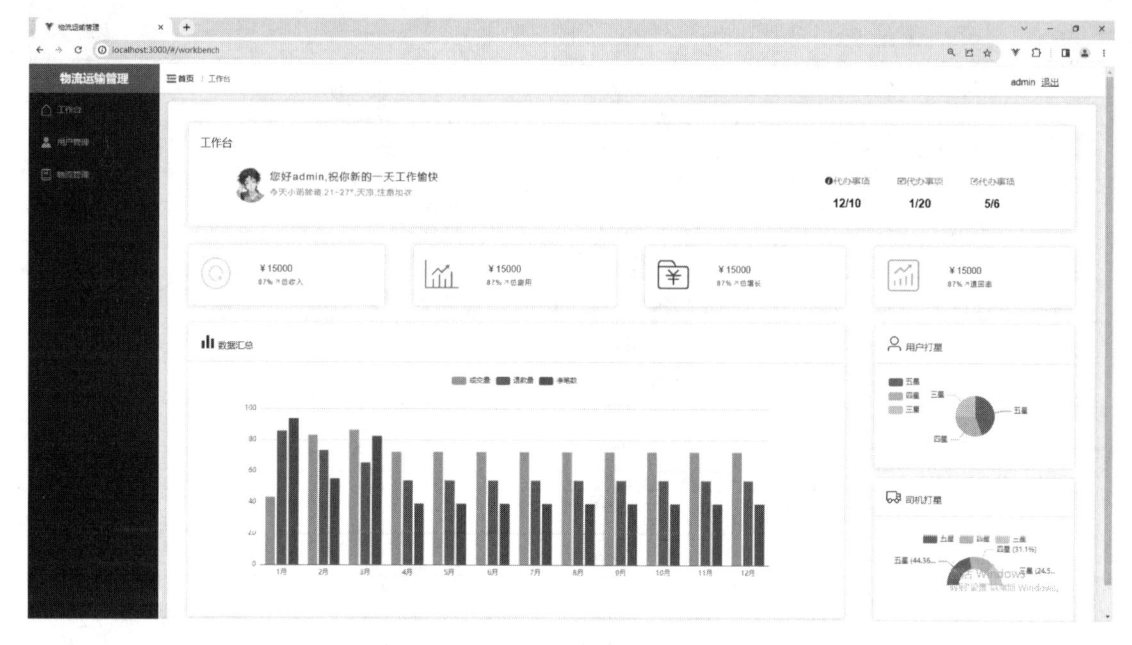


图 8-4　物流运输管理系统界面

# 8.4　系统主要功能实现

本节将对系统中的各个页面的实现方法进行分析和探讨，包括登录页面的实现、注册页面的实现、工作台页面的实现、物流管理页面的实现和用户管理页面的实现。下面将带领大家学习如何使用 Vue 完成物流运输管理系统的开发。

## 8.4.1　登录页面的实现

登录页面的主要功能是实现用户的登录功能。由于此项目是一个纯前端项目，因此这里并未进行登录验证，当单击“登录”按钮时直接进行了页面跳转。具体实现代码如下。

login.vue：登录页。

```
<!-- 登录页 -->
<template>
   <div class="login">
      <el-form ref="loginForm" label-width="70px" class="loginForm">
         <h1 style="text-align: center;">登录</h1>
         <el-form-item label="用户名" prop="email">
            <el-input placeholder="请输入用户名"></el-input>
         </el-form-item>
         <el-form-item label="密码" prop="password">
            <el-input type="password" placeholder="请输入密码"></el-input>
         </el-form-item>
         <el-form-item>
            <router-link to="/">
               <el-button type="primary" class="submit-btn">登录</el-button>
            </router-link>
```

```
            </el-form-item>
            <!-- 注册 -->
            <div class="tiparea">
                <!-- 跳转到注册页 -->
                <router-link to="/signIn">
                    <p>没有账号？ <a>立即注册</a></p>
                </router-link>
            </div>
        </el-form>
    </div>
</template>
<script lang="ts">
</script>
<!-- CSS 样式 -->
<style scoped>
.login {
    width: 100%;
    height: 100%;
    /* 登录页背景 */
    background-image: url(src/assets/login.png);
    background-size: cover;
    background-repeat: no-repeat;
    background-attachment: fixed;
}
.loginForm {
    position: relative;
    top: 35%;
    left: 62%;
    width: 24%;
    background-color: #fff;
    padding: 30px 40px 10px 40px;
    border-radius: 5px;
    box-shadow: 0px 5px 10px #cccc;
}
.submit-btn {
    width: 100%;
}
.tiparea {
    text-align: right;
    font-size: 12px;
    color: #333;
}
.tiparea p a {
    color: #409eff;
}
```

说明：通过路由实现页面之间的跳转，通过<router-link to="/">标签实现首页的跳转。

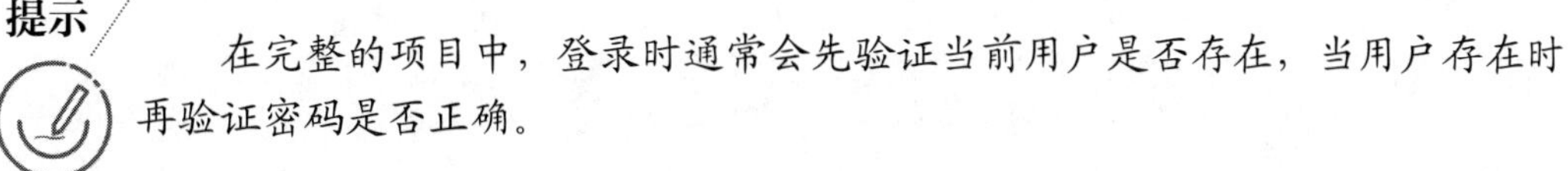

**提示**

在完整的项目中，登录时通常会先验证当前用户是否存在，当用户存在时再验证密码是否正确。

最终页面实现效果如图 8-5 所示。

图 8-5　登录页面

## 8.4.2　注册页面的实现

注册页面的主要功能是实现用户的注册功能，它和登录页类似，也未进行注册校验。具体实现代码如下。

signIn.vue：注册页。

```
<!-- 注册页 -->
<template>
   <div class="login">
      <el-form ref="loginForm" label-width="70px" class="loginForm">
         <h1 style="text-align: center;">注册</h1>
         <el-form-item label="用户名" prop="email">
            <el-input placeholder="请输入用户名"></el-input>
         </el-form-item>
         <el-form-item label="密码" prop="password">
            <el-input type="password" placeholder="请输入密码"></el-input>
         </el-form-item>
         <el-form-item>
            <!-- 跳转到登录页 -->
            <router-link to="/login">
               <el-button type="primary" class="submit-btn">注册</el-button>
            </router-link>
         </el-form-item>
         <!-- 注册 -->
         <div class="tiparea">
            <!-- 跳转到登录页 -->
            <router-link to="/login">
               <p>已有账号？ <a>返回登录</a></p>
            </router-link>
         </div>
      </el-form>
   </div>
</template>
<script lang="ts">
</script>
```

```
<!-- CSS 样式 -->
<style scoped lang="scss">
...
</style>
```

**提示**

在完整的项目中，注册时通常会先验证当前要注册的用户名是否存在，当用户存在时注册将会失败。

最终页面实现效果如图 8-6 所示。

图 8-6　注册页面

## 8.4.3　工作台页面的实现

工作台页面的主要功能是展示系统的数据，其主要通过柱状图和饼图来展示数据。具体实现代码如下。

workbench.vue：工作台页。

```
<!-- 工作台 -->
<template>
    <div class="home-title">
        <el-card shadow="always">
            <div class="title-msg">工作台</div>
            <el-row>
                <el-col :span="1" :offset="1">
                    <el-avatar :size="60" src="src/assets/tx.jpg"></el-avatar>
                </el-col>
                <el-col :span="5">
                    <div class="greetings">您好 admin，祝你新的一天工作愉快</div>
                    <div class="weather">今天小雨转晴，21~27°，天凉，注意加衣</div>
                </el-col>
                <el-col :span="6" :offset="10">
                    <el-row>
                        <el-col class="item" :span="8">
```

```
                    <i class="el-icon-info " style="color: red;" />
                    <span>代办事项</span>
                </el-col>
                <el-col class="item" :span="8">
                    <i class="el-icon-postcard" style="color: blue" />
                    <span>代办事项</span>
                </el-col>
                <el-col class="item" :span="8">
                    <i class="el-icon-edit-outline" />
                    <span>代办事项</span>
                </el-col>
            </el-row>
            <el-row>
                <el-col class="item item-text" :span="8">12/10</el-col>
                <el-col class="item item-text" :span="8">1/20</el-col>
                <el-col class="item item-text" :span="8">5/6</el-col>
            </el-row>
        </el-col>
    </el-row>
  </el-card>
</div>
<div class="home-card">
  <el-row :gutter="20">
    <el-col :span="6" v-for="(card, c) in cards" :key="c">
        <el-card shadow="always">
            <el-row>
                <el-col :span="4">
                    <el-image style="width: 60px; height: 60px" v-if=
                        "c == 0" :src=card.icon />
                    <el-image style="width: 60px; height: 60px" v-else-if=
                        "c == 1" :src=card.icon />
                    <el-image style="width: 60px; height: 60px" v-else-if=
                        "c == 2" :src=card.icon />
                    <el-image style="width: 60px; height: 60px" v-else-if=
                        "c == 3" :src=card.icon />
                </el-col>
                <el-col :span="16" :offset="1">
                    <div style="margin-left: 20%; margin-top: 10px;">
                        <div class="num-effect">¥{{ card.price }}</div>
                        <div class="card-text">
                            <span>{{ card.ratio }}%</span>
                            <i class="el-icon-top-right c-forestgreen" />
                            <span>{{ card.type }}</span>
                        </div>
                    </div>
                </el-col>
            </el-row>
        </el-card>
    </el-col>
  </el-row>
</div>
<div class="home-chart">
  <el-row :gutter="20">
    <!-- 左边内容  -->
    <el-col :span="18">
        <el-card shadow="always">
            <template #header>
                <i class="el-icon-s-data" style="color: red; font-size:
                    30px;" />
```

```
                <span> 数据汇总</span>
            </template>
            <!-- 柱状图 -->
            <vue-echarts :option="overviewOption" style="height: 400px;" />
        </el-card>
    </el-col>
    <!-- 右边内容   -->
    <el-col :span="6">
        <el-card shadow="always">
            <template #header>
                <i class="el-icon-user" style="color: red; font-size:
                    30px;" />
                <span> 用户打星</span>
            </template>
            <!-- 饼图(用户打星) -->
            <vue-echarts :option="payTypeOPtion" style="height: 140px;" />
        </el-card>
        <el-card shadow="always">
            <template #header>
                <i class="el-icon-truck" style="color: red; font-size:
                    30px;" />
                <span> 司机打星</span>
            </template>
            <!-- 饼图(司机打星) -->
            <vue-echarts :option="satisfaction" style="height: 140px;" />
        </el-card>
    </el-col>
  </el-row>
 </div>
</template>
<script setup>
import { reactive } from 'vue'
import { VueEcharts } from 'vue3-echarts'
// 数据
const cards = reactive([
  { icon: 'src/assets/htl.png', price: '15000', ratio: '87', type: '总收入' },
  { icon: 'src/assets/kpi.png', price: '15000', ratio: '87', type: '总费用' },
  { icon: 'src/assets/zc.png', price: '15000', ratio: '87', type: '总增长' },
  { icon: 'src/assets/zzl.png', price: '15000', ratio: '87', type: '退回率' }
])
// 柱状图数据
const overviewOption = reactive({
  legend: {},
  tooltip: {},
  dataset: {
    dimensions: ['product', '成交量', '退款量', '净笔数'],
    source: [
      ['1 月', 43.3, 85.8, 93.7],
      ['2 月', 83.1, 73.4, 55.1],
      ['3 月', 86.4, 65.2, 82.5],
      ['4 月', 72.4, 53.9, 39.1],
      ['5 月', 72.4, 53.9, 39.1],
      ['6 月', 72.4, 53.9, 39.1],
      ['7 月', 72.4, 53.9, 39.1],
      ['8 月', 72.4, 53.9, 39.1],
      ['9 月', 72.4, 53.9, 39.1],
```

```
            ['10月', 72.4, 53.9, 39.1],
            ['11月', 72.4, 53.9, 39.1],
            ['12月', 72.4, 53.9, 39.1]
        ]
    },
    color: ['#20c997', '#007bff', '#dc3545'],
    xAxis: {
        type: 'category',
        axisTick: {
            show: false // 不显示坐标轴刻度线
        },
    },
    yAxis: {
        show: true, // 不显示坐标轴线、坐标轴刻度线和坐标轴上的文字
        axisTick: {
            show: false // 不显示坐标轴刻度线
        },
        axisLine: {
            show: false // 不显示坐标轴线
        },
        splitLine: {
            show: true // 不显示网格线
        },
    },
    series: [
        { type: 'bar' },
        { type: 'bar' },
        { type: 'bar' }
    ]
})
// 饼图数据(用户打星)
const payTypeOPtion = reactive({
    title: {},
    tooltip: {
        trigger: 'item'
    },
    legend: {
        orient: 'vertical',
        left: 'left'
    },
    series: [
        {
            name: 'Access From',
            type: 'pie',
            radius: '50%',
            data: [
                { value: 1048, name: '五星' },
                { value: 735, name: '四星' },
                { value: 580, name: '三星' },
            ],
            emphasis: {
                itemStyle: {
                    shadowBlur: 10,
                    shadowOffsetX: 0,
                    shadowColor: 'rgba(0, 0, 0, 0.5)'
                }
            }
        }
```

```
    ]
})
// 饼图数据(司机打星)
const satisfaction = reactive({
    tooltip: {
        trigger: 'item'
    },
    legend: {
        top: '5%',
        left: 'center',
        selectedMode: false
    },
    series: [
        {
            name: 'Access From',
            type: 'pie',
            radius: ['40%', '70%'],
            center: ['50%', '70%'],
            startAngle: 180,
            label: {
                show: true,
                formatter(param) {
                    return param.name + ' (' + param.percent * 2 + '%)';
                }
            },
            data: [
                { value: 1048, name: '五星' },
                { value: 735, name: '四星' },
                { value: 580, name: '三星' },
                {
                    value: 1048 + 735 + 580,
                    itemStyle: {
                        color: 'none',
                        decal: {
                            symbol: 'none'
                        }
                    },
                    label: {
                        show: false
                    }
                }
            ]
        }
    ]
})
</script>
<!-- CSS 样式 -->
<style scoped lang="scss">
...
</style>
```

说明：统计图使用的是 ECharts，由于此项目是一个纯前端项目，因此统计图中的数据均为固定数据。想要了解更多的 ECharts 知识，可以在 ECharts 官网 https://echarts.apache.org/zh/index.html 中查看。

最终页面实现效果如图 8-7 所示。

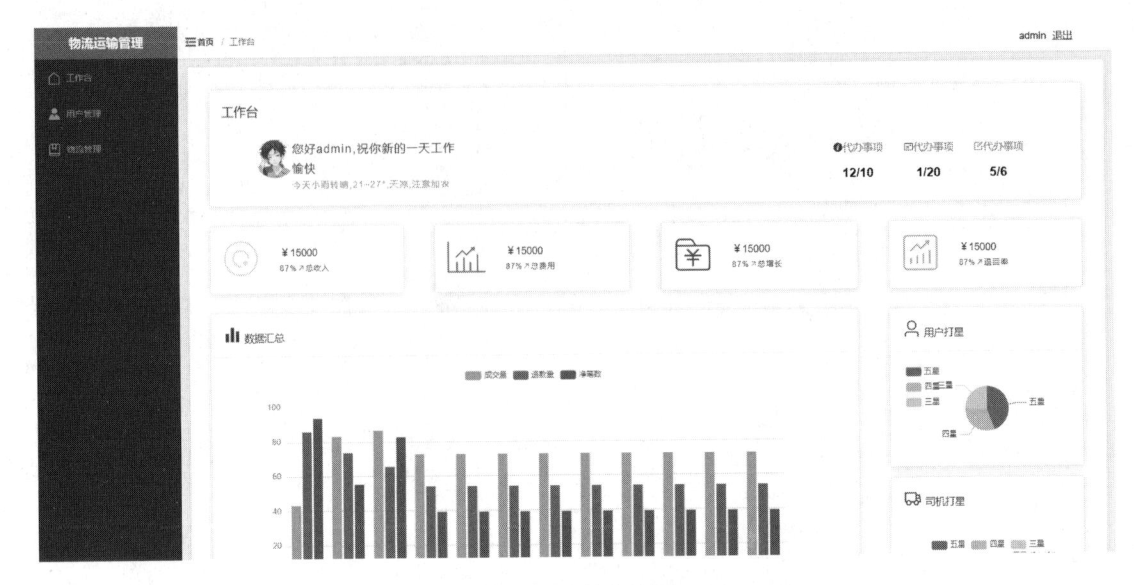


图 8-7　工作台页面

## 8.4.4　物流管理页面的实现

物流管理页面的主要功能是展示物流信息、修改物流信息、新增物流信息、查询物流信息和删除物流信息。具体实现代码如下。

logisticsRoute.vue：物流管理页。

```
<!-- 物流信息 -->
<template>
    <div>
        <el-card shadow="never">
            <template #header>
                <div>
                    <i class="el-icon-ship" style="color: red; font-size: 30px;" />
                    <h3 style="display: inline-block; padding-left: 10px;">
                        物流信息</h3>
                </div>
                <div>
                    <el-row :gutter="20">
                        <el-col :span="4">
                            <el-input placeholder="请输入发货人"></el-input>
                        </el-col>
                        <el-col :span="4">
                            <el-input placeholder="请输入收货人"></el-input>
                        </el-col>
                        <el-col :span="14">
                            <el-button type="danger" @click="search">搜索</el-button>
                        </el-col>
                        <el-col :span="2">
                            <el-button type="danger" @click="dialogVisible = true">
                                新增</el-button>
                        </el-col>
                    </el-row>
                </div>
            </template>
```

```
    <div>
        <div>
            <!-- 列表 -->
            <el-table :data="tableData" style="width: 100%" :header-
                cell-style="{ textAlign: 'center' }"
                :cell-style="{ textAlign: 'center' }">
                <el-table-column prop="consigner" label="发货人" />
                <el-table-column prop="shipperPhone" label="发货人电话" />
                <el-table-column prop="consignee" label="收货人" />
                <el-table-column prop="consigneePhone" label="收货人电话" />
                <el-table-column prop="item" label="物品" />
                <el-table-column prop="amount" label="金额" />
                <el-table-column prop="startingPoint" label="起点" />
                <el-table-column prop="endPoint" label="终点" />
                <el-table-column prop="transitPoint" label="途经点" />
                <el-table-column prop="status" label="状态" />
                <el-table-column prop="driver" label="司机" />
                <el-table-column label="操作">
                    <el-button type="primary" icon="el-icon-edit"
                        circle size="mini"
                        @click="dialogVisible = true"></el-button>
                    <el-button type="success" icon="el-icon-check"
                        circle size="mini" @click="complete"></el-button>
                    <el-button type="danger" icon="el-icon-delete"
                        circle size="mini" @click="open"></el-button>
                </el-table-column>
            </el-table>
            <div class="example-pagination-block">
                <el-pagination layout="prev, pager, next" :total="1000" />
            </div>
        </div>
    </div>
</el-card>
<!-- 编辑框 -->
<el-dialog v-model="dialogVisible" title="物流信息" width="40%">
    <el-form :model="tableData" label-width="85px">
        <el-row>
            <el-col :span="12">
                <el-form-item label="发货人">
                    <el-input v-model="tableData.consigner" />
                </el-form-item>
            </el-col>
            <el-col :span="12">
                <el-form-item label="发货人电话">
                    <el-input v-model="tableData.shipperPhone" />
                </el-form-item>
            </el-col>
            <el-col :span="12">
                <el-form-item label="收货人">
                    <el-input v-model="tableData.consignee" />
                </el-form-item>
            </el-col>
            <el-col :span="12">
                <el-form-item label="收货人电话">
                    <el-input v-model="tableData.consigneePhone" />
                </el-form-item>
            </el-col>
```

```
                <el-col :span="12">
                    <el-form-item label="物品">
                        <el-input v-model="tableData.item" />
                    </el-form-item>
                </el-col>
                <el-col :span="12">
                    <el-form-item label="金额">
                        <el-input v-model="tableData.amount" />
                    </el-form-item>
                </el-col>
                <el-col :span="8">
                    <el-form-item label="起点">
                        <el-input v-model="tableData.startingPoint" />
                    </el-form-item>
                </el-col>
                <el-col :span="8">
                    <el-form-item label="终点">
                        <el-input v-model="tableData.endPoint" />
                    </el-form-item>
                </el-col>
                <el-col :span="8">
                    <el-form-item label="途经点">
                        <el-input v-model="tableData.transitPoint" />
                    </el-form-item>
                </el-col>
                <el-col :span="12">
                    <el-form-item label="状态">
                        <el-input v-model="tableData.status" />
                    </el-form-item>
                </el-col>
                <el-col :span="12">
                    <el-form-item label="司机">
                        <el-input v-model="tableData.driver" />
                    </el-form-item>
                </el-col>
            </el-row>
        </el-form>
        <template #footer>
            <span>
                <el-button @click="dialogVisible = false">取消</el-button>
                <el-button type="primary" @click="dialogVisible = false">
                    确定
                </el-button>
            </span>
        </template>
    </el-dialog>
  </div>
</template>
<script setup>
import { reactive, ref } from 'vue'
import { ElTable, ElMessage, ElMessageBox } from 'element-plus'
// 编辑框，默认关闭
const dialogVisible = ref(false)
// 删除
const open = () => {
    ElMessageBox.confirm(
        '确定要删除此条记录么?',
        '删除',
```

```
        {
            confirmButtonText: '确定',
            cancelButtonText: '取消',
            type: 'warning',
        }
    )
        .then(() => {
            ElMessage({
                type: 'success',
                message: '删除成功',
            })
        })
        .catch(() => {
            ElMessage({
                type: 'info',
                message: '已取消删除',
            })
        })
}
// 搜索
const search = () => {
    ElMessage({
        type: 'success',
        message: '搜索成功',
    })
}
// 完成
const complete = () => {
    ElMessage({
        type: 'success',
        message: '订单完成',
    })
}
// 物流数据
const tableData = reactive(
    [
        {
            consigner: '张三',
            shipperPhone: '132454863541',
            consignee: '小明',
            consigneePhone: '450154012140',
            item: '西瓜',
            amount: '1212元',
            startingPoint: 'hhh',
            endPoint: 'ssss',
            transitPoint: 'ccccc',
            status: '待发货',
            driver: '张三',
        },
        ...
    ]
)
</script>
<!-- CSS 样式 -->
<style scoped lang="scss">
...
</style>
```

说明：此页面中的表格样式为 Element Plus 的 Table 表格样式，分页样式为 Element Plus 的 Pagination 分页样式。

最终页面实现效果如图 8-8 所示。

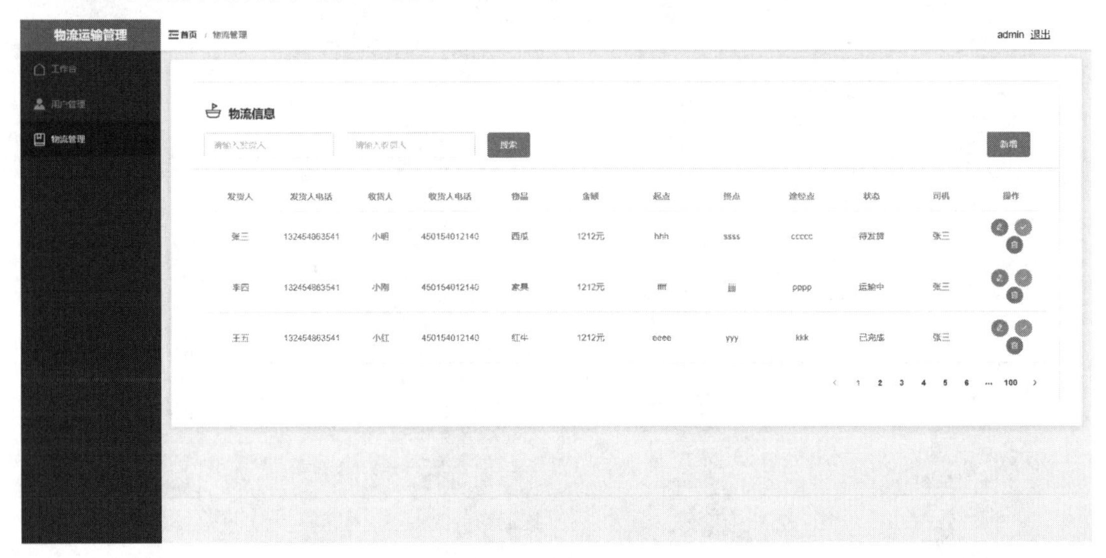


图 8-8　物流管理页页面

## 8.4.5　用户管理页面的实现

用户管理页面的主要功能是展示用户信息、修改用户信息、新增用户信息、查询用户信息和删除用户信息。由于此页面的功能和物流管理页功能类似，因此这里不再介绍其具体实现代码。

用户管理页面实现效果如图 8-9 所示。

图 8-9　用户管理页页面

## 8.5 本 章 小 结

本章介绍的项目是一个基于 Vue 框架构建的物流运输管理系统，其功能基本符合物流运输管理系统的要求。本章以物流运输管理系统的设计开发为主线，让读者从物流运输管理系统的设计、开发流程中真正感受到物流运输管理系统是如何策划、设计、开发的。此项目完成了物流运输管理系统的核心业务用户登录注册、数据展示、物流管理和用户管理等功能。其中页面布局使用的是 Element Plus 布局，页面之间的跳转使用的是 vue-router，统计图使用的是 ECharts。

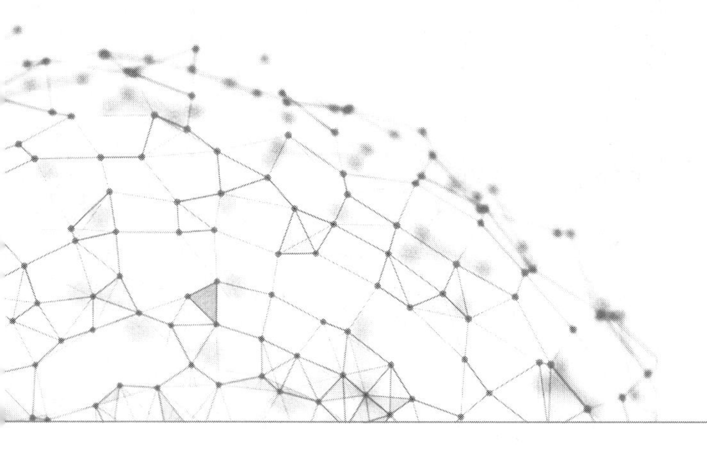

# 第9章

# 图书管理系统

【本章概述】

本章将为大家介绍如何使用 Vue 的前端框架开发一个图书管理系统。此系统主要包含六个页面，分别为登录页、注册页、首页、个人中心页、书籍管理页和用户管理页。下面将通过项目环境及框架、系统分析、图书管理系统运行和系统主要功能实现等小节来为大家讲解此项目的实现。

【知识导读】

本章要点(已掌握的在方框中打钩)

☐ 项目环境及框架

☐ 系统分析

☐ 图书管理系统运行

☐ 系统主要功能实现

# 9.1 项目环境及框架

开发一个 Vue 项目，首先需要搭建好 Vue 的运行环境，而想要高效地进行项目开发，那么一个便捷的开发工具是必不可少的，此图书管理系统使用的 Vue 版本为 Vue.js 3.0，开发工具使用的是 Visual Studio Code。

## 9.1.1 系统开发环境要求

开发和运行图书管理系统之前，本地计算机需满足以下条件。

操作系统：Windows 7 以上。

开发工具：Visual Studio Code。

开发框架：Vue.js 3.0。

开发环境：Node16.20.0 以上。

## 9.1.2 软件框架

此图书管理系统是一个前端项目，其所使用的主要技术有 Vue.js、JavaScript、CSS、vue-router、Element Plus 和 ECharts，下面简单介绍一下这些技术。

1. Vue.js

Vue.js 是一套构建用户界面的渐进式框架。与其他重量级框架不同的是，Vue 采用自底向上增量开发的设计。Vue 的核心库只关注视图层，因此非常容易学习，也很容易与其他库或已有项目整合。Vue 完全有能力驱动单文件组件和 Vue 生态系统支持的库开发的复杂单页应用。

2. JavaScript

JavaScript 是一种轻量级的且可以即时编译的编程语言(简称“JS”)。虽然它作为开发 Web 页面的脚本语言而出名，但也被应用到了很多非浏览器环境中。

3. CSS

CSS 即层叠样式表，是一种用来表现 HTML 或 XML 等文件样式的计算机语言。CSS 不仅可以静态地修饰网页，还可以配合各种脚本语言动态地对网页各元素进行格式化。CSS 能够对网页中元素位置的排版进行像素级精确控制，它支持几乎所有的字体字号样式，拥有对网页对象和模型样式编辑的能力。

4. vue-router

vue-router 是 Vue.js 下的路由组件，它和 Vue.js 深度集成，适用于构建单页面应用。

5. Element Plus

Element Plus 是一个基于 Vue 3.0、面向开发者和设计师的组件库，使用它可以快速地

搭建一些简单的前端页面。

6. ECharts

ECharts 是由百度团队开源的一套基于 JavaScript 的数据可视化图表库，其提供了折线图、柱状图、饼图、散点图、关系图、旭日图、漏斗图、仪表盘等。

# 9.2　系统分析

此图书管理系统是一个由 Vue 和 JavaScript 组合开发的系统，其主要功能是实现用户的登录注册、数据展示、用户信息管理和书籍信息管理。下面将通过系统功能设计和系统功能结构图，为大家介绍此系统的功能设计。

## 9.2.1　系统功能设计

随着现代科学文明的高速发展，人们对知识的渴望也愈发强烈，在这种环境下书籍渐渐成为人们追求知识的主要方式之一。此系统是一个小型的图书管理系统，其主要实现的功能是书籍管理和用户管理。

此系统的前端页面主要有六个，各页面实现的功能具体如下。

(1) 登录页：实现用户的登录功能。

(2) 注册页：实现用户的注册功能。

(3) 首页：展示系统数据。

(4) 个人中心页：展示用户的个人信息。

(5) 书籍管理页：实现书籍信息的增删改查功能。

(6) 用户管理页：实现用户信息的增删改查功能。

## 9.2.2　系统功能结构图

系统功能结构图就是根据系统不同功能之间的关系绘制的图表，此图书管理系统的功能结构图如图 9-1 所示。

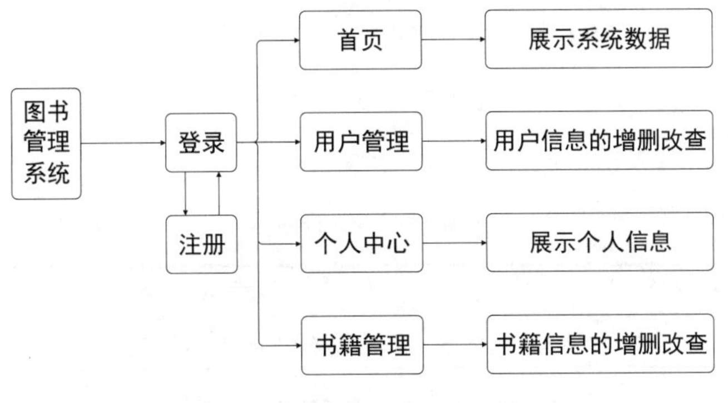


图 9-1　系统功能结构图

# 9.3 图书管理系统运行

在制作图书管理系统之前，大家首先要学会如何在本地运行本系统和查看本系统的文件结构，以加深对本程序功能的理解。

## 9.3.1 系统文件结构

下载图书管理系统源文件 chapter-09\test，然后使用 Visual Studio Code 打开，具体目录结构如图 9-2 所示。

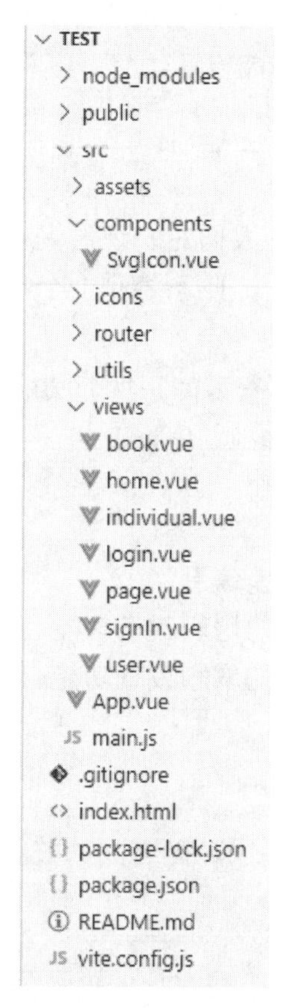


图 9-2　系统目录结构

部分文件说明如表 9-1 所示。

表 9-1　文件目录解析

| 文 件 名 | 说　明 |
| --- | --- |
| node_modules | 通过 npm install 下载安装的项目依赖包 |
| public | 存放静态公共资源(不会被压缩合并) |
| src | 项目开发主要文件夹 |

续表

| 文 件 名 | 说　明 |
|---|---|
| assets | 存放静态文件(如图片等) |
| components | 存放 Vue 页面 |
| SvgIcon.vue | 侧边栏组件 |
| icons | 存放图标 |
| router | 路由配置 |
| book.vue | 书籍管理页 |
| home.vue | 项目布局实现 |
| individual.vue | 个人中心页 |
| login.vue | 登录页 |
| page.vue | 首页 |
| signIn.vue | 注册页 |
| user.vue | 用户管理页 |
| App.vue | 根组件 |
| main.js | 入口文件 |
| .gitignore | 用来配置不归 git 管理的文件 |
| package.json | 项目配置和包管理文件 |

## 9.3.2　运行系统

在本地运行图书管理系统，具体操作步骤如下。

step 01 使用 Visual Studio Code 打开 chapter-09\test 文件夹，然后在终端中输入指令 npm run dev，运行项目，结果如图 9-3 所示。

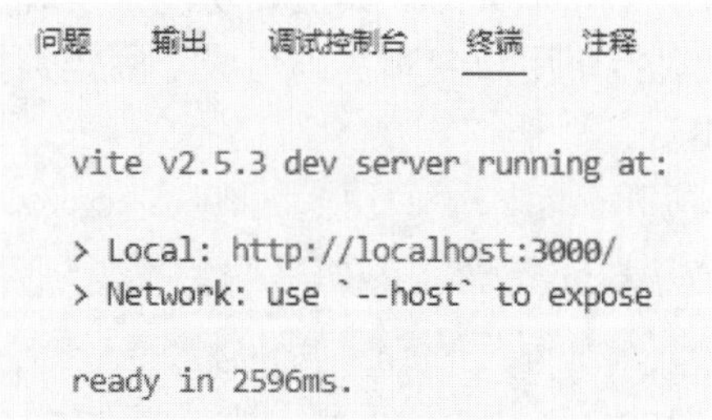

```
问题    输出    调试控制台    终端    注释

  vite v2.5.3 dev server running at:

  > Local: http://localhost:3000/
  > Network: use `--host` to expose

  ready in 2596ms.
```

图 9-3　运行项目

step 02 在浏览器中访问网址 http://localhost:3000/，项目的最终实现效果如图 9-4 所示。

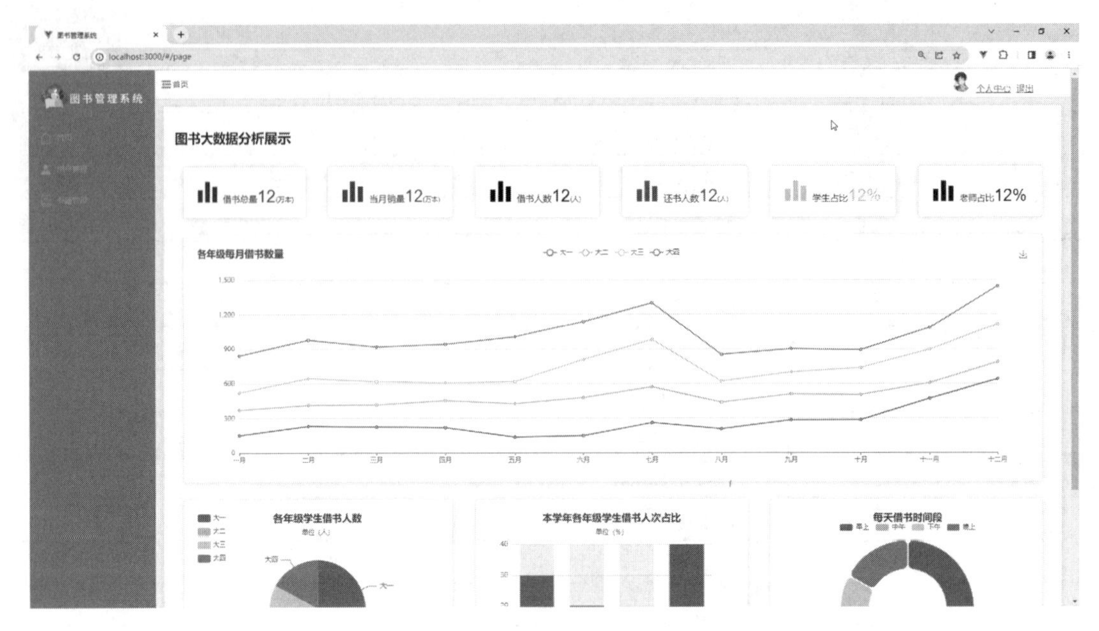


图 9-4　图书管理系统界面

# 9.4　系统主要功能实现

本节将对系统中的各个页面的实现方法进行分析和探讨，包括登录页面的实现、注册页面的实现、首页的实现、个人中心页面的实现、书籍管理页面的实现和用户管理页面的实现。下面将带领大家学习如何使用 Vue 完成图书管理系统的开发。

## 9.4.1　登录页面的实现

登录页面是访问系统时的第一个页面，其主要功能是实现用户的登录。由于此项目是一个纯前端项目，因此此处直接将用户名和密码写成了固定数据，用户名为 admin，密码为 123456。具体实现代码如下。

login.vue：登录页。

```
<!-- 登录页 -->
<template>
   <div class="login">
      <el-form ref="loginForm" label-width="70px" class="loginForm">
         <h1 style="text-align: center;">登录</h1>
         <el-form-item label="用户名" prop="email">
            <el-input placeholder="请输入用户名" v-model=
                "loginFormData.username"></el-input>
         </el-form-item>
         <el-form-item label="密码" prop="password">
            <el-input type="password" placeholder="请输入密码" v-model=
                "loginFormData.password"></el-input>
         </el-form-item>
         <el-form-item>
            <el-button type="primary" class="submit-btn"
```

```
                            @click="loginBtn">登录</el-button>
            </el-form-item>
            <!-- 注册 -->
            <div class="tiparea">
                <!-- 跳转到注册页 -->
                <router-link to="/signIn">
                    <p>没有账号？ <a>立即注册</a></p>
                </router-link>
            </div>
        </el-form>
    </div>
</template>
<script lang="ts" setup>
import { reactive } from "vue";
// 引入路由
import { useRouter } from "vue-router";
// element-plus 的消息提示框
import { ElMessage } from "element-plus";
const router = useRouter();
// 用户名和密码
const loginFormData = reactive({
    username: "admin",
    password: "123456",
})
// 登录方法
const loginBtn = () => {
    if (loginFormData.username == "admin" && loginFormData.password ==
     "123456") {
        ElMessage({
            type: "success",
            message: '登录成功',
        })
        // 登录成功跳转到首页
        router.push("/home");
    } else {
        // 登录失败提示
        ElMessage({
            type: "error",
            message: '登录失败,用户名或密码错误',
        })
    }
}
</script>
<!-- CSS 样式 -->
<style scoped lang="scss">
...
</style>
```

**提示**

在完整的项目中，登录时通常会先验证当前用户是否存在，当用户存在时再验证密码是否正确。

最终页面实现效果如图 9-5 所示。

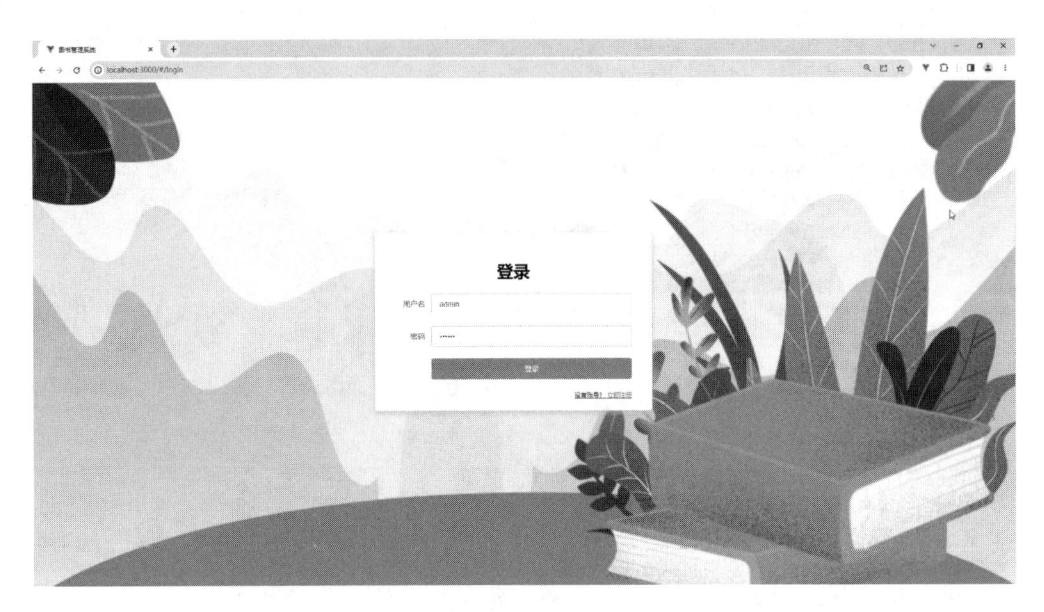


图 9-5　登录页面

## 9.4.2　注册页面的实现

注册页面的主要功能是实现用户的注册功能，由于此页面的功能和登录页面的功能类似，因此这里不再介绍其具体实现代码。

注册页面实现效果如图 9-6 所示。

图 9-6　注册页面

## 9.4.3　首页的实现

首页的主要功能是通过折线图、柱状图和饼图来展示系统的数据。具体实现代码如下。

page.vue：首页。

```
<!-- 首页 -->
<template>
   <h2>图书大数据分析展示</h2>
   <div>
      <el-row :gutter="10">
         <el-col :span="4">
            <el-card shadow="always">
               <i class="el-icon-s-data" style="font-size: 50px;color: red;" />
               <span class="span">借书总量<a style="font-size: 30px;color:
                  red;">12</a><a
                     style="font-size: 10px;">(万本)</a></span>
            </el-card>
         </el-col>
         <el-col :span="4">
            <el-card shadow="always">
               <i class="el-icon-s-data" style="font-size: 50px;color:
                  rgb(201, 27, 122);" />
               <span class="span">当月销量<a style="font-size: 30px;color:
                  rgb(201, 27, 122);">12</a><a
                     style="font-size: 10px;">(万本)</a></span>
            </el-card>
         </el-col>
         <el-col :span="4">
            <el-card shadow="always">
               <i class="el-icon-s-data" style="font-size: 50px;color:
                  blue;" />
               <span class="span">借书人数<a style="font-size: 30px;color:
                  blue;">12</a><a
                     style="font-size: 10px;">(人)</a></span>
            </el-card>
         </el-col>
         <el-col :span="4">
            <el-card shadow="always">
               <i class="el-icon-s-data" style="font-size: 50px;color:
                  green;" />
               <span class="span">还书人数<a style="font-size: 30px;color:
                  green;">12</a><a
                     style="font-size: 10px;">(人)</a></span>
            </el-card>
         </el-col>
         <el-col :span="4">
            <el-card shadow="always">
               <i class="el-icon-s-data" style="font-size: 50px;color:
                  cyan;" />
               <span class="span">学生占比<a style="font-size: 30px;color:
                  cyan;">12%</a></span>
            </el-card>
         </el-col>
         <el-col :span="4">
            <el-card shadow="always">
               <i class="el-icon-s-data" style="font-size: 50px;color:
                  purple;" />
               <span class="span">老师占比<a style="font-size: 30px;color:
                  purple;">12%</a></span>
            </el-card>
         </el-col>
      </el-row>
   </div>
```

```
    <!-- 统计图 -->
    <div>
        <el-row>
            <el-col :span="24">
                <el-card shadow="always">
                    <vue-echarts :option="lineChart" style="height: 400px;" />
                </el-card>
            </el-col>
        </el-row>
        <el-row :gutter="10">
            <el-col :span="8">
                <el-card shadow="always">
                    <vue-echarts :option="pieChart" style="height: 350px;" />
                </el-card>
            </el-col>
            <el-col :span="8">
                <el-card shadow="always">
                    <vue-echarts :option="barChart" style="height: 350px;" />
                </el-card>
            </el-col>
            <el-col :span="8">
                <el-card shadow="always">
                    <vue-echarts :option="pieChart1" style="height: 350px;" />
                </el-card>
            </el-col>
        </el-row>
    </div>
</template>
<script setup>
import { reactive } from 'vue'
// 引入 ECharts
import { VueEcharts } from 'vue3-echarts'
// 折线图
const lineChart = reactive({
    title: {
        text: '各年级每月借书数量'
    },
    tooltip: {
        trigger: 'axis'
    },
    legend: {
        data: ['大一', '大二', '大三', '大四']
    },
    grid: {
        left: '3%',
        right: '4%',
        bottom: '3%',
        containLabel: true
    },
    toolbox: {
        feature: {
            saveAsImage: {}
        }
    },
    xAxis: {
        type: 'category',
        boundaryGap: false,
        data: ["一月", "二月", "三月", "四月", "五月", "六月", "七月", "八月",
                "九月", "十月", "十一月", "十二月"]
```

```
    },
    yAxis: {
        type: 'value'
    },
    series: [
        {
            name: '大一',
            type: 'line',
            stack: 'Total',
            data: [150, 230, 224, 218, 135, 147, 260, 206, 283, 284, 469, 637]
        },
        {
            name: '大二',
            type: 'line',
            stack: 'Total',
            data: [220, 182, 191, 234, 290, 330, 310, 230, 224, 218, 135, 147, 260]
        },
        {
            name: '大三',
            type: 'line',
            stack: 'Total',
            data: [150, 232, 201, 154, 190, 330, 410, 182, 191, 234, 290, 330, 310]
        },
        {
            name: '大四',
            type: 'line',
            stack: 'Total',
            data: [320, 332, 301, 334, 390, 330, 320, 232, 201, 154, 190, 330, 410]
        }
    ]
})
// 各年级学生借书人数
const pieChart = reactive({
    title: {
        text: '各年级学生借书人数',
        subtext: '单位(人)',
        left: 'center'
    },
    tooltip: {
        trigger: 'item'
    },
    legend: {
        orient: 'vertical',
        left: 'left'
    },
    series: [
        {
            name: 'Access From',
            type: 'pie',
            radius: '50%',
            data: [
                { value: 1048, name: '大一' },
                { value: 735, name: '大二' },
                { value: 580, name: '大三' },
                { value: 484, name: '大四' },
            ],
            emphasis: {
                itemStyle: {
```

```
                shadowBlur: 10,
                shadowOffsetX: 0,
                shadowColor: 'rgba(0, 0, 0, 0.5)'
            }
        }
    }
  ]
})
// 本学年各年级学生借书人次占比
const barChart = reactive({
  title: {
    text: '本学年各年级学生借书人次占比',
    subtext: '单位(%)',
    left: 'center'
  },
  xAxis: {
    type: 'category',
    data: ['大一', '大二', '大三', '大四']
  },
  yAxis: {
    type: 'value'
  },
  series: [
    {
      data: [30, 20, 10, 40],
      type: 'bar',
      showBackground: true,
      backgroundStyle: {
        color: 'rgba(180, 180, 180, 0.2)'
      }
    }
  ]
})
// 每天借书时间段
const pieChart1 = reactive({
  title: {
    text: '每天借书时间段',
    left: 'center'
  },
  tooltip: {
    trigger: 'item'
  },
  legend: {
    top: '5%',
    left: 'center'
  },
  series: [
    {
      name: 'Access From',
      type: 'pie',
      radius: ['40%', '70%'],
      avoidLabelOverlap: false,
      itemStyle: {
        borderRadius: 10,
        borderColor: '#fff',
        borderWidth: 2
      },
      label: {
        show: false,
```

```
        position: 'center'
      },
      emphasis: {
        label: {
          show: true,
          fontSize: 40,
          fontWeight: 'bold'
        }
      },
      labelLine: {
        show: false
      },
      data: [
        { value: 1048, name: '早上' },
        { value: 735, name: '中午' },
        { value: 580, name: '下午' },
        { value: 484, name: '晚上' },
      ]
    }
  ]
})
</script>
<!-- CSS 样式 -->
<style scoped lang="scss">
...
</style>
```

说明：统计图使用的是 ECharts，由于此项目是一个纯前端项目，因此统计图中的数据均为固定数据。想要了解更多的 ECharts 知识，可以在 ECharts 官网 https://echarts.apache.org/zh/index.html 中查看。

最终页面实现效果如图 9-7 所示。

图 9-7　首页

## 9.4.4 个人中心页面的实现

个人中心页面的主要功能是展示用户信息、修改用户信息和用户书籍管理。具体实现代码如下。

individual.vue：个人中心页。

```
<!-- 个人中心页 -->
<template>
   <h2>个人中心</h2>
   <!-- 用户信息 -->
   <div>
      <div class="message">
         <el-card shadow="always">
            <el-avatar :size="70">
               <img src="src/assets/tx.jpg" />
            </el-avatar>
            <el-button style="float: right;" type="primary">修改</el-button>
            <div>
               <el-row>
                  <el-col :span="12">
                     <div class="d_1">
                        <p>用户名：{{ message.username }}</p>
                        <p>年级：{{ message.grade }}</p>
                        <p>性别：{{ message.sex }}</p>
                     </div>
                  </el-col>
                  <el-col :span="12">
                     <div class="d_2">
                        <p>地址：{{ message.address }}</p>
                        <p>电话：{{ message.telephone }}</p>
                        <p>邮箱：{{ message.mailbox }}</p>
                     </div>
                  </el-col>
               </el-row>
            </div>
         </el-card>
      </div>
   </div>
   <!-- 我的书籍 -->
   <div>
      <el-card shadow="always">
         <h3>我的书籍</h3>
         <el-row :gutter="10">
            <el-col :span="4" v-for="(item, index) in books" :key="index">
               <el-card shadow="always">
                  <img :src="item.img" style="width: 100%;height: 100%;" />
                  <div class="status">
                     <span v-if="item.status == '借阅中'" style="color:
                        rgb(255, 0, 0);">{{ item.status }}</span>
                     <span v-if="item.status == '已归还'" style="color:
                        rgb(60,140,231);">{{ item.status }}</span>
                  </div>
                  <p>书名：{{ item.title }}</p>
                  <div>归还时间：</div>
                  <div>{{ item.data }}</div>
```

```
                    <div style="float: right; padding: 10px 0px;">
                        <el-button size="mini" type="primary">查看</el-button>
                        <el-button size="mini" type="success">归还</el-button>
                    </div>
                </el-card>
            </el-col>
        </el-row>
    </el-card>
  </div>
</template>
<script setup>
import { reactive } from "vue";
// 用户信息
const message = reactive({
    username: 'admin',
    password: '123456',
    grade: '大一',
    sex: '男',
    address: '111',
    telephone: '112554255411',
    mailbox: '1222@qq.com'
})
// 我的书籍信息
const books =
    [
        {
            img: 'src/assets/books.png',
            status: '借阅中',
            title: 'vue 从入门到精通',
            data: '2023-12-30 12:00:00'
        },
        ...
    ]
</script>
<!-- CSS 样式 -->
<style scoped lang="scss">
...
</style>
```

说明：此页面的布局方式使用的是 Element Plus 的 Layout 布局。

最终页面实现效果如图 9-8 所示。

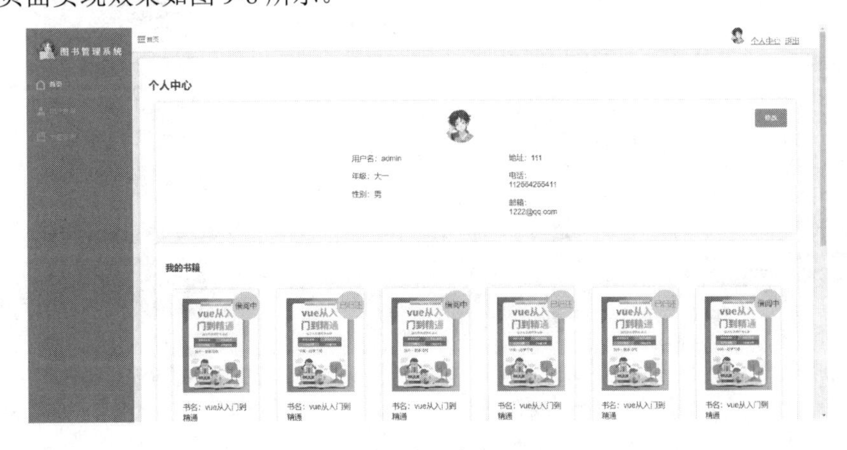


图 9-8　个人中心页面

### 9.4.5 书籍管理页面的实现

书籍管理页面的主要功能是展示书籍信息、新增书籍信息、查询书籍信息、查看书籍详情、借阅书籍和归还书籍。具体实现代码如下。

book.vue：书籍管理页。

```
<!-- 书籍管理 -->
<template>
   <h2>书籍列表</h2>
   <div style="padding-bottom: 20px;">
      <el-input placeholder="请输入书名" style="width: 15%; padding-right:
         20px; " />
      <el-input placeholder="请输入类别" style="width: 15%; padding-right:
         20px;" />
      <el-button type="primary">搜索</el-button>
   </div>
   <div style="padding-bottom: 20px;">
      <el-button type="primary" @click="new1">新增</el-button>
   </div>
   <!-- 书籍列表 -->
   <el-table :data="tableData" border style="width: 100%" :header-cell-
       style="{ textAlign: 'center' }"
      :cell-style="{ textAlign: 'center' }">
      <el-table-column prop="bookName" label="书名" />
      <el-table-column prop="img" label="书籍封面" align="center" width="60">
         <template v-slot:default="scope">
            <el-image :src="scope.row.img" />
         </template>
      </el-table-column>
      <el-table-column prop="type" label="书籍类型" />
      <el-table-column prop="author" label="书籍作者" />
      <el-table-column prop="publishing" label="书籍出版社" />
      <el-table-column prop="number" label="书籍剩余数量" />
      <el-table-column prop="status" label="书籍状态" />
      <el-table-column label="操作">
         <el-button size="mini" type="primary" @click="view">查看</el-button>
         <el-button size="mini" type="success" @click="borrow">借阅</el-button>
         <el-button size="mini" type="warning" @click="return1">归还</el-button>
      </el-table-column>
   </el-table>
   <!-- 分页 -->
   <div class="paging">
      <el-pagination layout="prev, pager, next" :total="1000" />
   </div>
   <!-- 书籍详情 -->
   <el-dialog v-model="bookDetails" title="书籍详情" width="50%">
      <div class="details">
         <img src="src/assets/books.png" class="img" />
         <p>书名：vue 从入门到精通</p>
         <p style="text-align: left; font-size: 20px;">
            简介：Vue.js 是一套构建用户界面的渐进式框架。与其他重量级框架不同的是，
            Vue 采用自底向上增量开发的设计。Vue 的核心库只关注视图层，并且非常容易学
            习，非常容易与其他库或已有项目整合。另一方面，Vue 完全有能力驱动单文件组
            件和 Vue 生态系统支持的库开发的复杂单页应用。
```

```
            </p>
        </div>
        <template #footer>
            <span>
                <el-button @click="bookDetails = false">取消</el-button>
                <el-button type="primary" @click="bookDetails = false">
                    确定
                </el-button>
            </span>
        </template>
    </el-dialog>
    <!-- 新增修改框 -->
    <el-dialog v-model="editor" title="编辑框" width="40%">
        <el-form label-width="100px">
            <el-form-item label="书名">
                <el-input />
            </el-form-item>
            <el-form-item label="书籍封面">
                <el-input />
            </el-form-item>
            <el-form-item label="书籍类型">
                <el-input />
            </el-form-item>
            <el-form-item label="书籍作者">
                <el-input />
            </el-form-item>
            <el-form-item label="书籍出版社">
                <el-input />
            </el-form-item>
            <el-form-item label="书籍剩余数量">
                <el-input />
            </el-form-item>
            <el-form-item label="书籍状态">
                <el-input />
            </el-form-item>
        </el-form>
        <template #footer>
            <span>
                <el-button @click="editor = false">取消</el-button>
                <el-button type="primary" @click="editor = false">
                    确定
                </el-button>
            </span>
        </template>
    </el-dialog>
</template>
<script setup>
import { ref } from 'vue'
import { ElTable, ElMessage } from 'element-plus'
// 书籍新增修改框，默认关闭
const editor = ref(false)
// 打开编辑框
const new1 = () => {
    editor.value = true
}
// 书籍详情框，默认关闭
const bookDetails = ref(false)
```

```
// 查看方法
const view = () => {
    bookDetails.value = true
}
// 借阅方法
const borrow = () => {
    ElMessage({
        type: 'success',
        message: '借阅成功',
    })
}
// 归还方法
const return1 = () => {
    ElMessage({
        type: 'success',
        message: '归还成功',
    })
}
// 书籍列表数据
const tableData = [
    {
        bookName: 'vue 从入门到精通',
        img: 'src/assets/books.png',
        type: '前端',
        author: '叶璃',
        publishing: '书博士',
        number: '200',
        status: '可借阅',
    },
    ...
]
</script>
</script>
<!-- CSS 样式 -->
<style scoped lang="scss">
...
</style>
```

说明：此页面中的表格样式为 Element Plus 的 Table 表格样式，分页样式为 Element Plus 的 Pagination 分页样式。

最终页面实现效果如图 9-9 所示。

图 9-9 书籍管理页页面

### 9.4.6　用户管理页面的实现

用户管理页面的主要功能是展示用户信息、修改用户信息、新增用户信息、查询用户信息和删除用户信息。由于此页面的功能和书籍管理页面的功能类似，因此这里将不再介绍其具体实现代码。

用户管理页面实现效果如图 9-10 所示。

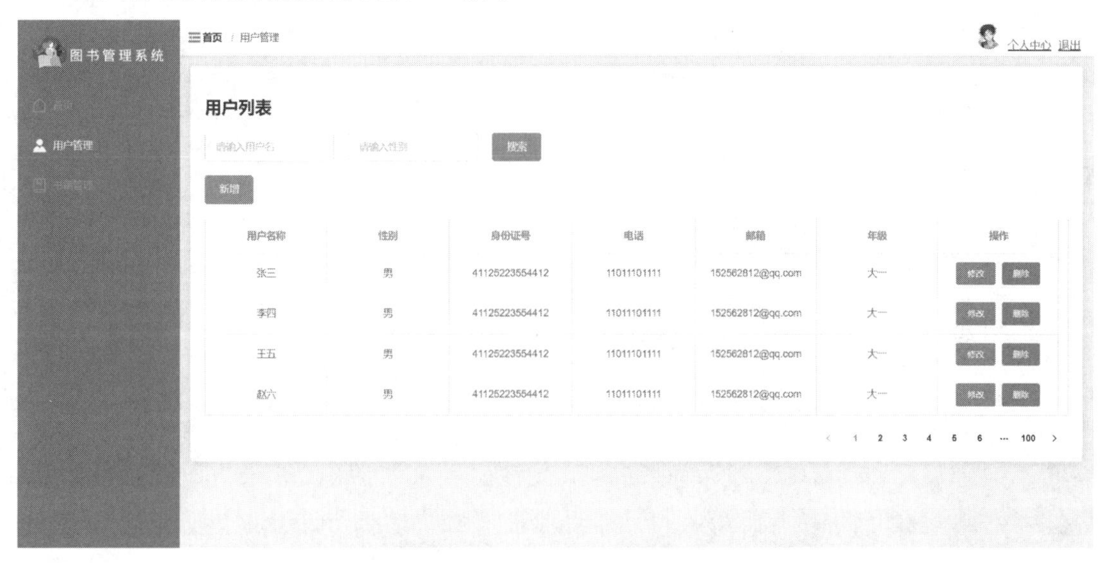


图 9-10　用户管理页面

## 9.5　本 章 小 结

本章介绍的项目是一个基于 Vue 框架构建的图书管理系统，其功能基本符合图书管理系统的要求。本章以图书管理系统的设计开发为主线，让读者从图书管理系统的设计、开发流程中真正感受到图书管理系统是如何策划、设计、开发的。此项目完成了图书管理系统的核心业务用户登录注册、数据展示、用户管理和书籍管理等功能。其中页面布局使用的是 Element Plus 布局，页面之间的跳转使用的是 vue-router，统计图使用的是 ECharts。

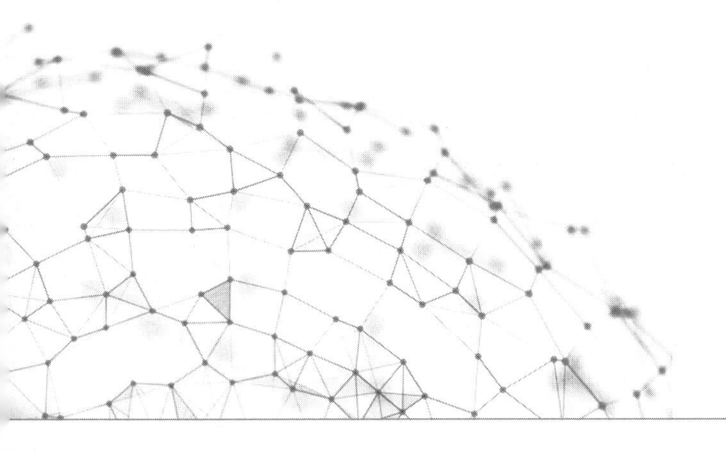

# 第10章 咖啡馆网站系统

【本章概述】

本章将为大家介绍使用 Vue 的前端框架开发一个咖啡馆网站系统。此系统主要包含六个页面，分别为登录页、注册页、首页、商品列表页、商品详情页和意见/投诉页。下面将通过项目环境及框架、系统分析、咖啡馆网站系统运行和系统主要功能实现等小节来为大家讲解此项目的实现。

【知识导读】

本章要点(已掌握的在方框中打钩)

- □ 项目环境及框架
- □ 系统分析
- □ 咖啡馆网站系统运行
- □ 系统主要功能实现

# 10.1 项目环境及框架

开发一个 Vue 项目，首先需要搭建好 Vue 的运行环境，而想要高效地进行项目开发，那么一个便捷的开发工具是必不可少的，此咖啡馆网站系统使用的 Vue 版本为 Vue.js 3.0，开发工具使用的是 Visual Studio Code。

## 10.1.1 系统开发环境要求

开发和运行咖啡馆网站系统之前，本地计算机需满足以下条件。

操作系统：Windows 7 以上。

开发工具：Visual Studio Code。

开发框架：Vue.js 3.0。

开发环境：Node16.20.0 以上。

## 10.1.2 软件框架

此咖啡馆网站系统是一个前端项目，其所使用的主要技术有 Vue.js、JavaScript、CSS、vue-router 和 Element Plus，这些技术的具体介绍如下。

1. Vue.js

Vue.js 是一套构建用户界面的渐进式框架。与其他重量级框架不同的是，Vue 采用自底向上增量开发的设计。Vue 的核心库只关注视图层，因此非常容易学习，也很容易与其他库或已有项目整合。Vue 完全有能力驱动单文件组件和 Vue 生态系统支持的库开发的复杂单页应用。

2. JavaScript

JavaScript 是一种轻量级的且可以即时编译的编程语言(简称“JS”)。虽然它作为开发 Web 页面的脚本语言而出名，但是也被应用到了很多非浏览器环境中。

3. CSS

CSS 是一种用来表现 HTML 或 XML 等文件样式的计算机语言。CSS 不仅可以静态地修饰网页，还可以配合各种脚本语言动态地对网页各元素进行格式化。CSS 能够对网页中元素位置的排版进行像素级精确控制，它支持几乎所有的字体字号样式，拥有对网页对象和模型样式编辑的能力。

4. vue-router

vue-router 是 Vue.js 下的路由组件，它和 Vue.js 深度集成，适用于构建单页面应用。

5. Element Plus

Element Plus 是一个基于 Vue 3.0、面向开发者和设计师的组件库，使用它可以快速地搭建一些简单的前端页面。

# 10.2　系统分析

此咖啡馆网站系统是一个由 Vue 和 JavaScript 组合开发的系统，其主要功能是实现用户的登录注册、商品展示和意见投递。下面将通过系统功能设计和系统功能结构图，为大家介绍此系统的功能设计。

## 10.2.1　系统功能设计

在当今网络科技的时代，众多的软件和网页被开发出来，给人们带来了很大的选择余地，而且人们越来越追求更个性化的需求。在这种时代背景下，人们对咖啡馆网站系统也越来越重视。

此系统是一个小型的咖啡馆网站系统，其前端页面主要有六个，各页面实现的功能具体如下。

(1) 登录页：实现用户的登录功能。

(2) 注册页：实现用户的注册功能。

(3) 首页：展示热销商品和活动商品。

(4) 商品列表页：展示全部商品。

(5) 商品详情页：展示商品详细信息。

(6) 意见/投诉页：实现用户意见/投诉的提交功能。

## 10.2.2　系统功能结构图

系统功能结构图就是根据系统不同功能之间的关系绘制的图表，此咖啡馆网站系统的功能结构图如图 10-1 所示。

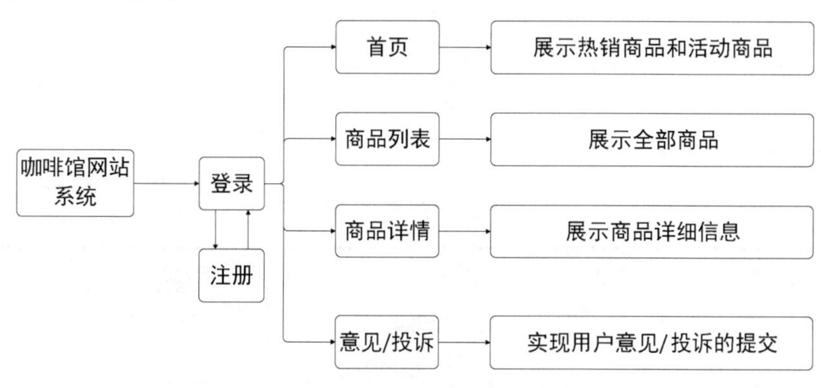


图 10-1　系统功能结构图

## 10.3 咖啡馆网站系统运行

在制作咖啡馆网站系统之前，大家首先要学会如何在本地运行本系统和查看本系统的文件结构，以加深对本程序功能的理解。

### 10.3.1 系统文件结构

下载咖啡馆网站系统源文件 chapter-10\test，然后使用 Visual Studio Code 打开，具体目录结构如图 10-2 所示。

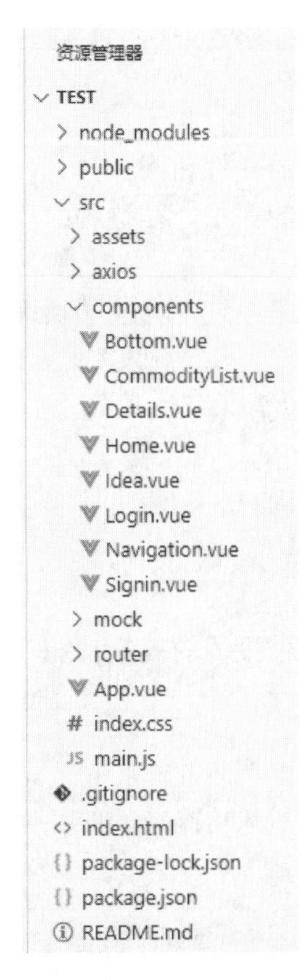


图 10-2 系统目录结构

部分文件说明如表 10-1 所示。

表 10-1 文件目录解析

| 文 件 名 | 说 明 |
|---|---|
| node_modules | 通过 npm install 下载安装的项目依赖包 |
| public | 存放静态公共资源(不会被压缩合并) |
| src | 项目开发主要文件夹 |
| assets | 存放静态文件(如图片等) |

续表

| 文 件 名 | 说　明 |
|---|---|
| axios | 存放网络请求 |
| components | 存放 Vue 页面 |
| Bottom.vue | 底部组件 |
| CommodityList.vue | 商品列表页 |
| Details.vue | 商品详情页 |
| Home.vue | 首页(展示部分商品) |
| Idea.vue | 意见/投诉页 |
| Login.vue | 登录页 |
| Navigation.vue | 导航栏组件 |
| Signin.vue | 注册页 |
| mock | 存放虚拟数据 |
| router | 存放路由 |
| App.vue | 根组件 |
| main.js | 入口文件 |
| .gitignore | 用来配置不归 git 管理的文件 |
| package.json | 项目配置和包管理文件 |

## 10.3.2　运行系统

在本地运行咖啡馆网站系统，具体操作步骤如下：

step 01 使用 Visual Studio Code 打开 chapter-10\test 文件夹，然后在终端中输入指令 npm run dev，运行项目，结果如图 10-3 所示。

图 10-3　运行项目

step 02 在浏览器中访问网址 http://localhost:3000/，项目的最终实现效果如图 10-4 所示。

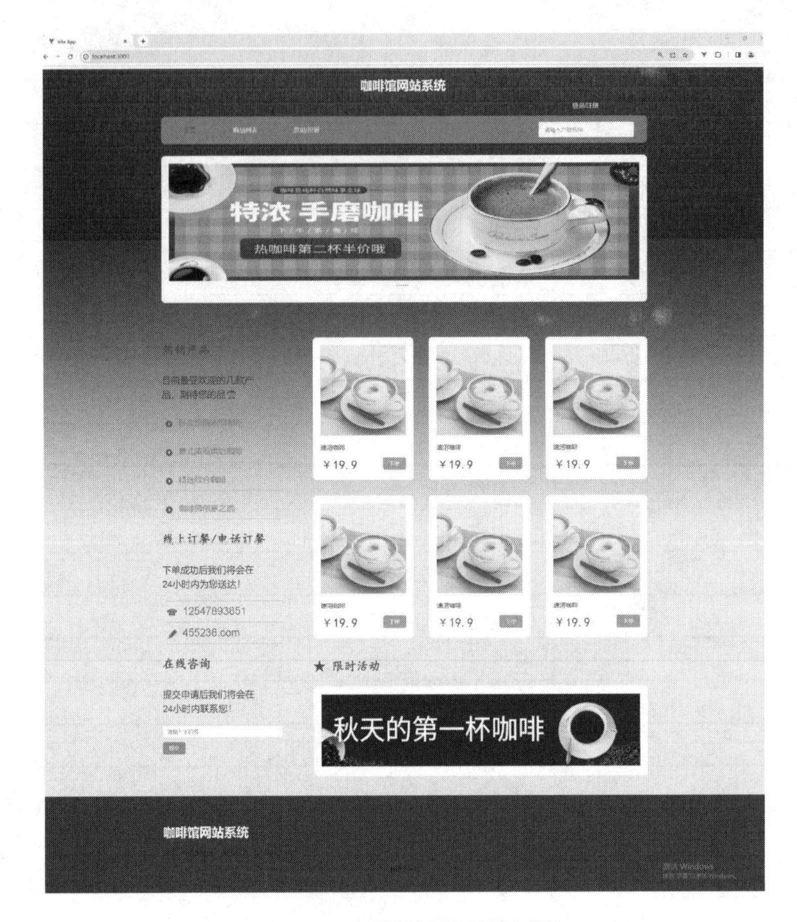


图 10-4　咖啡馆网站系统界面

# 10.4　系统主要功能实现

本节将对系统中的各个页面的实现方法进行分析和探讨，包括首页的实现、商品列表页面的实现、商品详情页面的实现、意见/投诉页面的实现、登录页面的实现和注册页面的实现。下面将带领大家学习如何使用 Vue 完成咖啡馆网站系统的开发。

## 10.4.1　首页的实现

首页是咖啡馆网站系统的第一个页面，其主要分为三部分，分别为头部导航栏、商品推荐列表和底部组件。具体实现代码如下。

(1) Navigation.vue：头部导航栏。

```
<!-- 导航栏组件 -->
<template>
    <h1 style="color: white;">咖啡馆网站系统</h1>
    <el-row>
        <el-col :span="16" v-html="'\u00a0'" />
        <el-col :span="4">
            <a style="color: white;" @click="login">登录/</a>
```

```
            <a style="color: white;" @click="signin">注册</a>
        </el-col>
    </el-row>
    <!-- 导航栏 -->
    <el-row>
        <el-col :span="4" v-html="'\u00a0'" />
        <el-col :span="16">
            <div class="head">
                <ul class="mycss">
                    <!-- 通过调用组件时传递的值判断字体样式 -->
                    <li v-if="info == '1'"><a style="color: #aa381e;"
                        @click="home">首页</a></li>
                    <li v-if="info != '1'"><a @click="home">首页</a></li>
                    <li><a>---</a></li>
                    <li v-if="info == '2'"><a style="color: #aa381e;"
                        @click="commodityList">商品列表</a></li>
                    <li v-if="info != '2'"><a @click="commodityList">商品列表
                        </a></li>
                    <li><a>---</a></li>
                    <li v-if="info == '3'"><a style="color: #aa381e;"
                        @click="idea">意见/投诉</a></li>
                    <li v-if="info != '3'"><a @click="idea">意见/投诉</a></li>
                    <div class="search">
                        <el-input v-model="input" placeholder="请输入产品名称"
                            size="large" />
                    </div>
                </ul>
            </div>
        </el-col>
    </el-row>
</template>
<script setup>
// 引入路由
import { useRouter } from 'vue-router'
import { ref, defineProps } from 'vue'
// 获取组件传递的值，并根据传递的值设置字体样式
const props = defineProps({
    info: String
})
const info = ref("")
info.value = props.info
const userRouter = useRouter()
// 跳转到首页
const home = () => {
    userRouter.push({
        path: '/',
    })
}
// 跳转到商品列表页面
const commodityList = () => {
    userRouter.push({
        path: '/commodityList',
    })
}
// 跳转到意见/投诉页面
const idea = () => {
    userRouter.push({
        path: '/idea',
```

```
    })
}
// 跳转到登录页
const login = () => {
    userRouter.push({
        path: '/login',
    })
}
// 跳转到注册页
const signin = () => {
    userRouter.push({
        path: '/signin',
    })
}
</script>
// 页面样式(此处省略了页面的 CSS 样式代码)
<style scoped>
...
</style>
```

说明：页面的跳转是通过 router/index.js 文件中的路由配置来实现的。

(2) Bottom.vue：底部组件。

```
<!-- 底部组件 -->
<template>
    <div class="footer">
        <el-row>
            <el-col :span="4" v-html="'\u00a0'" />
            <el-col :span="16">
                <h1>咖啡馆网站系统</h1>
                <p style="color: rgb(41, 38, 38);">
                    <a>网址: {{ connection.mailbox }}</a>
                    <a style="margin-left: 20px;">联系电话: {{ connection.telephone }}
                    </a>
                </p>
                <h4 style="text-align: center;color: rgb(41, 38, 38);">- 书博士
                    教育 -</h4>
            </el-col>
        </el-row>
    </div>
</template>
<script setup>
import { reactive } from 'vue'
// 联系方式数据
const connection = reactive(
    {
        id: 1,
        telephone: '12547893651',
        mailbox: '455236.com'
    }
)
</script>
// 页面样式(此处省略了页面的 CSS 样式代码)
<style scoped>
...
</style>
```

(3) Home.vue：商品推荐。

```
<!-- 首页 -->
<template>
   <div class="header">
      <!-- 头部 -->
      <div>
         <!-- 导航栏 -->
         <navigation :info="1" />
         <!-- 轮播图 -->
         <el-row>
            <el-col :span="4" v-html="'\u00a0'" />
            <el-col :span="16">
               <div class="picture">
                  <div class="picture_1">
                     <el-carousel indicator-position="outside">
                        <el-carousel-item v-for="item in
                           picture" :key="item">
                           <img :src="item.url" alt="" />
                        </el-carousel-item>
                     </el-carousel>
                  </div>
               </div>
            </el-col>
         </el-row>
      </div>
      <!-- 产品推荐 -->
      <div class="product">
         <el-row>
            <el-col :span="4" v-html="'\u00a0'" />
            <el-col :span="4">
               <div class="popular">
                  <h3>热销产品</h3>
                  <p>目前最受欢迎的几款产品，期待您的品尝</p>
                  <ul class="popular-in" v-for="itme in product">
                     <li @click="details"><a><i> </i>
                        {{ itme.name }}</a></li>
                  </ul>
               </div>
               <div class="popular phone">
                  <h3>线上订餐/电话订餐</h3>
                  <p>下单成功后我们将会在 24 小时内为您送达！</p>
                  <ul class="number">
                     <li><span><i> </i>{{ connection.telephone }}
                        </span></li>
                     <li><a><i class="mail"> </i>{{ connection.mailbox }}
                        </a></li>
                  </ul>
               </div>
               <div class="popular">
                  <h3>在线咨询</h3>
                  <p>提交申请后我们将会在 24 小时内联系您！</p>
                  <el-input v-model="input" placeholder="请输入手机号" />
                  <el-button type="primary" style="margin-top: 10px;">
                     提交</el-button>
               </div>
            </el-col>
            <el-col :span="1" v-html="'\u00a0'" />
```

```
                <!-- 咖啡列表 -->
                <el-col :span="11">
                    <el-row :gutter="40">
                        <el-col :span="8" v-for="item in coffeeList" :key="item">
                            <div class="coffeeList">
                                <div class="img1">
                                    <img style="width: 100%; height:
                                         100%;" :src=item.url />
                                    <p>{{ item.name }}</p>
                                    <span class="dollar">{{ item.price }}</span>
                                    <el-button type="success" style="float:
                                        right;" @click="details">下单</el-button>
                                </div>
                            </div>
                        </el-col>
                        <el-col :span="24">
                            <h3 style="text-align: left;font-size: 2em;font-
                                family: 'Lobster Two', cursive;color: #aa381e;">
                                ★ 限时活动</h3>
                            <div class="browse_1">
                                <div class="browse_2">
                                    <img style="width: 100%; height: 100%;" :src=
                                        events.img @click="details" />
                                </div>
                            </div>
                        </el-col>
                    </el-row>
                </el-col>
            </el-row>
        </div>
        <!-- 底部组件 -->
        <bottom />
    </div>
</template>
<script setup>
import bottom from './Bottom.vue'
import navigation from './Navigation.vue'
import { reactive } from 'vue'
import { useRouter } from 'vue-router'
const userRouter = useRouter()
// 跳转到详情页
const details = () => {
    userRouter.push({
        path: '/details',
    })
}
// 咖啡数据
const coffeeList = reactive(
    [
        {
            id: 1,
            url: 'src/assets/p1.jpg',
            name: '速溶咖啡',
            price: '￥19.9',
        }
        ...
    ]
)
```

```
// 轮播图数据
const picture = reactive(
    [
        {
            id: 1,
            url: 'src/assets/picture1.png',
        },
        ...
    ]
)
// 热销产品数据
const product = reactive(
    [
        {
            id: 1,
            name: '轻度烘焙浓缩咖啡'
        }
        ...
    ]
)
// 限时活动数据
const events = reactive(
    {
        id: 1,
        img: 'src/assets/events.png'
    }
)
// 联系方式数据
const connection = reactive(
    {
        id: 1,
        telephone: '12547893651',
        mailbox: '455236.com'
    }
)
</script>
// 页面样式(此处省略了页面的 CSS 样式代码)
<style scoped>
...
</style>
```

说明：此页面中的轮播图效果使用的是 Element Plus 的 Carousel 走马灯样式。

最终页面实现效果如图 10-5 所示。

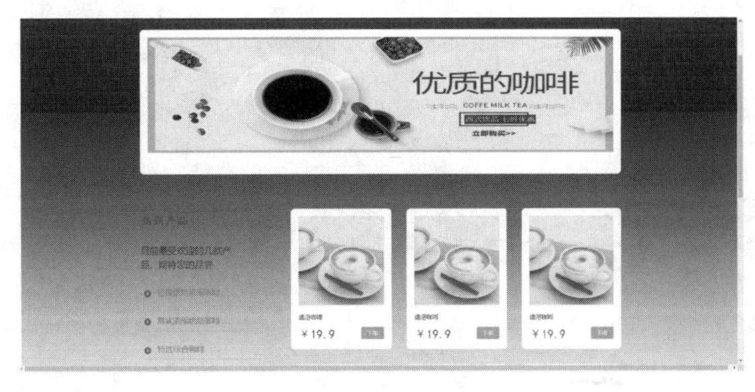


图 10-5　首页

## 10.4.2 商品列表页面的实现

商品列表页面的主要功能是展示商品。具体实现代码如下。

CommodityList.vue：商品列表。

```
<!-- 商品列表 -->
<template>
   <div class="header">
      <!-- 导航栏 -->
      <navigation :info="2" />
   </div>
   <div>
      <h1 class="pattern">热门饮品</h1>
      <!-- 咖啡列表 -->
      <div>
         <el-row>
            <el-col :span="4" v-html="'\u00a0'" />
            <el-col :span="16">
               <el-row :gutter="40">
                  <el-col :span="6" v-for="item in coffeeList" :key="item">
                     <div class="div_1">
                        <img :src=item.url style="width: 100%; height:
                           100%;" />
                        <p class="pattern_1">
                           <a>{{ item.name }}</a>
                           <a style="float: right;">{{ item.price }}
                              </a>
                        </p>
                        <span>{{ item.intro }}</span>
                        <el-button type="success" style="float: right;"
                          @click="details">下单</el-button>
                     </div>
                  </el-col>
               </el-row>
            </el-col>
         </el-row>
         <!-- 特价套餐 -->
         <div>
            <el-row>
               <el-col :span="4" v-html="'\u00a0'" />
               <el-col :span="16">
                  <h1 class="pattern_2">★ 特价套餐</h1>
                  <el-row :gutter="40">
                     <el-col :span="12" v-for="item in
                          bargainPrice" :key="item">
                        <div class="div_2">
                           <img :src=item.url style="width: 100%;
                                 height: 100%;" />
                           <p class="pattern_1">
                              <a>{{ item.name }}</a>
                              <a style="float: right;">{{ item.price }}
                              </a>
                           </p>
                           <span>{{ item.intro }}</span>
                           <el-button type="success" style="float:
                              right;" @click="details">下单</el-button>
```

```
                    </div>
                </el-col>
            </el-row>
        </el-col>
    </el-row>
    </div>
  </div>
  <!-- 底部组件 -->
  <bottom />
 </div>
</template>
<script setup>
// 引入底部组件
import bottom from './Bottom.vue'
// 引入头部导航栏
import navigation from './Navigation.vue'
import { reactive } from 'vue'
import { useRouter } from 'vue-router'
const userRouter = useRouter()
// 跳转到详情页
const details = () => {
  userRouter.push({
    path: '/details',
  })
}
// 咖啡列表数据
const coffeeList = reactive(
  [
    {
      id: 1,
      url: 'src/assets/pi4.jpg',
      name: '卡布奇诺',
      price: '￥19.9',
      intro: '这是一杯非常美味的卡布奇诺！'
    },
    ...
  ]
)
// 特价套餐数据
const bargainPrice = reactive(
  [
    {
      id: 1,
      url: 'src/assets/s1.jpg',
      name: '特价双人餐',
      price: '￥29.9',
      intro: '这是一个超值的双人套餐！'
    },
    ...
  ]
)
</script>
// 页面样式(此处省略了页面的 CSS 样式代码)
<style scoped>
...
</style>
```

说明：此页面的布局使用的是 Element Plus 的 Layout 布局。

最终页面实现效果如图 10-6 所示。

图 10-6　商品列表页面

## 10.4.3　商品详情页面的实现

商品详情页面的主要功能是展示商品的具体信息。其实现代码如下。

Details.vue：商品详情。

```
<!-- 商品详情 -->
<template>
   <div class="header">
      <!-- 导航栏 -->
      <navigation :info="1" />
   </div>
   <!-- 商品详情 -->
   <div>
      <el-row>
         <el-col :span="4" v-html="'\u00a0'" />
         <el-col :span="11">
            <div class="div_1">
               <img :src=details.img style="width: 100%; height: 100%;" />
               <h3 class="pattern">
                  {{ details.name }}
               </h3>
               <span class="span_1">
                  {{ details.intro }}
               </span>
            </div>
         </el-col>
         <el-col :span="1" v-html="'\u00a0'" />
         <el-col :span="4">
            <div class="popular">
               <h3>热销产品</h3>
               <ul class="popular-in" v-for="itme in product">
                  <li><a><i> </i> {{ itme.name }}</a></li>
               </ul>
```

```
            </div>
            <div class="popular">
                <h3>限时特惠</h3>
                <el-row :gutter="15" v-for="item in preference" :key=
                    "item" style="margin: 20px 0px;">
                    <el-col :span="11">
                        <img :src=item.url style="width: 100%; height: 100%;" />
                    </el-col>
                    <el-col :span="13">
                        <p class="p_1">{{ item.name }}</p>
                        <span class="span_2">{{ item.intro }}</span>
                        <p>
                            <a class="a_1">{{ item.originalPrice }}</a>
                            <a class="a_2">{{ item.price }}</a>
                        </p>
                    </el-col>
                </el-row>
            </div>
        </el-col>
    </el-row>
    <!-- 底部组件 -->
    <bottom />
  </div>
</template>
<script setup>
// 引入底部组件
import bottom from './Bottom.vue'
// 引入头部导航栏
import navigation from './Navigation.vue'
import { reactive } from 'vue'
// 限时特惠数据
const preference = reactive(
    [
        {
            id: 1,
            url: 'src/assets/st2.jpg',
            name: '速溶咖啡',
            originalPrice: '￥20.0',
            price: '￥18.8',
            intro: '这是一杯非常美味的咖啡'
        },
        ...
    ]
)
// 产品列表
const product = reactive(
    [
        {
            id: 1,
            name: '轻度烘焙浓缩咖啡'
        },
        ...
    ]
)
// 咖啡详情
const details = reactive(
    {
        img: 'src/assets/s1.jpg',
```

```
        name: '卡布奇诺',
        intro: "...(商品简介)"
    }
)
</script>
// 页面样式(此处省略了页面的 css 样式代码)
<style scoped>
...
</style>
```

说明：此页面的布局使用的是 Element Plus 的 Layout 布局。

最终页面实现效果如图 10-7 所示。

图 10-7　商品详情页面

## 10.4.4　意见/投诉页面的实现

意见/投诉页面的主要功能是展示网站信息和意见/投诉提交。具体实现代码如下。

Idea.vue：意见/投诉。

```
<!-- 意见/投诉 -->
<template>
```

```
    <div class="header">
        <!-- 导航栏 -->
        <navigation :info="3" />
    </div>
    <div>
        <h1 class="pattern">联系我们</h1>
        <div>
            <el-row>
                <el-col :span="4" v-html="'\u00a0'" />
                <el-col :span="11">
                    <div class="div_1">
                        <span class="span_1">姓名: </span><el-input
                              size="large" style="padding: 10px 0px;" />
                        <span class="span_1">电话: </span><el-input
                              size="large" style="padding: 10px 0px;" />
                        <span class="span_1">邮箱: </span><el-input
                              size="large" style="padding: 10px 0px;" />
                        <span class="span_1">意见: </span><el-input size="large"
                               type="textarea" style="padding: 10px 0px;" />
                        <el-button type="success" style="margin-left: 40%;
                            width: 200px; height: 50px; font-size: 25px;" >
                            提交</el-button>
                    </div>
                </el-col>
                <el-col :span="1" v-html="'\u00a0'" />
                <el-col :span="4">
                    <div style="text-align: left;">
                        <h1 class="pattern_2">网站信息</h1>
                        <h3>感谢您的留言意见，我们将会在 24 小时内给您回复！</h3>
                        <h3>电话：124512454121</h3>
                        <h3>邮箱：1245124@qq.com</h3>
                    </div>
                </el-col>
            </el-row>
        </div>
        <!-- 底部组件 -->
        <bottom />
    </div>
</template>
<script setup>
// 引入底部组件
import bottom from './Bottom.vue'
// 引入头部导航栏
import navigation from './Navigation.vue'
</script>
// 页面样式(此处省略了页面的 CSS 样式代码)
<style scoped>
...
</style>
```

最终页面实现效果如图 10-8 所示。

图 10-8　意见/投诉页面

## 10.4.5　登录页面的实现

登录页面的主要功能是实现用户的登录功能。由于此页面的功能和意见/投诉页面的功能类似，因此这里不再介绍其具体实现代码。

登录页面实现效果如图 10-9 所示。

图 10-9　登录页面

### 10.4.6　注册页面的实现

注册页面的主要功能是实现用户的注册功能。由于此页面的功能和意见/投诉页面的功能类似，因此这里不再介绍其具体实现代码。

注册页面实现效果如图 10-10 所示。

图 10-10　注册页面

## 10.5　本 章 小 结

本章介绍的项目是一个基于 Vue 框架构建的咖啡馆网站系统，其功能基本符合咖啡馆网站系统的要求。本章以咖啡馆网站系统的设计开发为主线，让读者从咖啡馆网站系统的设计、开发流程中真正感受到咖啡馆网站系统是如何策划、设计、开发的。此项目完成了咖啡馆网站系统的核心业务用户的登录注册、商品展示和意见/投诉提交等功能。其中页面布局使用的是 Element Plus 布局，页面之间的跳转使用的是 vue-router。

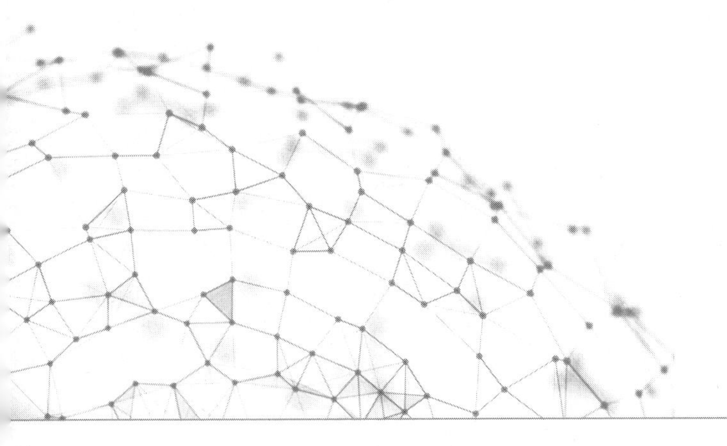

# 第 11 章

# 家庭装修网站系统

【本章概述】

本章将为大家介绍如何使用 Vue 的前端框架开发一个家庭装修网站系统。此系统主要包含五个页面，分别为首页、关于我们页、新闻资讯页、经典案例页和合作与支持页。下面将通过项目环境及框架、系统分析、家庭装修网站系统运行和系统主要功能实现等小节来为大家讲解此项目的实现。

【知识导读】

本章要点(已掌握的在方框中打钩)

☐ 项目环境及框架

☐ 系统分析

☐ 家庭装修网站系统运行

☐ 系统主要功能实现

# 11.1　项目环境及框架

开发一个 Vue 项目，首先需要搭建好 Vue 的运行环境，而想要高效地进行项目开发，那么一个便捷的开发工具是必不可少的，此家庭装修网站系统使用的 Vue 版本为 Vue.js 3.0，开发工具使用的是 Visual Studio Code。

## 11.1.1　系统开发环境要求

开发和运行家庭装修网站系统之前，本地计算机需满足以下条件。

操作系统：Windows 7 以上。

开发工具：Visual Studio Code。

开发框架：Vue.js 3.0。

开发环境：Node16.20.0 以上。

## 11.1.2　软件框架

此家庭装修网站系统是一个前端项目，其所使用的主要技术有 Vue.js、JavaScript、CSS、vue-router 和 Element Plus，这些技术的具体介绍如下。

1. Vue.js

Vue.js 是一套构建用户界面的渐进式框架。与其他重量级框架不同的是，Vue 采用自底向上增量开发的设计。Vue 的核心库只关注视图层，因此非常容易学习，也很容易与其他库或已有项目整合。Vue 完全有能力驱动单文件组件和 Vue 生态系统支持的库开发的复杂单页应用。

2. JavaScript

JavaScript 是一种轻量级的且可以即时编译的编程语言(简称“JS”)。虽然它作为开发 Web 页面的脚本语言而出名，但是也被应用到了很多非浏览器环境中。

3. CSS

CSS 是一种用来表现 HTML 或 XML 等文件样式的计算机语言。CSS 不仅可以静态地修饰网页，还可以配合各种脚本语言动态地对网页各元素进行格式化。CSS 能够对网页中元素位置的排版进行像素级精确控制，它支持几乎所有的字体字号样式，拥有对网页对象和模型样式编辑的能力。

4. vue-router

vue-router 是 Vue.js 下的路由组件，它和 Vue.js 深度集成，适用于构建单页面应用。

5. Element Plus

Element Plus 是一个基于 Vue 3.0、面向开发者和设计师的组件库，使用它可以快速地

搭建一些简单的前端页面。

# 11.2　系统分析

此家庭装修网站系统是一个由 Vue 和 JavaScript 组合开发的系统，其主要功能是企业信息的展示、新闻资讯的展示和经典案例的展示。下面将通过系统功能设计和系统功能结构图，为大家介绍此系统的功能设计。

## 11.2.1　系统功能设计

在当今这个信息时代，计算机技术已经广泛地应用到了各个领域中，它改变了人们的学习方式、工作方式、生活方式，甚至思维方式，也使家庭装修领域产生了很大的变化。通过家庭装修系统可以更加方便地了解客户的需求，减少不必要的沟通成本。

此系统是一个小型的家庭装修网站系统，其前端页面主要有五个，各页面实现的功能具体如下。

(1) 首页：展示企业信息、案例信息、新闻信息和合作企业信息。

(2) 关于我们页：展示企业的详细信息。

(3) 新闻资讯页：展示热点新闻。

(4) 经典案例页：展示企业的经典案例。

(5) 合作与支持页：展示合作企业的信息。

## 11.2.2　系统功能结构图

系统功能结构图就是根据系统不同功能之间的关系绘制的图表，此家庭装修网站系统的功能结构如图 11-1 所示。

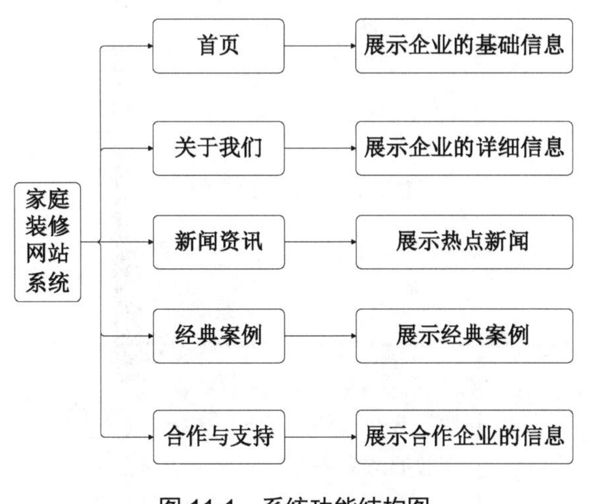


图 11-1　系统功能结构图

# 11.3　家庭装修网站系统运行

在制作家庭装修网站系统之前，大家首先要学会如何在本地运行本系统和查看本系统的文件结构，以加深对本程序功能的理解。

## 11.3.1　系统文件结构

下载图书管理系统源文件 chapter-11\test，然后使用 Visual Studio Code 打开，具体目录结构如图 11-2 所示。

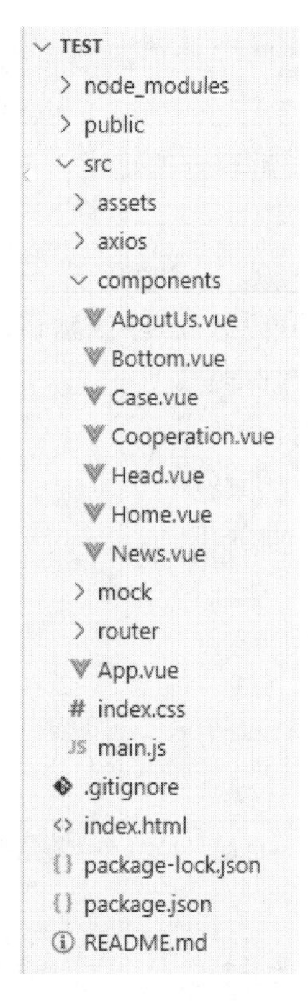


图 11-2　系统目录结构

部分文件说明如表 11-1 所示。

表 11-1　文件目录解析

| 文 件 名 | 说　明 |
| --- | --- |
| node_modules | 通过 npm install 下载安装的项目依赖包 |
| public | 存放静态公共资源(不会被压缩合并) |
| src | 项目开发主要文件夹 |
| assets | 存放静态文件(如图片等) |
| axios | 存放网络请求 |

续表

| 文 件 名 | 说　明 |
|---|---|
| components | 存放 Vue 页面 |
| AboutUs.vue | 关于我们页 |
| Bottom.vue | 底部组件 |
| Case.vue | 经典案例页 |
| Cooperation.vue | 合作与支持页 |
| Head.vue | 头部组件 |
| Home.vue | 首页 |
| News.vue | 新闻资讯页 |
| mock | 存放虚拟数据 |
| router | 存放路由 |
| App.vue | 根组件 |
| main.js | 入口文件 |
| .gitignore | 用来配置不归 git 管理的文件 |
| package.json | 项目配置和包管理文件 |

## 11.3.2　运行系统

在本地运行家庭装修网站系统，具体操作步骤如下。

step 01 使用 Visual Studio Code 打开 chapter-11\test 文件夹，然后在终端中输入指令 npm run dev，运行项目，结果如图 11-3 所示。

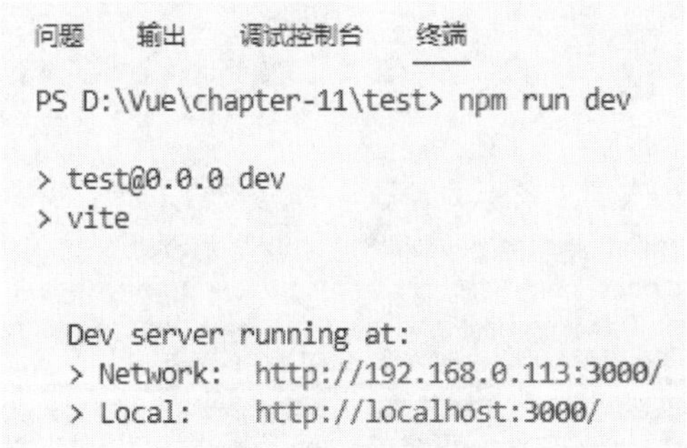

```
问题    输出    调试控制台    终端

PS D:\Vue\chapter-11\test> npm run dev

> test@0.0.0 dev
> vite


  Dev server running at:
  > Network:  http://192.168.0.113:3000/
  > Local:    http://localhost:3000/
```

图 11-3　运行项目

step 02 在浏览器中访问网址 http://localhost:3000/，项目的最终实现效果如图 11-4 所示。

图 11-4　家庭装修网站系统界面

## 11.4　系统主要功能实现

本节将对系统中的各个页面的实现方法进行分析和探讨，包括首页的实现、关于我们页面的实现、新闻资讯页面的实现、经典案例页面的实现和合作与支持页面的实现。下面将带领大家学习如何使用 Vue 完成家庭装修网站系统的开发。

## 11.4.1　首页的实现

首页是家庭装修网站系统的第一个页面，其主要分为三部分，分别为头部导航栏、页面主体和底部组件。具体实现代码如下。

(1) Head.vue：头部导航栏。

```
<!-- 头部组件 -->
<template>
   <div>
      <div>
         <img src="src/assets/head.jpg" style="width: 100%; height: 100%;" />
      </div>
      <div class="div_1">
         <el-row>
            <el-col :span="4" v-html="'\u00a0'" />
            <el-col :span="16">
               <span class="span_1">诚信</span>
               <span class="span_1">专业</span>
               <span class="span_1">负责</span>
               <span class="span_1">创新</span>
               <span style="float: right;">
                  <Location style="width: 1.5em; height: 1.5em; position:
                     absolute; top: 8px; color: white;" />
                  <a style="margin-left: 30px;">123 省 215 市 454 县 42 区</a>
               </span>
            </el-col>
         </el-row>
         <el-row>
            <el-col :span="4" v-html="'\u00a0'" />
            <el-col :span="16">
               <div class="div_2">
                  <!-- 通过父组件传递的 info 的值判断字体样式 -->
                  <span v-if="info == '1'" style="color: #80b7aa; font-
                     weight: 900;" @click="home"><a>首页</a></span>
                  <span v-if="info != '1'" @click="home"><a>首页</a>
                  </span>
                  <span v-if="info == '2'" style="color: #80b7aa;
                     font-weight: 900;"
                     @click="aboutUs"><a>关于我们</a></span>
                  <span v-if="info != '2'" @click="aboutUs"><a>关于我们
                    </a></span>
                  <span v-if="info == '3'" style="color: #80b7aa; font-
                    weight: 900;" @click="news"><a>新闻资讯</a></span>
                  <span v-if="info != '3'" @click="news"><a>新闻资讯</a>
                  </span>
                  <span v-if="info == '4'" style="color: #80b7aa;
                    font-weight: 900;" @click="case1"><a>经典案例</a>
                  </span>
                  <span v-if="info != '4'" @click="case1"><a>经典案例</a>
                    </span>
                  <span v-if="info == '5'" style="color: #80b7aa;
                    font-weight: 900;"
```

```
                    @click="cooperation"><a>合作与支持</a></span>
                  <span v-if="info != '5'" @click="cooperation"><a>
                    合作与支持</a></span>
                </div>
              </el-col>
            </el-row>
        </div>
    </div>
</template>
<script setup>
// 引入路由
import { useRouter } from 'vue-router'
import { ref, defineProps } from 'vue'
// 获取组件传递的值，并根据传递的值设置字体样式
const props = defineProps({
    info: String
})
const info = ref("")
info.value = props.info
const userRouter = useRouter()
// 跳转到首页
const home = () => {
    userRouter.push({
        path: '/',
    })
}
// 跳转到关于我们页面
const aboutUs = () => {
    userRouter.push({
        path: '/aboutUs',
    })
}
// 跳转到新闻资讯页面
const news = () => {
    userRouter.push({
        path: '/news',
    })
}
// 跳转到经典案例页面
const case1 = () => {
    userRouter.push({
        path: '/case',
    })
}
// 跳转到合作与支持页面
const cooperation = () => {
    userRouter.push({
        path: '/cooperation',
    })
}
</script>
// 页面样式(此处省略了页面的CSS样式代码)
<style scoped>
...
</style>
```

说明：通过 props 接收父组件传递的值，并通过父组件传递的值判断字体的样式。

提示

页面之间的跳转通过 vue-router 来实现。

(2) Home.vue：页面主体。

```
<!-- 首页 -->
<template>
    <div>
        <!-- 头部组件 -->
        <Head :info="1" />
        <!-- 图片 -->
        <div class="div_1">
            <img src="src/assets/index1.png" style="width: 100%; height: 100%;" />
        </div>
        <!-- 简介 -->
        <el-row>
            <el-col :span="4" v-html="'\u00a0'" />
            <el-col :span="16">
                <el-card class="box-card">
                    <div style="text-align: left;">
                        <div class="about">
                            <div class="about_left">
                                <p><span>{{ intro.name }}</span>
                                    {{ intro.content1 }}</p>
                                <p>{{ intro.content2 }}</p>
                                <p>{{ intro.content3 }}</p>
                                <p>{{ intro.content4 }}</p>
                            </div>
                            <!-- 视频 -->
                            <div class="about_video">
                                <VideoPlayer width="100%" height="335" :src=
                                    intro.mp4></VideoPlayer>
                            </div>
                        </div>
                    </div>
                </el-card>
            </el-col>
        </el-row>
        <!-- 经典案例展示 -->
        <el-row>
            <el-col :span="4" v-html="'\u00a0'" />
            <el-col :span="16">
                <div class="div_2">
                    <div class="div_2_1">
                        <h1>经典案例</h1>
                    </div>
                    <el-row :gutter="40">
                        <el-col :span="8" v-for="item in case1">
                            <div class="case_position">
                               <img :src=item.img style="width: 100%; height:
                                   100%;" />
                                <div class="caption">
                                    <p class="name">{{ item.name }}</p>
                                    <p class="time">{{ item.intro }}</p>
                                </div>
                            </div>
```

```
                </el-col>
            </el-row>
        </div>
    </el-col>
</el-row>
<!-- 新闻中心展示 -->
<el-row>
    <el-col :span="4" v-html="'\u00a0'" />
    <el-col :span="16">
        <div class="div_2">
            <div class="div_2_1">
                <h1>新闻中心</h1>
            </div>
            <el-row :gutter="40">
                <el-col :span="12" v-for="item in news">
                    <div class="news">
                        <el-row :gutter="10">
                            <el-col :span="6">
                                <div class="news_1">
                                    <img :src=item.img style="width: 100%;
                                        height: 100%;" />
                                </div>
                            </el-col>
                            <el-col :span="18">
                                <div class="media-body">
                                    <p class="time">{{ item.time }}</p>
                                    <p class="name">{{ item.content1 }}</p>
                                    <p class="text">{{ item.content2 }}</p>
                                </div>
                            </el-col>
                        </el-row>
                    </div>
                </el-col>
            </el-row>
        </div>
    </el-col>
</el-row>
<!-- 合作中心展示 -->
<el-row>
    <el-col :span="4" v-html="'\u00a0'" />
    <el-col :span="16">
        <div class="div_2">
            <div class="div_2_1">
                <h1>合作中心</h1>
            </div>
            <el-row :gutter="0">
                <el-col :span="4" v-for="item in cooperation">
                    <div class="cooperation">
                        <img :src=item.img style="width: 100%; height:
                            100%;" />
                    </div>
                </el-col>
            </el-row>
        </div>
    </el-col>
</el-row>
</div>
<!-- 底部组件 -->
<Bottom />
```

```
</template>
<script setup>
// 头部
import Head from './Head.vue'
// 底部
import Bottom from './Bottom.vue'
// 视频播放器
import '../../node_modules/vue3-video-play/dist/style.css'
import VideoPlayer from 'vue3-video-play'
import { reactive } from 'vue'
// 简介信息
const intro = reactive(
    {
        name: '家庭装修工程有限公司',
        content1: '...(此处省略了具体数据)',
        content2: '...',
        content3: '...',
        content4: '...',
        mp4: 'src/assets/1205766603.mp4'
    }
)
// 经典案例数据
const case1 = reactive(
    [
        {
            id: '1',
            img: 'src/assets/index_05.jpg',
            name: '公共 - 银色世纪展厅',
            intro: '2018.10.01 银色世纪展厅海洋产品区'
        },
        ...
    ]
)
// 新闻中心数据
const news = reactive(
    [
        {
            id: '1',
            img: 'src/assets/new2.jpg',
            time: '2019.09.01',
            content1: '关注最新动态，迎接市场挑战，关注最新动态，迎接市场挑战',
            content2: '关注最新动态，迎接市场挑战，关注最新动态，迎接市场挑战，关注最新
                      动态，迎接市场挑战。',
        },
        ...
    ]
)
// 合作中心数据
const cooperation = reactive(
    [
        {
            id: '1',
            img: 'src/assets/cooperation.png'
        },
        ...
    ]
)
</script>
```

```
// 页面样式(此处省略了页面的 CSS 样式代码)
<style scoped>
...
</style>
```

说明：此页面中的视频播放器使用的是 vue3-video-play。vue3-video-play 通过 npm i vue3-video-play 指令安装。

(3) Bottom.vue：底部组件。

```
<!-- 底部组件 -->
<template>
    <div class="footer">
        <el-row>
            <el-col :span="4" v-html="'\u00a0'" />
            <el-col :span="12">
                <div class="footer_left">
                    <div class="link">
                        <a>关于我们</a>
                        <span> | </span>
                        <a> 联系我们</a>
                        <span> | </span>
                        <a>加入我们 </a>
                        <span> | </span>
                        <a>网站地图 </a>
                    </div>
                    <div class="footer_copy">
                        <p>{{ connection.name }}</p>
                        <p>地址：{{ connection.address }}</p>
                        <p>电话：{{ connection.telephone }}</p>
                        <p>传真：{{ connection.fax }}</p>
                        <p>邮箱：{{ connection.mailbox }}</p>
                    </div>
                </div>
            </el-col>
            <el-col :span="4">
                <div class="footer_right">
                    <img src="src/assets/code.png" style="width: 70%; height: 70%;">
                </div>
            </el-col>
        </el-row>
    </div>
</template>
<script setup>
import { reactive } from 'vue'
// 合作客户
const connection = reactive(
    {
        name: '© 2019 家庭装修工程有限公司',
        address: '123 省 215 市 454 县 42 区',
        telephone: '0532-85588 8888',
        fax: '0532-87788 8888',
        mailbox: '1242124@qq.com',
    }
)
</script>
// 页面样式(此处省略了页面的 CSS 样式代码)
<style scoped>
```

```
...
</style>
```

最终页面实现效果如图 11-5 所示。

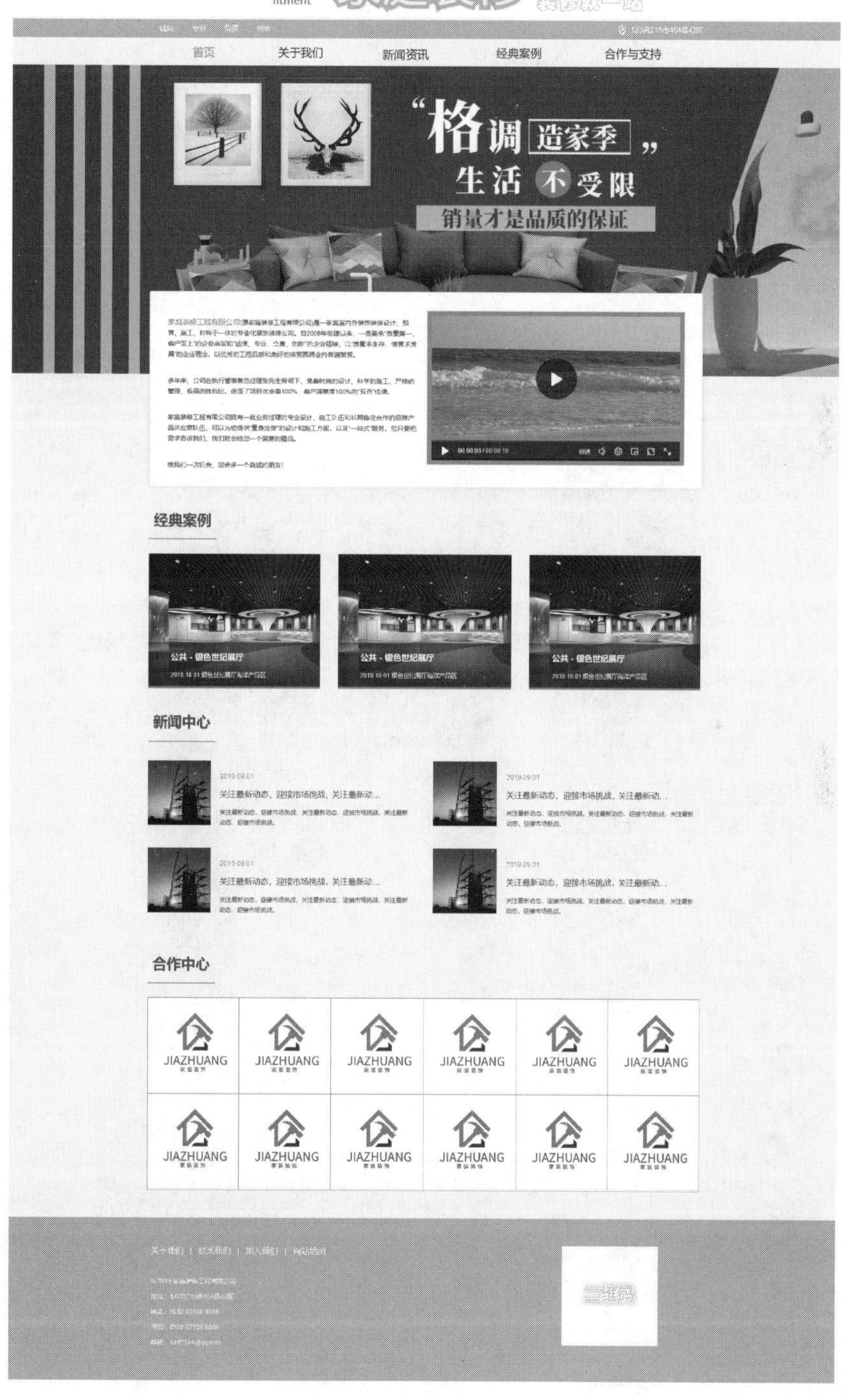


图 11-5　首页

## 11.4.2 关于我们页面的实现

关于我们页面的主要功能是展示企业的详细信息、企业的发展史和企业宗旨等。具体实现代码如下。

AboutUs.vue：关于我们。

```
<!-- 关于我们 -->
<template>
   <div>
      <!-- 头部组件 -->
      <Head :info="2" />
      <div class="div_1">
         <img src="src/assets/aboutUs.png" style="width: 100%; height: 100%;" />
      </div>
      <el-row>
         <el-col :span="4" v-html="'\u00a0'" />
         <el-col :span="16">
            <el-card class="box-card">
               <div style="text-align: left;">
                  <div class="about">
                     <!-- 视频 -->
                     <div class="about_video">
                        <VideoPlayer width="100%" height="335" :src=
                           intro.mp4></VideoPlayer>
                     </div>
                     <div class="about_left">
                        <p class="about_title">关于我们 <span>About us
                           </span></p>
                        <p class="about_content">
                           <span style="color: #41998c;">{{ intro.content1 }}
                              </span>{{ intro.content2 }}
                        </p>
                     </div>
                  </div>
               </div>
            </el-card>
         </el-col>
      </el-row>
      <!-- 内容简介 -->
      <el-row>
         <el-col :span="4" v-html="'\u00a0'" />
         <el-col :span="16">
            <div class="about_content_1">
               <p>{{ message.content1 }}</p>
               <p>{{ message.content2 }}</p>
               <p>{{ message.content3 }}</p>
               <p style="font-size:24px;color:#41998c ; text-align:
                      center;">{{ message.content4 }}</p>
            </div>
         </el-col>
      </el-row>
      <!-- 企业宗旨 -->
      <el-row>
         <el-col :span="4" v-html="'\u00a0'" />
         <el-col :span="16">
            <el-row :gutter="40">
```

```
                <el-col :span="8" v-for="item in aim">
                    <div>
                        <div class="aim_1">{{ item.content1 }}</div>
                        <div class="aim_2">{{ item.content2 }}</div>
                    </div>
                </el-col>
            </el-row>
        </el-col>
    </el-row>
    <!-- 底部组件 -->
    <Bottom />
  </div>
</template>
<script setup>
// 头部
import Head from './Head.vue'
// 底部
import Bottom from './Bottom.vue'
// 视频播放器
import '../../node_modules/vue3-video-play/dist/style.css'
import VideoPlayer from 'vue3-video-play'
import { reactive } from 'vue'
// 公司简介
const intro = reactive(
    {
        mp4: 'src/assets/1205766603.mp4',
        content1: '家庭装修工程有限公司',
        content2: '...(此处省略了具体内容)',
    }
)
// 具体信息
const message = reactive(
    {
        content1: '...(此处省略了具体内容)',
        content2: '...',
        content3: '...',
        content4: '...'
    }
)
// 企业宗旨
const aim = reactive(
    [
        {
            id: '1',
            content1: '企业宗旨 | CORPORATE PURPOSES',
            content2: '质量第一 客户至上'
        }'
        ...
    ]
)
</script>
// 页面样式(此处省略了页面的 CSS 样式代码)
<style scoped>
...
</style>
```

说明：页面的布局方式使用的是 Element Plus 的 Layout 布局。

最终页面实现效果如图 11-6 所示。

图 11-6　关于我们页面

## 11.4.3　新闻资讯页面的实现

新闻资讯页面的主要功能是展示热点新闻。由于此页面的功能和关于我们页面的功能类似，因此这里不再介绍其具体实现代码。

新闻资讯页面实现效果如图 11-7 所示。

图 11-7　新闻资讯页面

## 11.4.4　经典案例页面的实现

经典案例页面的主要功能是展示企业的经典案例。由于此页面的功能和关于我们页面的功能类似，因此这里不再介绍其具体实现代码。

经典案例页面实现效果如图 11-8 所示。

图 11-8 经典案例页面

## 11.4.5 合作与支持页面的实现

合作与支持页面的主要功能是展示合作企业的相关信息。由于此页面的功能和关于我们页面的功能类似，因此这里不再介绍其具体实现代码。

合作与支持页面实现效果如图 11-9 所示。

图 11-9 合作与支持页面

## 11.5 本章小结

本章介绍的项目是一个基于 Vue 框架构建的家庭装修网站系统，其功能基本符合家庭装修网站系统的要求。本章以家庭装修网站系统的设计开发为主线，让读者从家庭装修网站系统的设计、开发流程中真正感受到家庭装修网站系统是如何策划、设计、开发的。此项目完成了家庭装修网站系统的核心业务企业信息展示、新闻资讯展示和经典案例展示等功能。其中页面布局使用的是 Element Plus 布局，页面之间的跳转使用的是 vue-router。

# 第12章 订票系统

【本章概述】

本章将为大家介绍如何使用 Vue 的前端框架开发一个订票系统。此系统主要包含七个页面，分别为在线购票页、城市选择页、车次列表页、在线抢票页、我的订单页、订单详情页和我的信息页。下面将通过项目环境及框架、系统分析、订票系统运行和系统主要功能实现四小节来为大家讲解此项目。

【知识导读】

本章要点(已掌握的在方框中打钩)

□ 项目环境及框架

□ 系统分析

□ 订票系统运行

□ 系统主要功能实现

# 12.1 项目环境及框架

开发一个 Vue 项目，首先需要搭建好 Vue 的运行环境，而要想高效地进行项目开发，那么一个便捷的开发工具是必不可少的，此订票系统使用的 Vue 版本为 Vue.js 3.0，开发工具使用的是 Visual Studio Code。

## 12.1.1 系统开发环境要求

开发和运行订票系统之前，本地计算机需满足以下条件。

操作系统：Windows 7 以上。

开发工具：Visual Studio Code。

开发框架：Vue.js 3.0。

开发环境：Node16.20.0 以上。

## 12.1.2 软件框架

此订票系统是一个前端项目，其所使用的主要技术有 Vue.js、JavaScript、CSS、vue-router 和 Element Plus 等，下面简单介绍一下这些技术。

1. Vue.js

Vue.js 是一套构建用户界面的渐进式框架。与其他重量级框架不同的是，Vue 采用自底向上增量开发的设计。Vue 的核心库只关注视图层，并且非常容易学习，也很容易与其他库或已有项目整合。Vue 完全有能力驱动单文件组件和 Vue 生态系统支持的库开发的复杂单页应用。

2. JavaScript

JavaScript 是一种轻量级的且可以即时编译的编程语言(简称“JS”)。虽然它作为开发 Web 页面的脚本语言而出名，但是却被用到了很多非浏览器环境中。

3. CSS

CSS 是一种用来表现 HTML 或 XML 等文件样式的计算机语言。CSS 不仅可以静态地修饰网页，还可以配合各种脚本语言动态地对网页的各元素进行格式化。CSS 能够对网页中元素位置进行像素级精确控制，它支持几乎所有的字体字号样式，拥有对网页对象和模型样式编辑的能力。

4. vue-router

vue-router 是 Vue.js 下的路由组件，它和 Vue.js 深度集成，适用于构建单页面应用。

5. Element Plus

Element Plus 是一个基于 Vue 3、面向开发者和设计师的组件库，使用它可以快速地搭建一些简单的前端页面。

# 12.2　系 统 分 析

此订票系统是一个由 Vue 和 JavaScript 组合开发的系统，其主要功能是实现用户的在线购票、在线抢票和订单查询。下面将通过系统功能设计和系统功能结构图，为大家分析展示此系统的功能设计。

## 12.2.1　系统功能设计

随着我国经济的高速发展，人们外出旅游和办公的频率越来越高。在这一背景下，客流量不断增大。火车售票的管理对于交通运输的正常运行起着至关重要的作用，而随着信息量的逐步增加，繁杂的数据处理费时费力，单纯以人力进行火车售票已经不适合现状了。

此系统是一个小型的订票系统，其前端页面主要有七个，各页面实现的功能具体如下。

(1) 在线购票页：根据出发地、目的地和时间搜索车次。

(2) 城市选择页：展示城市数据，实现出发地和目的地的选择。

(3) 车次列表页：展示车次信息。

(4) 在线抢票页：展示我的抢票信息。

(5) 我的订单页：展示我的历史订单。

(6) 订单详情页：展示订单的详细信息。

(7) 我的信息页：展示我的个人信息。

## 12.2.2　系统功能结构图

系统功能结构图就是根据系统不同功能之间的关系绘制的图表，此订票系统的功能结构如图 12-1 所示。

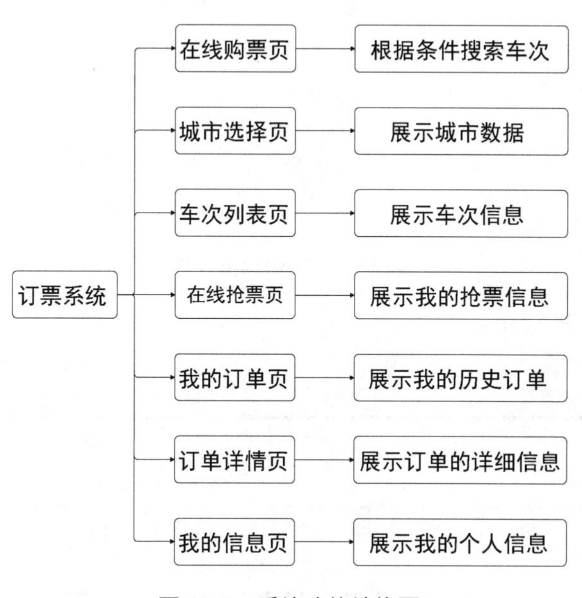


图 12-1　系统功能结构图

# 12.3　订票系统运行

在制作订票系统之前，大家首先要学会如何在本地运行本系统和查看本系统的文件结构，以加深对本程序功能的理解。

## 12.3.1　系统文件结构

下载订票系统源文件 chapter-12\test，然后使用 Visual Studio Code 打开，具体目录结构如图 12-2 所示。

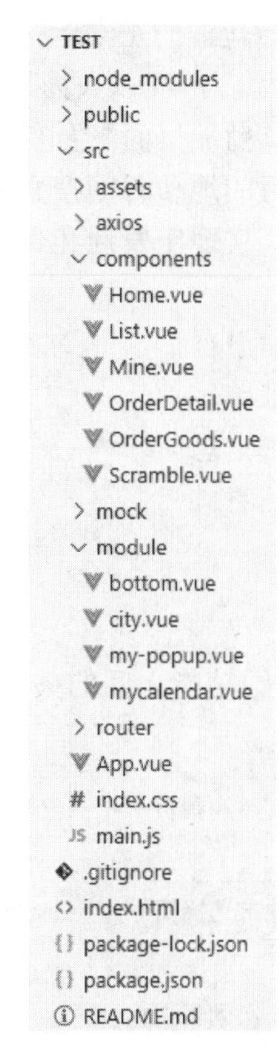


图 12-2　系统目录结构

部分文件说明如表 12-1 所示。

表 12-1　文件目录解析

| 文 件 名 | 说　明 |
| --- | --- |
| node_modules | 通过 npm install 下载安装的项目依赖包 |
| public | 存放静态公共资源(不会被压缩合并) |
| src | 项目开发主要文件夹 |

续表

| 文 件 名 | 说 明 |
|---|---|
| assets | 存放静态文件(如图片等) |
| axios | 存放网络请求 |
| components | 存放 Vue 页面 |
| Home.vue | 在线购票页(首页) |
| List.vue | 车次列表页 |
| Mine.vue | 我的信息页 |
| OrderDetail.vue | 订单详情页 |
| OrderGoods.vue | 我的订单页 |
| Scramble.vue | 在线抢票页 |
| mock | 存放虚拟数据 |
| module | 放置公共组件 |
| bottom.vue | 底部组件 |
| city.vue | 城市选择组件 |
| my-popup.vue | 城市选择背景 |
| mycalendar.vue | 时间选择组件 |
| router | 存放路由 |
| App.vue | 根组件 |
| main.js | 入口文件 |
| .gitignore | 用来配置不归 git 管理的文件 |
| package.json | 项目配置和包管理文件 |

## 12.3.2　运行系统

在本地运行订票系统，具体操作步骤如下。

step 01 使用 Visual Studio Code 打开 chapter-12\test 文件夹，然后在终端中输入指令 npm run dev，运行项目，结果如图 12-3 所示。

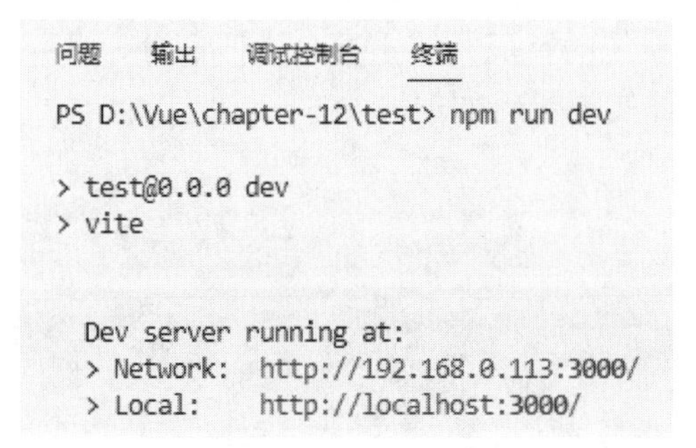


图 12-3　运行项目

step 02 在浏览器中访问 http://localhost:3000/，项目的最终实现效果如图 12-4 所示。

图 12-4 订票系统界面

# 12.4 系统主要功能实现

本节将对系统中的各个页面的实现方法进行分析和探讨，包括在线购票页面的实现、车次列表页面的实现、在线抢票页面的实现、我的订单页面的实现、订单详情页面的实现和我的信息页面的实现。下面将带领大家学习如何使用 Vue 完成订票系统的开发。

## 12.4.1 在线购票页面的实现

在线购票页面是订票系统的首页，其主要分为四部分，分别为页面主体、城市选择、时间选择和底部组件。具体实现代码如下。

(1) Home.vue：页面主体。

```
<!-- 在线购票 -->
<template>
    <div class="div_1">
        <span>在线购票</span>
    </div>
    <!-- 首页轮播图 -->
    <div style="margin-top: 60px;">
        <el-carousel height="150px">
            <el-carousel-item v-for="item in picture" :key="item">
                <img :src=item.img style="width: 100%; height: 100%;" />
```

```
            </el-carousel-item>
        </el-carousel>
    </div>
    <!-- 城市选择 -->
    <div class="locations">
        <div class="set_out" @click="eventShowCityList('go')">
            {{ selectCity.goCity }}</div>
        <div class="interchange" @click="changeCity">
        </div>
        <div class="end_point" @click="eventShowCityList('to')">
            {{ selectCity.toCity }}</div>
    </div>
    <!-- 城市组件 -->
    <my-popup v-if="cityValue">
        <city :fromToType="selectCity.type" @confirm="onConfirm"
            @changeCityName="changeThisCity"></city>
    </my-popup>
    <!-- 时间选择 -->
    <div class="time">
        <span>{{ calendar.calendarDate }}</span>
        <span style="margin-left: 20px;">{{ calendar.calendarDay }}</span>
        <span style="float: right; margin-right: 10px;">
            <ArrowRightBold style="width: 1em; height: 1em; margin-right: 8px" />
        </span>
    </div>
    <!-- 时间组件 -->
    <my-popup v-if="calendar.show">
        <myCalendar @cancelBtn="calendar.show = false">
        </myCalendar>
    </my-popup>
    <!-- 类型选择 -->
    <div class="type">
        <el-checkbox v-model="checked1" label="学生票查询" size="large" />
        <el-checkbox v-model="checked2" label="只看高铁动车" size="large" />
    </div>
    <!-- 搜索按钮 -->
    <div>
        <button class="btn" @click="list">开始搜索</button>
    </div>
    <bottom :info='1' />
</template>
<script setup>
import city from "../module/city.vue";
import myPopup from "../module/my-popup.vue";
import myCalendar from "../module/mycalendar.vue";
import bottom from "../module/bottom.vue";
import { useRouter } from 'vue-router'
import { ref, reactive } from 'vue'
const userRouter = useRouter()
// 跳转到车次列表页面
const list = () => {
    userRouter.push({
        path: '/list',
    })
}
// 轮播图数据
const picture = reactive(
    [
```

```
        {
            id: 1,
            img: 'src/assets/home1.png'
        }, {
            id: 2,
            img: 'src/assets/home2.png'
        }, {
            id: 3,
            img: 'src/assets/home3.png'
        }
    ]
)
// 城市选择
const selectCity = reactive(
    {
        goCity: "北京", //出发城市
        toCity: "杭州", //到达城市
        type: "go"
    }
)
// 控制城市组件打开与关闭
const cityValue = ref(false)
// 打开城市组件
const eventShowCityList = (type) => {
    selectCity.type = type
    cityValue.value = true
}
// 关闭城市组件
const onConfirm = () => {
    cityValue.value = false
}
// 修改出发城市
const changeThisCity = (val1, val2) => {
    if (val2 === "go") {
        selectCity.goCity = val1
    }
    if (val2 === "to") {
        selectCity.toCity = val1
    }
    cityValue.value = false
}
// 将出发地和目的地交换
const changeCity = () => {
    const city = selectCity.goCity
    selectCity.goCity = selectCity.toCity
    selectCity.toCity = city
}
// 时间选择
const calendar = reactive(
    {
        calendarDate: "2018-10-17",
        calendarDay: "周一",
        show: false
    }
)
</script>
// 页面样式(此处省略了页面的 CSS 样式代码)
<style scoped>
```

```
...
</style>
```

(2) city.vue：城市选择。

```
<!-- 城市选择 -->
<template>
    <div>
        <div class="city-btns">
            <span class="title">选择车站</span>
            <span class="vux-enter" @click="$emit('confirm')">取消</span>
        </div>
        <div class="city">
            <!-- 搜索框 -->
            <div class="search-wrapper">
                <el-input class="w-50 m-2" style="width:95%;" placeholder=
                    "中文/拼音/首字母" :prefix-icon="Search" />
            </div>
            <!-- 搜索历史 -->
            <div>
                <div class="tit">
                    <span>历史</span>
                </div>
                <div class="list-other" v-for="city, in citys">
                    <span class="tag-name" @click="$emit('changeCityName',
                        city.searchcitys, fromToType)"> {{
                        city.searchcitys }}
                    </span>
                </div>
            </div>
            <br><br><br>
            <!-- 热门城市 -->
            <div>
                <div class="tit">
                    <span>热门城市</span>
                </div>
                <div class="list-other" v-for="hotcity, in hotcitys">
                    <span class="tag-name" @click="$emit('changeCityName',
                        hotcity, fromToType)"> {{ hotcity }} </span>
                </div>
            </div>
        </div>
    </div>
    <!-- <h1>城市</h1> -->
</template>
<script setup>
import { defineComponent, reactive, ref } from 'vue'
// emits 方法，调用父组件
const emits = defineComponent(['confirm', 'changeCityName'])
// 接收父组件传递的数据
const props = defineProps({ fromToType: String })
const fromToType = ref("")
fromToType.value = props.fromToType
// 搜索历史数据
const hotcitys = reactive(
    ['杭州', '北京', '广州', '上海', '重庆', '天津', '长沙', '成都', '大连',
     '合肥', '南昌', '南京', '沈阳', '深圳', '苏州', '武汉', '厦门', '郑州']
)
```

```
// 热门城市数据
const citys = reactive(
    [
        {
            searchcitys: '杭州'
        },
        {
            searchcitys: '郑州'
        }
    ]
)
</script>
// 页面样式(此处省略了页面的 CSS 样式代码)
<style scoped>
...
</style>
```

说明：通过$emit 实现子组件向父组件的传值。通过 props 接收父组件传递的值。

(3) mycalendar.vue：时间选择。

由于此页面和城市选择页面类似，因此这里不再给出其具体的实现代码。

(4) bottom.vue：底部组件。

```
<!-- 底部组件 -->
<template>
    <div class="menu">
        <div class="div_1" @click="home">
            <el-icon :color="color1" :size="25">
                <HomeFilled />
            </el-icon>
            <span class="span">在线购票</span>
        </div>
        <div class="div_1" @click="scramble">
            <el-icon :color="color3" :size="25">
                <Stopwatch />
            </el-icon>
            <span class="span">在线抢票</span>
        </div>
        <div class="div_1" @click="orderGoods">
            <el-icon :color="color2" :size="25">
                <Menu />
            </el-icon>
            <span class="span">我的订单</span>
        </div>
        <div class="div_1" @click="mine">
            <el-icon :color="color4" :size="25">
                <Avatar />
            </el-icon>
            <span class="span">我的信息</span>
        </div>
    </div>
</template>
<script setup>
import { ref } from 'vue'
import { useRouter } from 'vue-router'
// 接收父组件传递的数据
const props = defineProps({
    info: String
```

```
})
const info = ref("")
const color1 = ref("")
const color2 = ref("")
const color3 = ref("")
const color4 = ref("")
info.value = props.info
if (info.value == '1') {
    color1.value = '#FF6E00'
}
if (info.value == '2') {
    color2.value = '#FF6E00'
}
if (info.value == '3') {
    color3.value = '#FF6E00'
}
if (info.value == '4') {
    color4.value = '#FF6E00'
}
const userRouter = useRouter()
// 跳转到在线购票页面
const home = () => {
    userRouter.push({
        path: '/',
    })
}
// 跳转到我的订单页面
const orderGoods = () => {
    userRouter.push({
        path: '/orderGoods',
    })
}
// 跳转到我的信息页面
const mine = () => {
    userRouter.push({
        path: '/mine',
    })
}
// 跳转到在线抢票页面
const scramble = () => {
    userRouter.push({
        path: '/scramble',
    })
}
</script>
// 页面样式(此处省略了页面的 CSS 样式代码)
<style scoped>
...
</style>
```

说明：通过 vue-router 实现页面之间的跳转，并通过父组件传递的 info 的值判断字体颜色。

最终页面实现效果如图 12-5 所示。

图 12-5　在线购票页面

## 12.4.2　车次列表页面的实现

车次列表页面的主要功能是展示车次信息。由于此项目是一个纯前端项目，因此该页面中所展示的数据均为固定数据。在完整的项目开发中，通常会根据查询条件来判断显示的具体数据。

List.vue：车次列表页面的具体实现代码如下。

```
<!-- 车次列表 -->
<template>
   <div class="div_1">
      <span style="float: left; margin-left: 10px;" @click="home"><el-icon>
            <ArrowLeftBold />
         </el-icon></span>
      <span>杭州-郑州</span>
      <span style="float: right; margin-right: 10px;"><el-icon>
            <MoreFilled />
         </el-icon></span>
   </div>
   <div class="div_2">
      <span style="float: left; margin-left: 10px;">前一天</span>
      <span style="background-color: white; padding: 10px 15px;">7 月 1 日</span>
      <span style="float: right; margin-right: 10px;">后一天</span>
   </div>
   <div class="div_3">
      <el-card class="box-card" v-for="a in lists">
         <div>
            <el-row :gutter="20">
```

```
                <el-col :span="6" style="text-align: left;">
                    <span style="font-size: 20px; font-weight: 700;">
                        {{ a.setOutTime }}</span>
                    <br>
                    <span>{{ a.setOut }}</span>
                    <br><br>
                    <span style="font-size: 13px;">硬座 <span style="color:
                        #FF6E00;">{{ a.num1 }}</span></span>
                </el-col>
                <el-col :span="6">
                    <div style="margin-top: 8px;"></div>
                    <span style="font-size: 10px;">{{ a.time }}</span>
                    <br>
                    <span>
                        <div style="border-top: 1px solid #a8a8a8;"><span
                            style="font-size: 10px;">{{ a.trainNumber
                        }}</span></div>
                    </span>
                    <br>
                    <span style="font-size: 13px;">硬卧 <span style="color:
                        #FF6E00;">{{ a.num2 }}</span></span>
                </el-col>
                <el-col :span="6">
                    <span style="font-size: 20px; font-weight: 700;">
                        {{ a.endPointTime }}</span>
                    <br>
                    <span>{{ a.endPoint }}</span>
                    <br><br>
                    <span style="font-size: 13px;">软卧 <span style="color:
                        #FF6E00;">{{ a.num3 }}</span></span>
                </el-col>
                <el-col :span="6">
                    <span style="font-size: 20px; font-weight: 700;color:
                        #FF6E00;">
                        <span style="font-size: 10px;">￥</span>{{ a.price }}
                            <span style="font-size: 10px;">起</span>
                    </span>
                    <br><br><br>
                    <span>无座 <span>{{ a.num4 }}</span></span>
                </el-col>
            </el-row>
        </div>
    </el-card>
  </div>
</template>
<script setup>
import { reactive } from 'vue'
import { useRouter } from 'vue-router'
const userRouter = useRouter()
// 跳转到在线购票页面
const home = () => {
  userRouter.push({
    path: '/',
  })
}
// 车次数据
const lists = reactive(
  [
    {
```

```
            setOut: '郑州',
            setOutTime: '08:58',
            endPoint: '杭州',
            endPointTime: '12:30',
            time: '2 时 31 分',
            trainNumber: 'K2586',
            price: '92',
            num1: '2 张',
            num2: '抢',
            num3: '抢',
            num4: '有',
        },
        …
    ]
)
</script>
// 页面样式(此处省略了页面的 css 样式代码)
<style scoped>
...
</style>
```

说明：页面布局使用的是 Element Plus 的 Layout 布局。

最终页面实现效果如图 12-6 所示。

图 12-6　车次列表页面

## 12.4.3　在线抢票页面的实现

在线抢票页面的主要功能是展示用户的抢票信息(抢票成功和抢票失败)。

Scramble.vue(在线抢票)页面的具体实现代码如下。

```
<!-- 在线抢票 -->
<template>
   <div class="div_1">
      <span>在线抢票</span>
   </div>
   <div class="div_2">
      <img src="src/assets/qp.png" style="width: 100%; height: 100%;" />
   </div>
   <div class="div_3">
      <el-card class="box-card" v-for="a in scrambles">
         <div style="text-align: left; display: inline; float: left;">
            <span style="font-size: 20px; font-weight: 800;">
               {{ a.setOut }} — {{ a.EndPoint }}</span>
            <br>
            <span style="font-size: 10px;">{{ a.date }}出发</span>
            <br><br>
            <span style="font-size: 10px;" v-if="a.status == '1'">
               您已取消抢票，票款将会在 1-7 个工作日内退回</span>
            <span style="font-size: 10px; color: green;" v-if="a.status
               == '2'">抢票成功，可凭购票证件进站乘车</span>
         </div>
         <div style="display: inline; float: right;">
            <!-- 根据 status 的值判断按钮的样式 -->
            <el-button round v-if="a.status == '1'">查看</el-button>
            <el-button type="primary" round v-if="a.status == '2'">
               查看</el-button>
         </div>
      </el-card>
   </div>
   <!-- 底部组件 -->
   <bottom :info='3' />
</template>
<script setup>
// 引入底部组件
import bottom from "../module/bottom.vue";
import { reactive } from 'vue'
// 抢票数据
const scrambles = reactive(
   [
      {
         id: 1,
         setOut: '郑州',
         EndPoint: '商丘',
         date: '05 月 07 日',
         status: '1',
      },
      …
   ]
)
</script>
// 页面样式(此处省略了页面的 CSS 样式代码)
<style scoped>
...
</style>
```

说明：status 为抢票状态(1 表示抢票成功，2 表示抢票失败)。

最终页面实现效果如图 12-7 所示。

图 12-7　在线抢票页面

## 12.4.4　我的订单页面的实现

我的订单页面的主要功能是展示用户的历史订单信息。订单的状态共有两种，分别为待付款和处理中。

OrderGoods.vue(我的订单)页面的具体实现代码如下。

```
<!-- 我的订单 -->
<template>
    <div class="div_1">
        <span>我的订单</span>
    </div>
    <!-- 订单数据 -->
    <div class="div_2">
        <el-tabs v-model="activeName" class="demo-tabs" @tab-click="handleClick">
            <el-tab-pane label="全部" name="first">
                <div v-for="a in datas">
                    <el-card class="box-card" @click="orderDetail">
                        <div class="div_2_1">
                            <span class="span_1">{{ a.way }}</span>
                            <span class="span_2">{{ a.result }}</span>
                        </div>
```

```
                <div class="div_2_2">
                    <div>
                        <span>{{ a.airRoute }}</span>
                        <span class="span_3">{{ a.price }}</span>
                    </div>
                    <div>{{ a.trainNumber }}</div>
                    <div>出发时间 {{ a.time }}</div>
                </div>
                <div class="div_2_3">
                    <el-button round>删除订单</el-button>
                </div>
            </el-card>
        </div>
    </el-tab-pane>
    <el-tab-pane label="待付款" name="second">
        <div v-for="a in datas">
            <el-card class="box-card" @click="orderDetail" v-if="a.status
                 == '1'">
                <div class="div_2_1">
                    <span class="span_1">{{ a.way }}</span>
                    <span class="span_2">{{ a.result }}</span>
                </div>
                <div class="div_2_2">
                    <div>
                        <span>{{ a.airRoute }}</span>
                        <span class="span_3">{{ a.price }}</span>
                    </div>
                    <div>{{ a.trainNumber }}</div>
                    <div>出发时间 {{ a.time }}</div>
                </div>
                <div class="div_2_3">
                    <el-button round>删除订单</el-button>
                </div>
            </el-card>
        </div>
    </el-tab-pane>
    <el-tab-pane label="处理中" name="third">
        <div v-for="a in datas">
            <el-card class="box-card" @click="orderDetail" v-if=
                 "a.status == '2'">
                <div class="div_2_1">
                    <span class="span_1">{{ a.way }}</span>
                    <span class="span_2">{{ a.result }}</span>
                </div>
                <div class="div_2_2">
                    <div>
                        <span>{{ a.airRoute }}</span>
                        <span class="span_3">{{ a.price }}</span>
                    </div>
                    <div>{{ a.trainNumber }}</div>
                    <div>出发时间 {{ a.time }}</div>
                </div>
                <div class="div_2_3">
                    <el-button round>删除订单</el-button>
                </div>
            </el-card>
        </div>
    </el-tab-pane>
</el-tabs>
```

```
    </div>
    <bottom :info="'2'" />
</template>
<script setup lang="ts">
import bottom from "../module/bottom.vue";
import { ref, reactive } from 'vue'
import { useRouter } from 'vue-router'
import type { TabsPaneContext } from 'element-plus'
// Tabs 标签
const activeName = ref('first')
const handleClick = (tab: TabsPaneContext, event: Event) => {
    console.log(tab, event)
}
const userRouter = useRouter()
// 跳转到在线购票页面
const orderDetail = () => {
    userRouter.push({
        path: '/orderDetail',
    })
}
// 订单数据
const datas = reactive(
    [
        {
            id: 1,
            way: '线上预定',
            result: '处理中',
            airRoute: '杭州-上海',
            price: '￥93',
            trainNumber: '新空快速',
            time: '2017-10-08 19:05',
            status: '2',
        },
        {
            id: 2,
            way: '线上预定',
            result: '待付款',
            airRoute: '杭州-上海',
            price: '￥93',
            trainNumber: '新空快速',
            time: '2017-10-08 19:05',
            status: '1',
        }
    ]
)
</script>
// 页面样式(此处省略了页面的 CSS 样式代码)
<style scoped>
...
</style>
```

说明：status 为抢票状态(1 表示待付款，2 表示处理中)。

最终页面实现效果如图 12-8 所示。

图 12-8　我的订单页面

## 12.4.5　订单详情页面的实现

订单详情页面的主要功能是展示订单的详细信息。由于此页面和车次列表页类似，因此这里不再给出其具体实现代码。

订单详情页面的实现效果如图 12-9 所示。

图 12-9　订单详情页面

### 12.4.6 我的信息页面的实现

我的信息页面的主要功能是展示用户的个人信息。由于此页面和在线订单详情页面类似，因此这里不再给出其具体实现代码。

我的信息页面的实现效果如图 12-10 所示。

图 12-10 我的信息页面

## 12.5 本 章 小 结

本章介绍的项目是一个基于 Vue 框架构建的订票系统，其功能基本符合订票系统的要求。本章以订票系统的设计开发为主线，让读者从订票系统的设计、开发流程中真正感受订票系统是如何策划、设计、开发的。此项目完成了订票系统的核心业务，包括在线购票、在线抢票和订单查询等功能。其中页面布局使用的是 Element Plus 布局，页面之间的跳转使用的是 vue-router。

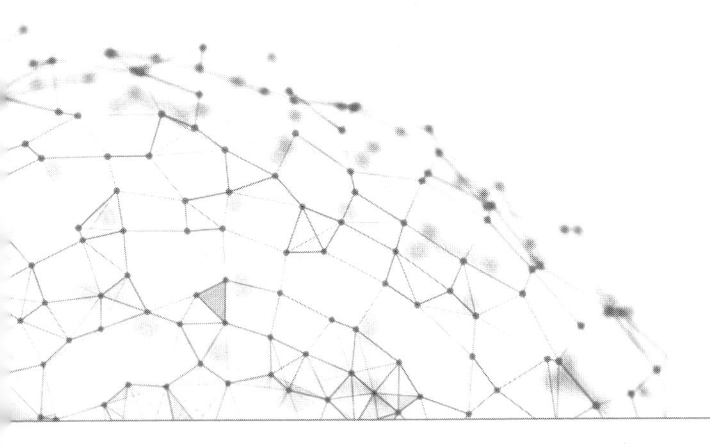

# 第13章

# 财务管理系统

【本章概述】

本章将为大家介绍如何使用 Vue 的前端框架开发一个财务管理系统。此系统主要包含五个页面，分别为登录页、注册页、营收分析页、审批列表页和预算列表页。下面将通过项目环境及框架、系统分析、财务管理系统运行和系统主要功能实现四小节来为大家讲解此项目。

【知识导读】

本章要点(已掌握的在方框中打钩)

- ☐ 项目环境及框架
- ☐ 系统分析
- ☐ 财务管理系统运行
- ☐ 系统主要功能实现

# 13.1　项目环境及框架

开发一个 Vue 项目，首先需要搭建好 Vue 的运行环境，而要想高效地进行项目开发，那么一个便捷的开发工具是必不可少的，此财务管理系统使用的 Vue 版本为 Vue.js 3.0，开发工具使用的是 Visual Studio Code。

## 13.1.1　系统开发环境要求

开发和运行财务管理系统之前，本地计算机需满足以下条件。

操作系统：Windows 7 以上。

开发工具：Visual Studio Code。

开发框架：Vue.js 3.0。

开发环境：Node16.20.0 以上。

## 13.1.2　软件框架

此财务管理系统是一个前端项目，其所使用的主要技术有 Vue.js、JavaScript、CSS、vue-router、Element Plus 和 ECharts，下面简单介绍一下这些技术。

1. Vue.js

Vue.js 是一套构建用户界面的渐进式框架。与其他重量级框架不同的是，Vue 采用自底向上增量开发的设计。Vue 的核心库只关注视图层，并且非常容易学习，也很容易与其他库或已有项目整合。Vue 完全有能力驱动单文件组件和 Vue 生态系统支持的库开发的复杂单页应用。

2. JavaScript

JavaScript 是一种轻量级的且可以即时编译的编程语言(简称“JS”)。虽然它作为开发 Web 页面的脚本语言而出名，但是却被应用到了很多非浏览器环境中。

3. CSS

CSS 是一种用来表现 HTML 或 XML 等文件样式的计算机语言。CSS 不仅可以静态地修饰网页，还可以配合各种脚本语言动态地对网页各元素进行格式化。CSS 能够对网页中元素的位置进行像素级精确控制，它支持几乎所有的字体字号样式，拥有对网页对象和模型样式编辑的能力。

4. vue-router

vue-router 是 Vue.js 下的路由组件，它和 Vue.js 深度集成，适用于构建单页面应用。

5. Element Plus

Element Plus 是基于 Vue 3、面向开发者和设计师的一个组件库，使用它可以快速地搭建一些简单的前端页面。

6. ECharts

ECharts 是由百度团队开源的一套基于 JavaScript 的数据可视化图表库，其提供了折线图、柱状图、饼图、散点图、关系图、旭日图、漏斗图、仪表盘等。

# 13.2　系统分析

此财务管理系统是一个由 Vue 和 JavaScript 组合开发的系统，其主要功能是实现用户的登录、注册、数据展示和数据处理。下面将通过系统功能设计和系统功能结构图，为大家介绍此系统的功能设计。

## 13.2.1　系统功能设计

在日益激烈的市场竞争环境中，企业要想得到更好的发展，除了外部努力之外，企业内部的财务管理也将直接影响企业最根本的经济利益。因此，设计一款优秀的财务管理系统对企业自身的发展是至关重要的。

此系统是一个小型的财务管理系统，其前端页面主要有五个，各页面实现的功能具体如下。

(1) 登录页：实现用户的登录功能。

(2) 注册页：实现用户的注册功能。

(3) 营收分析页：展示企业的营收状况。

(4) 审批列表页：审核用户提交的财务信息。

(5) 预算列表页：展示各部门的预算数据，并进行操作。

## 13.2.2　系统功能结构图

系统功能结构图就是根据系统不同功能之间的关系绘制的图表，此财务管理系统的功能结构图如图 13-1 所示。

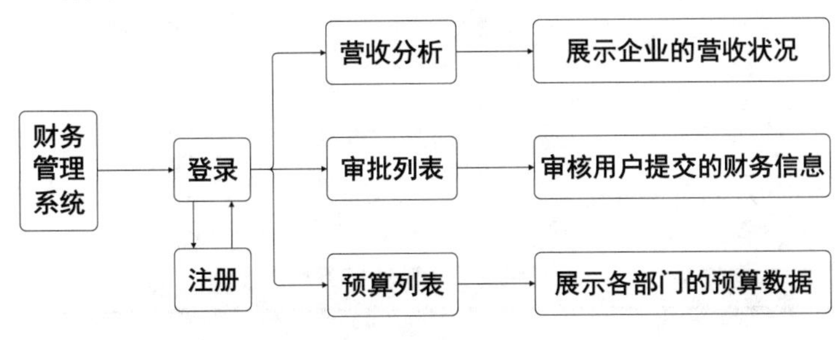


图 13-1　系统功能结构图

# 13.3 财务管理系统运行

在制作财务管理系统之前，大家首先要学会如何在本地运行本系统和查看本系统的文件结构，以加深对本程序功能的理解。

## 13.3.1 系统文件结构

下载财务管理系统源文件 chapter-13\test，然后使用 Visual Studio Code 打开，具体目录结构如图 13-2 所示。

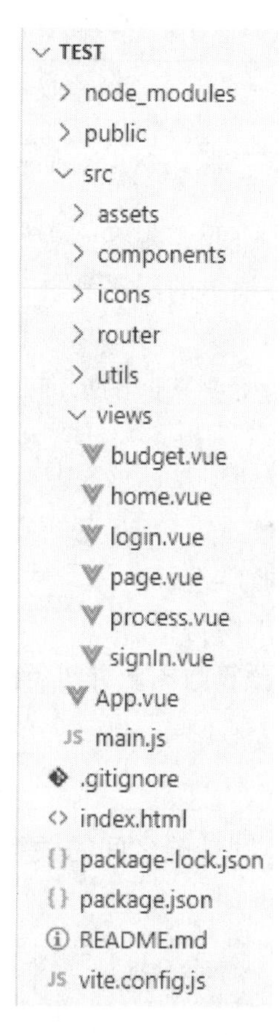


图 13-2 系统目录结构

部分文件说明如表 13-1 所示。

表 13-1 文件目录解析

| 文 件 名 | 说 明 |
| --- | --- |
| node_modules | 通过 npm install 下载安装的项目依赖包 |
| public | 存放静态公共资源(不会被压缩合并) |
| src | 项目开发主要文件夹 |

续表

| 文 件 名 | 说　明 |
| --- | --- |
| assets | 存放静态文件(如图片等) |
| components | 存放 Vue 页面 |
| SvgIcon.vue | 侧边栏组件 |
| icons | 存放图标 |
| router | 路由配置 |
| budget.vue | 预算列表页 |
| home.vue | 项目布局实现 |
| login.vue | 登录页 |
| page.vue | 首页 |
| process.vue | 审批列表 |
| signIn.vue | 注册页 |
| App.vue | 根组件 |
| main.js | 入口文件 |
| .gitignore | 用来配置不归 git 管理的文件 |
| package.json | 项目配置和包管理文件 |

## 13.3.2　运行系统

在本地运行财务管理系统，具体操作步骤如下。

step 01 使用 Visual Studio Code 打开 chapter-13\test 文件夹，然后在终端中输入指令 npm run dev，运行项目，结果如图 13-3 所示。

图 13-3　运行项目

step 02 在浏览器中访问 http://localhost:3000/，项目的最终实现效果如图 13-4 所示。

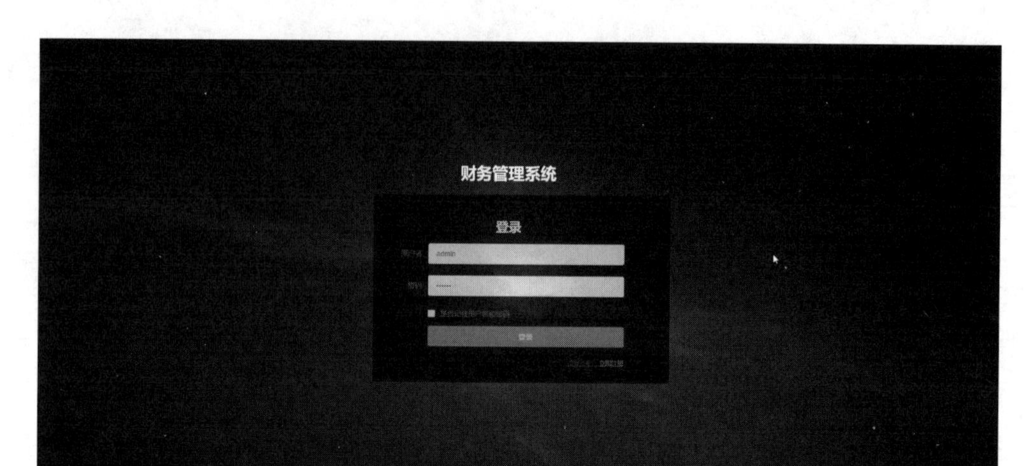


图 13-4　财务管理系统界面

## 13.4　系统主要功能实现

本节将对系统中的各个页面的实现方法进行分析和探讨，包括登录页面的实现、注册页面的实现、营收分析页面的实现、审批列表页面的实现和预算列表页面的实现。下面将带领大家学习如何使用 Vue 完成财务管理系统的开发。

### 13.4.1　登录页面的实现

此页面为系统的登录页，其功能为实现用户的登录。由于此项目是一个纯前端项目，因此此处直接将用户名和密码写成了固定数据，用户名为 admin，密码为 123456。

login.vue：登录页面的具体实现代码如下。

```
<!-- 登录页 -->
<template>
   <div class="login">
      <h1 class="h1">财务管理系统</h1>
      <el-form ref="loginForm" label-width="70px" class="loginForm">
         <h1 class="login_1">登录</h1>
         <el-form-item label="用户名" prop="email">
            <el-input placeholder="请输入用户名" v-model=
                 "loginFormData.username"></el-input>
         </el-form-item>
         <el-form-item label="密码" prop="password">
            <el-input type="password" placeholder="请输入密码"
                 v-model="loginFormData.password"></el-input>
         </el-form-item>
         <div style="float: left;margin-bottom: 15px;margin-left: 70px;">
            <el-checkbox v-model="loginFormData.checked1" label="是否记住
                 用户名和密码" size="large" />
         </div>
         <el-form-item>
```

```
                <el-button type="primary" class="submit-btn" @click=
                    "loginBtn">登录</el-button>
            </el-form-item>
            <!-- 注册 -->
            <div class="tiparea">
                <!-- 跳转到注册页 -->
                <router-link to="/signIn">
                    <p>没有账号？ <a>立即注册</a></p>
                </router-link>
            </div>
        </el-form>
    </div>
</template>
<script lang="ts" setup>
import { reactive } from "vue";
// 引入路由
import { useRouter } from "vue-router";
// element-plus 的消息提示框
import { ElMessage } from "element-plus";
const router = useRouter();
// 用户名和密码
const loginFormData = reactive({
    username: "admin",
    password: "123456",
    checked1: 'true',
})
// 登录方法
const loginBtn = () => {
    if (loginFormData.username == "admin" && loginFormData.password == "123456") {
        ElMessage({
            type: "success",
            message: '登录成功',
        })
        // 登录成功跳转到首页
        router.push("/home");
    } else {
        // 登录失败提示
        ElMessage({
            type: "error",
            message: '登录失败,用户名或密码错误',
        })
    }
}
</script>
// 页面样式(此处省略了页面的 CSS 样式代码)
<style scoped>
...
</style>
```

说明：通过 vue-router 路由实现页面之间的跳转。

**提示**

在完整的项目中，登录功能的逻辑是先验证当前用户是否存在，当用户存在时再验证密码是否正确。

最终页面实现效果如图 13-5 所示。

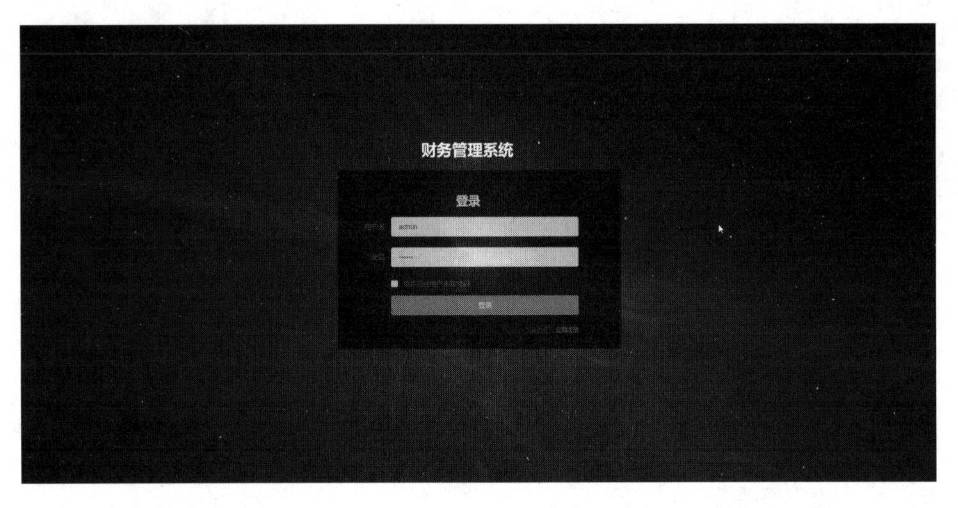


图 13-5　登录页面

## 13.4.2　注册页面的实现

此页面是系统的注册页，其功能是实现用户的注册。

signIn.vue：注册页面的具体实现代码如下。

```
<!-- 注册页 -->
<template>
    <div class="login">
        <h1 class="h1">财务管理系统</h1>
        <el-form ref="loginForm" label-width="70px" class="loginForm">
            <h1 class="login_1">注册</h1>
            <el-form-item label="用户名" prop="email">
                <el-input placeholder="请输入用户名" v-model=
                    "loginFormData.username"></el-input>
            </el-form-item>
            <el-form-item label="密码" prop="password">
                <el-input type="password" placeholder="请输入密码" v-model=
                    "loginFormData.password"></el-input>
            </el-form-item>
            <el-form-item>
                <!-- 跳转到登录页 -->
                <el-button type="primary" class="submit-btn" @click=
                    "loginBtn">注册</el-button>
            </el-form-item>
            <!-- 注册 -->
            <div class="tiparea">
                <!-- 跳转到登录页 -->
                <router-link to="/login">
                    <p>已有账号？ <a>返回登录</a></p>
                </router-link>
            </div>
        </el-form>
    </div>
</template>
<script lang="ts" setup>
import { reactive } from "vue";
```

```
import { useRouter } from "vue-router";
import { ElMessage } from "element-plus";
const loginFormData = reactive({
   username: "",
   password: "",
})
const router = useRouter();
// 注册成功跳转到登录页
const loginBtn = () => {
   if (loginFormData.username.length > 0 && loginFormData.password.length > 0) {
      // 注册成功提示
      ElMessage({
         type: "success",
         message: '注册成功',
      })
      router.push("/login");
   } else {
      ElMessage({
         type: "error",
         message: '用户名和密码不能为空',
      })
   }
}
</script>
// 页面样式(此处省略了页面的 CSS 样式代码)
<style scoped>
...
</style>
```

**提示**

在完整的项目中，注册功能的逻辑为先校验当前用户名是否存在，当用户名不存在时才能注册成功。

最终页面实现效果如图 13-6 所示。

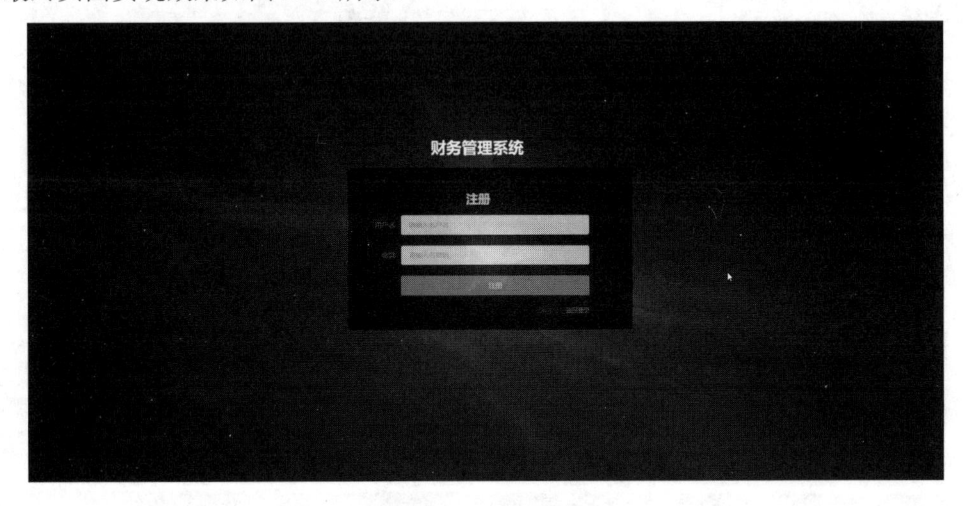


图 13-6　注册页面

### 13.4.3 营收分析页面的实现

营收分析页面的主要功能是展示企业的营收数据，该页面主要由柱状图和表格两部分组成。

page.vue：首页(营收分析页)的具体实现代码如下。

```
<!—营收分析页 -->
<template>
    <h2>营收分析</h2>
    <div>
        <el-row :gutter="10">
            <!-- 柱状图 -->
            <el-col :span="24">
                <el-card shadow="always">
                    <vue-echarts :option="barChart" style="height: 400px;" />
                </el-card>
            </el-col>
            <!-- 表格 -->
            <el-col :span="24">
                <el-card shadow="always">
                    <h3 style="text-align: center;">年度财务营收分析表</h3>
                    <el-table :data="tableData" height="250" style=
                        "width: 100%" border
                        :header-cell-style="{ textAlign: 'center' }" :cell-style="
                            { textAlign: 'center' }">
                        <el-table-column prop="month" label="月份" />
                        <el-table-column prop="lastYear" label="去年营收金额" />
                        <el-table-column prop="thisYear" label="今年营收金额" />
                        <el-table-column prop="rateOfIncrease" label="同比增长率" />
                        <el-table-column prop="netProfit" label="净利润" />
                    </el-table>
                </el-card>
            </el-col>
        </el-row>
    </div>
</template>
<script setup>
import { reactive } from 'vue'
// 引入ECharts
import { VueEcharts } from 'vue3-echarts'
// 表格数据
const tableData = [
    {
        month: '一月',
        lastYear: '30688',
        thisYear: '30888',
        rateOfIncrease: '23.83%',
        netProfit: '7312',
    },
    ...
]
// 柱状图数据
const barChart = reactive(
    {
        title: {
```

```
            text: '今年去年营收状况对比分析'
        },
        legend: {},
        tooltip: {},
        dataset: {
            dimensions: ['product', '2022', '2023'],
            source: [
                { product: '一月', 2022: 50000, 2023: 70000 },
                { product: '二月', 2022: 80000, 2023: 70000 },
                { product: '三月', 2022: 50000, 2023: 70000 },
                { product: '四月', 2022: 90000, 2023: 50000 },
                { product: '五月', 2022: 50000, 2023: 70000 },
                { product: '六月', 2022: 40000, 2023: 40000 },
                { product: '七月', 2022: 50000, 2023: 70000 },
                { product: '八月', 2022: 20000, 2023: 80000 },
                { product: '九月', 2022: 50000, 2023: 10000 },
                { product: '十月', 2022: 20000, 2023: 30000 },
                { product: '十一月', 2022: 40000, 2023: 70000 },
                { product: '十二月', 2022: 60000, 2023: 60000 },
            ]
        },
        xAxis: { type: 'category' },
        yAxis: {},
        series: [{ type: 'bar' }, { type: 'bar' }]
    }
)
</script>
// 页面样式(此处省略了页面的 CSS 样式代码)
<style scoped>
...
</style>
```

说明：此页面中的柱状图使用的是 ECharts。由于此项目是一个纯前端项目，因此统计图中的数据均为固定数据。想要了解更多的 ECharts 知识，可以在 ECharts 官网 https://echarts.apache.org/zh/index.html 中查看。

最终页面实现效果如图 13-7 所示。

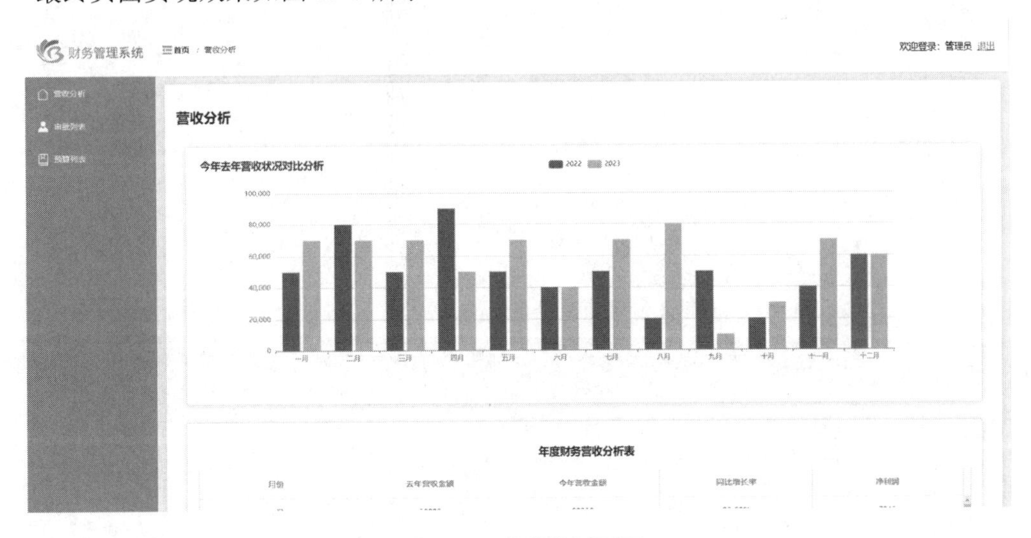


图 13-7　营收分析页面

### 13.4.4 审批列表页面的实现

审批列表页面的主要功能是展示待审核的数据。由于此项目是一个纯前端项目，并未调用审批接口，因此页面中的审批按钮并未进行具体的操作。

process.vue：审批列表页面的具体实现代码如下。

```
<!-- 审批列表 -->
<template>
   <div>
      <h2>审批列表</h2>
      <h5>部门：人力资源部     类别：费用类     日期：2023-06     预测总额：46150.00 元</h5>
      <el-table :data="tableData" border style="width: 100%"
              :header-cell-style="{ textAlign: 'center' }"
         :cell-style="{ textAlign: 'center' }" :span-method="cellMerge">
         <el-table-column prop="serialNumber" label="序号" />
         <el-table-column prop="submitter" label="提交人" />
         <el-table-column prop="subject" label="科目" />
         <el-table-column prop="forecastedAmount" label="预测金额" />
         <el-table-column prop="total" label="总计(元)" />
         <el-table-column prop="status" label="状态" />
         <el-table-column prop="auditor" label="审核人" />
         <el-table-column prop="auditTime" label="审核时间" />
         <el-table-column prop="remark" label="备注" />
         <el-table-column label="操作">
            <a style="color: #409eff; margin-right: 5px;" @click="pass">
               通过</a>
            <a style="color: red;" @click="turnDown">驳回</a>
         </el-table-column>
      </el-table>
      <div style="text-align: center; margin-top: 20px;">
         <el-pagination small background layout="prev, pager,
             next" :total="50" class="mt-4" />
      </div>
   </div>
</template>
<script setup>
import { reactive, ref } from 'vue'
import { ElTable, ElMessage } from 'element-plus'
// 用户数据
const tableData = reactive(
   [
      {
         serialNumber: '1',
         submitter: '张三',
         subject: '市内交通费',
         forecastedAmount: '12000.00',
         total: '12000.00',
         status: '通过',
         auditor: '李四',
         auditTime: '2015-04-13 09:58:45',
         remark: '无'
      },
      ...
```

```
    ]
)
// 通过，此处只是做了一个弹框提示，并未调用真正的接口，在完整的项目开发中此处操作通常会
// 调用修改接口
const pass = () => {
    ElMessage({
        type: 'success',
        message: '审核通过',
    })
}
// 驳回
const turnDown = () =>{
    ElMessage({
        type: 'info',
        message: '审核失败，请重新提交',
    })
}
</script>
// 页面样式(此处省略了页面的 css 样式代码)
<style scoped>
...
</style>
```

说明：此页面中的表格样式为 Element Plus 的 Table 表格样式。

最终页面实现效果如图 13-8 所示。

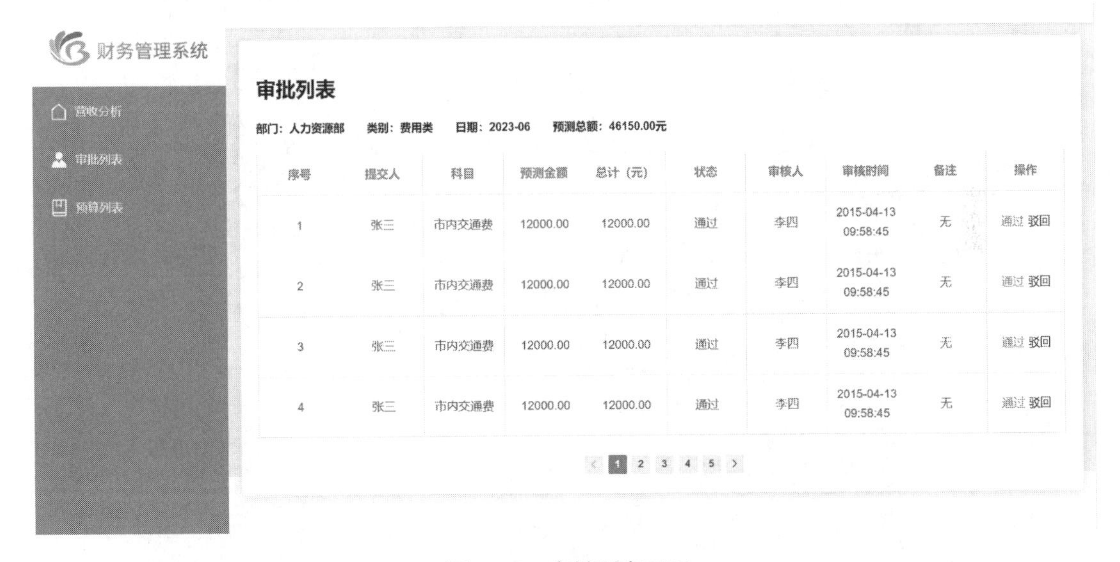


图 13-8　审批列表页面

## 13.4.5　预算列表页面的实现

预算列表页面的主要功能是展示各部门的预算申请数据、搜索各部门的预算申请数据、查看各部门的预算申请数据和操作各部门的预算申请数据。

budget.vue：预算列表页面的具体实现代码如下。

```
<!-- 预算列表 -->
<template>
```

```
<h2>预算列表</h2>
<div style="padding-bottom: 20px;">
   <el-input placeholder="请输入部门" style="width: 15%; padding-right:
      20px; " />
   <el-input placeholder="请输入年度" style="width: 15%; padding-right:
      20px;" />
   <el-button type="primary">搜索</el-button>
</div>
<!-- 预算列表 -->
<el-table :data="tableData" border style="width: 100%" :header-cell-
    style="{ textAlign: 'center' }"
   :cell-style="{ textAlign: 'center' }">
   <el-table-column prop="id" label="序号" />
   <el-table-column prop="section" label="部门" />
   <el-table-column prop="year" label="年度" />
   <el-table-column prop="submitter" label="提交人" />
   <el-table-column prop="income" label="预算收入(元)" />
   <el-table-column prop="cost" label="预算成本(元)" />
   <el-table-column prop="expense" label="预算费用(元)" />
   <el-table-column prop="status" label="状态" />
   <el-table-column label="操作">
      <a style="color: #409eff;" @click="view">查看</a>
      <a style="margin: 0px 5px;">|</a>
      <a style="color: blue;" @click="controls">操作</a>
   </el-table-column>
</el-table>
<!-- 分页 -->
<div style="text-align: center; margin-top: 20px;">
   <el-pagination small background layout="prev, pager,
      next" :total="50" class="mt-4" />
</div>
<!-- 编辑框 -->
<el-dialog v-model="dialogVisible" title="预算详情" width="40%">
   <el-form label-width="85px">
      <el-form-item label="部门">
         <el-input />
      </el-form-item>
      <el-form-item label="年度">
         <el-input />
      </el-form-item>
      <el-form-item label="提交人">
         <el-input />
      </el-form-item>
      <el-form-item label="预算收入(元)">
         <el-input />
      </el-form-item>
      <el-form-item label="预算成本(元)">
         <el-input />
      </el-form-item>
      <el-form-item label="预算费用(元)">
         <el-input />
      </el-form-item>
      <el-form-item label="状态">
         <el-input />
      </el-form-item>
   </el-form>
```

```
        <template #footer>
            <span>
                <el-button @click="dialogVisible = false">取消</el-button>
                <el-button type="primary" @click="dialogVisible = false">
                    确定
                </el-button>
            </span>
        </template>
    </el-dialog>
</template>
<script setup>
import { ref } from 'vue'
import { ElTable, ElMessage } from 'element-plus'
// 查看
const view = () =>{
    dialogVisible.value = true
}
// 编辑框，默认关闭
const dialogVisible = ref(false)
// 操作
const controls = () =>{
    ElMessage({
        type: 'success',
        message: '操作成功',
    })
}
// 书籍列表数据
const tableData = [
    {
        id: '1',
        section: '财务部',
        year: '2023',
        submitter: '张三',
        income: '12056842.00',
        cost: '12056842.00',
        expense: '12056842.00',
        status: '审核通过',
    },
    ...
]
</script>
// 页面样式(此处省略了页面的 CSS 样式代码)
<style scoped>
...
</style>
```

说明：通过 dialogVisible 的值控制编辑框的打开与关闭，dialogVisible 的值为 true 时打开，为 false 时关闭。

最终页面实现效果如图 13-9 所示。

图 13-9　预算列表页面

## 13.5　本 章 小 结

本章介绍的项目是一个基于 Vue 框架构建的财务管理系统，其功能基本符合财务管理系统的要求。本章以财务管理系统的设计开发为主线，让读者从财务管理系统的设计、开发流程中真正感受财务管理系统是如何策划、设计、开发的。此项目完成了财务管理系统的核心业务，包括用户的登录注册、数据展示和数据处理等功能。其中页面布局使用的是 Element Plus 布局，页面之间的跳转使用的是 vue-router。

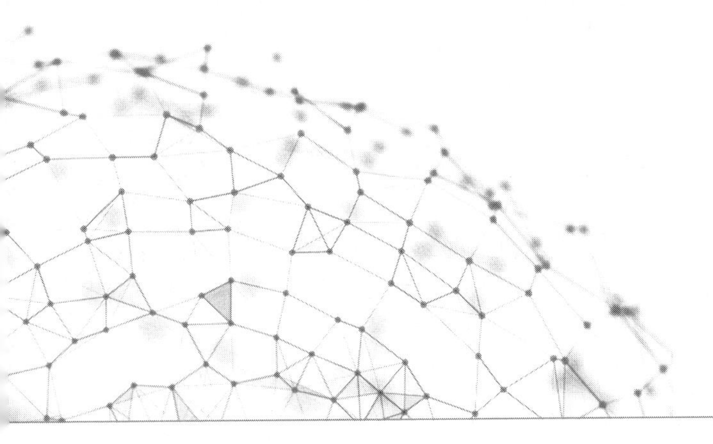

# 第 14 章

# 项目信息化管理系统

【本章概述】

本章将为大家介绍如何使用 Vue 的前端框架开发一个项目信息化管理系统。此系统主要包含六个页面，分别为登录页、注册页、首页、我的项目页、项目跟进页和项目报备页。下面将通过项目环境及框架、系统分析、项目信息化管理系统运行和系统主要功能实现四小节来为大家讲解此项目。

【知识导读】

本章要点(已掌握的在方框中打钩)

- ☐ 项目环境及框架
- ☐ 系统分析
- ☐ 项目信息化管理系统运行
- ☐ 系统主要功能实现

# 14.1　项目环境及框架

开发一个 Vue 项目，首先需要搭建好 Vue 的运行环境，而要想高效地进行项目开发，那么一个便捷的开发工具是必不可少的，此项目信息化管理系统使用的 Vue 版本为 Vue.js 3.0，开发工具使用的是 Visual Studio Code。

## 14.1.1　系统开发环境要求

在开发和运行项目信息化管理系统之前，本地计算机需满足以下条件。

操作系统：Windows 7 以上。

开发工具：Visual Studio Code。

开发框架：Vue.js 3.0。

开发环境：Node16.20.0 以上。

## 14.1.2　软件框架

此项目信息化管理系统是一个前端项目，其所使用的主要技术有 Vue.js、TypeScript、CSS、vue-router、Element Plus 和 ECharts，下面简单介绍一下这些技术。

1. Vue.js

Vue.js 是一套构建用户界面的渐进式框架。与其他重量级框架不同的是，Vue 采用自底向上增量开发的设计。Vue 的核心库只关注视图层，因此非常容易学习，也很容易与其他库或已有项目整合。Vue 完全有能力驱动单文件组件和 Vue 生态系统支持的库开发的复杂单页应用。

2. TypeScript

TypeScript 是由微软公司在 JavaScript 基础上开发的一种脚本语言，可以理解为是 JavaScript 的超集。

3. CSS

CSS 是一种用来表现 HTML 或 XML 等文件样式的计算机语言。CSS 不仅可以静态地修饰网页，还可以配合各种脚本语言动态地对网页中的各元素进行格式化。CSS 也能够对网页中的元素位置进行像素级精确控制，它支持几乎所有的字体字号样式，拥有对网页对象和模型样式编辑的能力。

4. vue-router

vue-router 是 Vue.js 下的路由组件，它和 Vue.js 深度集成，适用于构建单页面应用。

5. Element Plus

Element Plus 是一个基于 Vue 3、面向开发者和设计师的组件库，使用它可以快速地搭建一些简单的前端页面。

6. ECharts

ECharts 是由百度团队开源的一套基于 JavaScript 的数据可视化图表库，其提供了折线图、柱状图、饼图、散点图、关系图、旭日图、漏斗图、仪表盘等。

# 14.2　系统分析

此项目信息化管理系统是一个由 Vue 和 TypeScript 组合开发的系统，其主要功能是实现用户的登录、注册、项目数据展示和项目数据处理。下面将通过系统功能设计和系统功能结构图，为大家介绍此系统的功能设计。

## 14.2.1　系统功能设计

目前社会上的项目信息化管理系统尚处于发展阶段，其水平相对于其他领域还较低，但信息对于企业的发展和管理却有着非常重要的作用，特别是对于项目管理更加重要。因此设计一款优秀的项目信息化管理系统对于企业来说是至关重要的。

此系统是一个小型的项目信息化管理系统，其前端页面主要有六个，各页面实现的功能具体如下。

(1) 登录页：实现用户的登录功能。

(2) 注册页：实现用户的注册功能。

(3) 首页：通过饼图、折线图和柱状图展示项目信息。

(4) 我的项目页：通过漏斗图和表格展示我的项目信息。

(5) 项目跟进页：通过饼图和表格展示项目的跟进信息。

(6) 项目报备页：通过表格展示项目的报备信息。

## 14.2.2　系统功能结构图

系统功能结构图就是根据系统不同功能之间的关系绘制的图表，此项目信息化管理系统的功能结构图如图 14-1 所示。

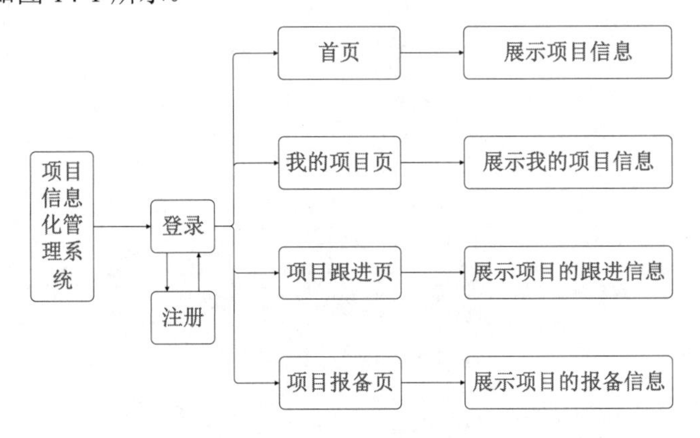


图 14-1　系统功能结构图

# 14.3 项目信息化管理系统运行

在制作项目信息化管理系统之前，大家首先要学会如何在本地运行本系统和查看本系统的文件结构，以加深对本程序功能的理解。

## 14.3.1 系统文件结构

下载项目信息化管理系统源文件 chapter-14\test，然后使用 Visual Studio Code 打开，具体目录结构如图 14-2 所示。

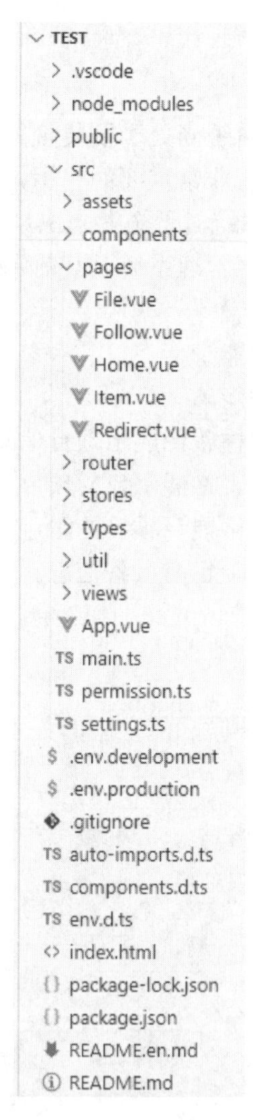


图 14-2 系统目录结构

部分文件说明如表 14-1 所示。

表 14-1　文件目录解析

| 文 件 名 | 说　明 |
|---|---|
| node_modules | 通过 npm install 下载安装的项目依赖包 |
| public | 存放静态公共资源(不会被压缩合并) |
| src | 项目开发主要文件夹 |
| assets | 存放静态文件(如图片等) |
| components | 存放 Vue 页面 |
| File.vue | 项目报备页 |
| Follow.vue | 项目跟进页 |
| Home.vue | 首页 |
| Item.vue | 我的项目页 |
| router | 路由配置 |
| stores | 系统设置 |
| types | 通用参数配置 |
| util | 工具 |
| views | 项目框架 |
| App.vue | 根组件 |
| main.ts | 入口文件 |
| .gitignore | 用来配置不归 git 管理的文件 |
| package.json | 项目配置和包管理文件 |

## 14.3.2　运行系统

在本地运行项目信息化管理系统，具体操作步骤如下。

step 01 使用 Visual Studio Code 打开 chapter-14\test 文件，然后在终端中输入指令 npm run dev，运行项目，结果如图 14-3 所示。

```
PS D:\Vue\chapter-14\test> npm run dev

> test@0.0.0 dev
> vite


  VITE v4.0.2  ready in 685 ms

  ➜  Local:   http://127.0.0.1:5173/
  ➜  Network: use --host to expose
  ➜  press h to show help
```

图 14-3　运行项目

step 02 在浏览器中访问 http://127.0.0.1:5173/，项目的最终实现效果如图 14-4 所示。

图 14-4　项目信息化管理系统界面

## 14.4　系统主要功能实现

本节将对系统中的各个页面的实现方法进行分析和探讨，包括登录页面的实现、注册页面的实现、首页的实现、我的项目页面的实现、项目跟进页面的实现和项目报备页面的实现。下面将带领大家学习如何使用 Vue 完成项目信息化管理系统的开发。

### 14.4.1　登录页面的实现

登录页面的功能是实现用户的登录操作，由于此项目是一个纯前端项目，因此这里并未进行用户名和密码校验，当用户名和密码不为空时即可登录成功。

Login.vue：登录页面的具体实现代码如下。

```
<!-- 登录 -->
<template>
  <div class="login-container w100 h100 f_c_c_c">
    <div class="system-title">{{ title }}</div>
    <el-form
      ref="ruleFormRef"
      :model="form"
      :rules="rules"
      label-width="70px"
      class="ruleForm"
      :size="formSize"
      status-icon
    >
      <el-form-item label="用户名" prop="userName">
        <el-input v-model="form.userName" />
      </el-form-item>
      <el-form-item label="密码" prop="passWord">
        <el-input v-model="form.passWord" />
      </el-form-item>
      <el-form-item>
```

```
        <el-button type="primary" @click="submitForm(ruleFormRef)">
          登录
        </el-button>
        <el-button @click="resetForm(ruleFormRef)">重置</el-button>
        <el-button @click="register">注册</el-button>
      </el-form-item>
    </el-form>
  </div>
</template>
<script lang="ts" setup>
import { ref, reactive } from "vue";
import router from "../router";
import type { FormInstance, FormRules } from "element-plus";
import { setToken, removeToken } from "@/util/auth";
const title = ref(import.meta.env.VITE_APP_TITLE);
const formSize = ref("default");
const ruleFormRef = ref<FormInstance>();
// 用户名/密码
const form = reactive({
  userName: "",
  passWord: "",
});
// 表单验证
const rules = reactive<FormRules>({
  userName: [{ required: true, message: "请输入用户名", trigger: "blur" }],
  passWord: [{ required: true, message: "请输入密码", trigger: "blur" }],
});
// 登录方法
const submitForm = async (formEl: FormInstance | undefined) => {
  if (!formEl) return;
  await formEl.validate((valid, fields) => {
    if (valid) {
      setToken(Math.round(Math.random() * 100) + "");
      router.push("/");
    } else {
      console.log("error submit!", fields);
    }
  });
};
// 重置方法
const resetForm = (formEl: FormInstance | undefined) => {
  if (!formEl) return;
  formEl.resetFields();
  removeToken();
};
// 跳转到注册页
const register = () => {
  setToken(Math.round(Math.random() * 100) + "");
  router.push("/register");
}
</script>
// 页面样式(此处省略了页面的 CSS 样式代码)
<style scoped>
...
</style>
```

说明：通过 Element Plus 的表单验证，实现用户名和密码不能为空的校验。

最终页面实现效果如图 14-5 所示。

图 14-5　登录页面

## 14.4.2　注册页面的实现

此页面的功能是实现用户的注册。由于此页面的实现代码和登录页的类似，因此这里不再给出其具体实现代码。

注册页面实现效果如图 14-6 所示。

图 14-6　注册页面

## 14.4.3　首页的实现

首页的主要功能是展示项目数据，其主要通过饼图、柱状图和折线图三种方式来展示项目数据。

Home.vue：首页的具体实现代码如下。

```
<!-- 首页 -->
<template>
```

```
  <div>
    <el-row :gutter="20">
      <el-col :span="6">
        <el-row>
          <el-col :span="24">
            <el-card shadow="always">
              <div class="div_1">
                <span style="font-weight: 900;">报备项目数量</span>
                <div style="text-align: center;margin-top: 40px; font-size:
                     40px; font-weight: 900;">
                  <span>10</span>
                  <span style="font-size: 15px;">(个)</span>
                </div>
              </div>
            </el-card>
          </el-col>
          <el-col :span="24">
            <el-card shadow="always" style="margin-top: 10px;">
              <!-- 饼图 -->
              <div class="div_1">
                <vue-echarts :option="pieChar" style="height: 220px;" />
              </div>
            </el-card>
          </el-col>
        </el-row>
      </el-col>
      <el-col :span="18">
        <!-- 柱状图 -->
        <el-card shadow="always">
          <vue-echarts :option="barChart" style="height: 400px;" />
        </el-card>
      </el-col>
      <el-col :span="24" style="margin-top: 20px;">
        <!-- 折线图 -->
        <el-card shadow="always">
          <vue-echarts :option="brokenChar" style="height: 370px;" />
        </el-card>
      </el-col>
    </el-row>
  </div>
</template>
<script lang="ts" setup>
import { reactive } from 'vue'
// 引入ECharts
import { VueEcharts } from 'vue3-echarts'
type EChartsOption = /*unresolved*/ any
// 柱状图数据
const barChart: EChartsOption = reactive(
  {
    title: {
      text: '项目地址分布'
    },
    legend: {},
    tooltip: {},
    dataset: {
      dimensions: ['product', '电力', '装饰', '房建', '消防', '绿化', '水力'],
      source: [
       { product: '郑州', 电力: 10, 装饰: 22, 房建: 36, 消防: 21, 绿化: 16, 水力: 29 },
```

```
    { product: '苏州', 电力: 11, 装饰: 22, 房建: 35, 消防: 22, 绿化: 15, 水力: 27 },
    { product: '杭州', 电力: 12, 装饰: 23, 房建: 34, 消防: 23, 绿化: 14, 水力: 26 },
    { product: '北京', 电力: 13, 装饰: 26, 房建: 33, 消防: 24, 绿化: 13, 水力: 25 },
    { product: '上海', 电力: 14, 装饰: 27, 房建: 32, 消防: 25, 绿化: 12, 水力: 24 },
    { product: '深圳', 电力: 15, 装饰: 23, 房建: 31, 消防: 26, 绿化: 11, 水力: 23 },
   ]
  },
  xAxis: { type: 'category' },
  yAxis: {},
  series: [{ type: 'bar' }, { type: 'bar' }, { type: 'bar' },
       { type: 'bar' }, { type: 'bar' }, { type: 'bar' }]
 }
)
// 饼图数据
const pieChar: EChartsOption = reactive(
 {
  title: {
   text: '项目分布'
  },
  tooltip: {
   trigger: 'item'
  },
  legend: {
   top: '5%',
   left: 'center'
  },
  series: [
   {
    name: 'Access From',
    type: 'pie',
    radius: ['40%', '70%'],
    avoidLabelOverlap: false,
    itemStyle: {
     borderRadius: 10,
     borderColor: '#fff',
     borderWidth: 2
    },
    label: {
     show: false,
     position: 'center'
    },
    emphasis: {
     label: {
      show: true,
      fontSize: 40,
      fontWeight: 'bold'
     }
    },
    labelLine: {
     show: false
    },
    data: [
     { value: 580, name: '房建' },
     { value: 484, name: '电力' },
     { value: 300, name: '水力' }
    ]
   }
  ]
```

```
  }
)
// 折线图数据
const brokenChar: EChartsOption = reactive(
  {
    title: {
      text: '新增项目趋势图'
    },
    xAxis: {
      type: 'category',
      data: ['2023年1月', '2023年2月', '2023年3月', '2023年4月',
             '2023年5月', '2023年6月', '2023年7月', '2023年8月',
             '2023年9月', '2023年10月', '2023年11月', '2023年12月']
    },
    yAxis: {
      type: 'value'
    },
    series: [
      {
        data: [150, 230, 224, 218, 135, 147, 260, 200, 218, 135, 147, 260, 200],
        type: 'line'
      }
    ]
  }
)
</script>
// 页面样式(此处省略了页面的 CSS 样式代码)
<style scoped>
...
</style>
```

说明：饼图、柱状图和折线图使用的是 ECharts。由于此项目是一个纯前端项目，因此统计图中的数据均为固定数据。要想了解更多的 ECharts 知识，可以在 ECharts 官网 https://echarts.apache.org/zh/index.html 中查看。

最终页面实现效果如图 14-7 所示。

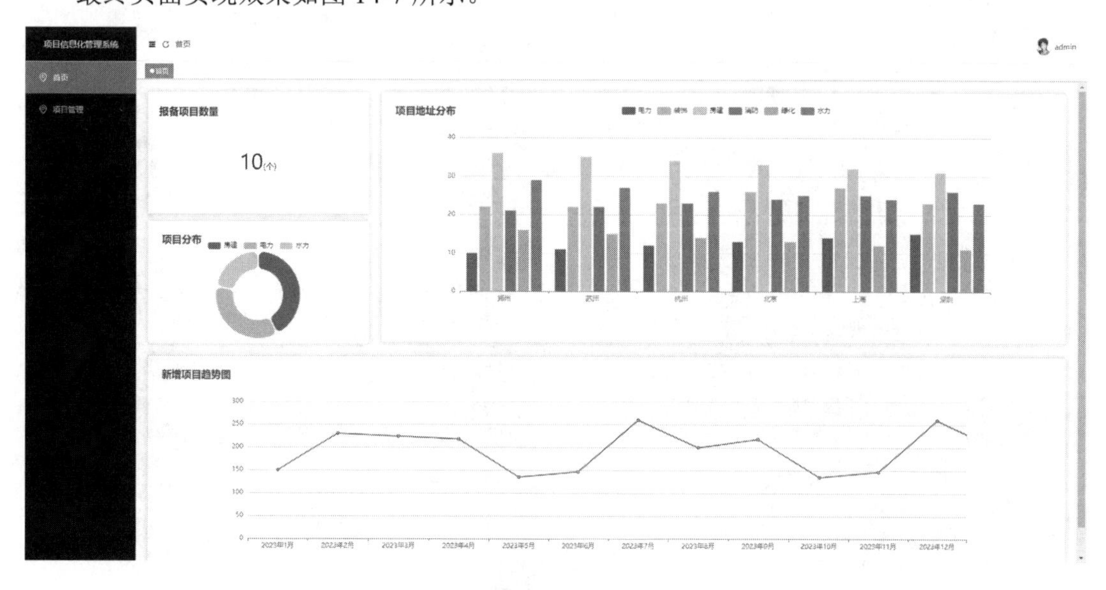


图 14-7　首页

## 14.4.4 我的项目页面的实现

我的项目页面的主要功能是展示我的项目信息，它主要通过漏斗图和表格来展示我的项目信息。

Item.vue：我的项目页面的具体实现代码如下。

```
<!-- 我的项目 -->
<template>
  <div>
    <el-row :gutter="20">
      <el-col :span="12">
        <el-row :gutter="20">
          <el-col :span="12">
            <el-card shadow="always" style="height: 240px;">
              <span style="font-size: 18px; font-weight: 900;">已报备项目</span>
              <div style="text-align: center;margin-top: 40px; font-size:
                  40px; font-weight: 900;">
                <span>10</span>
                <span style="font-size: 15px;">(个)</span>
              </div>
            </el-card>
          </el-col>
          <el-col :span="12">
            <el-card shadow="always" style="height: 240px;">
              <span style="font-size: 18px; font-weight: 900;">已立项项目</span>
              <div style="text-align: center;margin-top: 40px; font-size:
                  40px; font-weight: 900;">
                <span>99</span>
                <span style="font-size: 15px;">(个)</span>
              </div>
            </el-card>
          </el-col>
          <el-col :span="12">
            <el-card shadow="always" style="height: 240px; margin-top: 20px;">
              <span style="font-size: 18px; font-weight: 900;">今日待跟进项目</span>
              <div style="text-align: center;margin-top: 40px; font-size:
                  40px; font-weight: 900;">
                <span>11</span>
                <span style="font-size: 15px;">(个)</span>
              </div>
            </el-card>
          </el-col>
          <el-col :span="12">
            <el-card shadow="always" style="height: 240px; margin-top: 20px;">
              <span style="font-size: 18px; font-weight: 900;">明日待跟进项目</span>
              <div style="text-align: center;margin-top: 40px; font-size:
                  40px; font-weight: 900;">
                <span>15</span>
                <span style="font-size: 15px;">(个)</span>
              </div>
            </el-card>
          </el-col>
        </el-row>
      </el-col>
      <el-col :span="12">
```

```
      <el-card shadow="always" style="height: 500px;">
        <!-- 漏斗图 -->
        <vue-echarts :option="funnel" style="height: 500px;" />
      </el-card>
    </el-col>
    <!-- 今日待跟进项目 -->
    <el-col :span="24" style="margin-top: 20px;">
      <el-card shadow="always">
        <div style="margin-bottom: 20px;">
          <span style="font-weight: 900; font-size: 18px;">今日待跟进项目</span>
        </div>
        <el-table :data="tableData" border style="width: 100%"
          :header-cell-style="{ textAlign: 'center' }"
          :cell-style="{ textAlign: 'center' }">
          <el-table-column prop="projectName" label="项目名称" />
          <el-table-column prop="itemType" label="项目类型" />
          <el-table-column prop="itemNumber" label="项目编号" />
          <el-table-column prop="projectStatus" label="项目状态" />
          <el-table-column prop="projectAddress" label="项目地址" />
          <el-table-column prop="informant" label="报备人" />
          <el-table-column prop="mobilePhoneNumber" label="报备人手机号" />
          <el-table-column prop="subordinateDepartment" label="所属部门" />
          <el-table-column prop="reportingDate" label="报备日期" />
          <el-table-column label="操作">
            <el-button type="primary">查看</el-button>
            <el-button type="success">跟进</el-button>
          </el-table-column>
        </el-table>
        <div style="padding-top: 20px; margin-bottom: 20px; float: right;">
          <el-pagination small background layout="prev, pager, next"
              :total="50" class="mt-4" />
        </div>
      </el-card>
    </el-col>
  </el-row>
 </div>
</template>
<script lang="ts" setup>
import { reactive } from 'vue'
// 引入ECharts
import { VueEcharts } from 'vue3-echarts'
type EChartsOption = /*unresolved*/ any
// 漏斗图数据
const funnel: EChartsOption = reactive(
  {
    title: {
      text: '我的项目转化漏斗图'
    },
    tooltip: {
      trigger: 'item',
      formatter: '{a} <br/>{b} : {c}%'
    },
    toolbox: {
      feature: {
        dataView: { readOnly: false },
        restore: {},
        saveAsImage: {}
```

```
      }
    },
    legend: {
      data: ['Show', 'Click', 'Visit', 'Inquiry', 'Order']
    },
    series: [
      {
        name: 'Funnel',
        type: 'funnel',
        left: '10%',
        top: 60,
        bottom: 60,
        width: '80%',
        min: 0,
        max: 100,
        minSize: '0%',
        maxSize: '100%',
        sort: 'descending',
        gap: 2,
        label: {
          show: true,
          position: 'inside'
        },
        labelLine: {
          length: 10,
          lineStyle: {
            width: 1,
            type: 'solid'
          }
        },
        itemStyle: {
          borderColor: '#fff',
          borderWidth: 1
        },
        emphasis: {
          label: {
            fontSize: 20
          }
        },
        data: [
          { value: 100, name: '已报备' },
          { value: 60, name: '跟进中' },
          { value: 20, name: '已立项' }
        ]
      }
    ]
  }
)
// 表格数据
const tableData = reactive(
  [
    {
      projectName: '电力维修',
      itemType: '维修',
      itemNumber: '123567987',
      projectStatus: '待跟进',
      projectAddress: '河南',
      informant: '张三',
```

```
      mobilePhoneNumber: '12345678901',
      subordinateDepartment: '维修部',
      reportingDate: '2023-07-13 12:03:12',
    }
  ]
)
</script>
// 页面样式(此处省略了页面的 CSS 样式代码)
<style scoped>
...
</style>
```

说明：表格样式使用的是 Element Plus 的 Table 表格样式。

最终页面实现效果如图 14-8 所示。

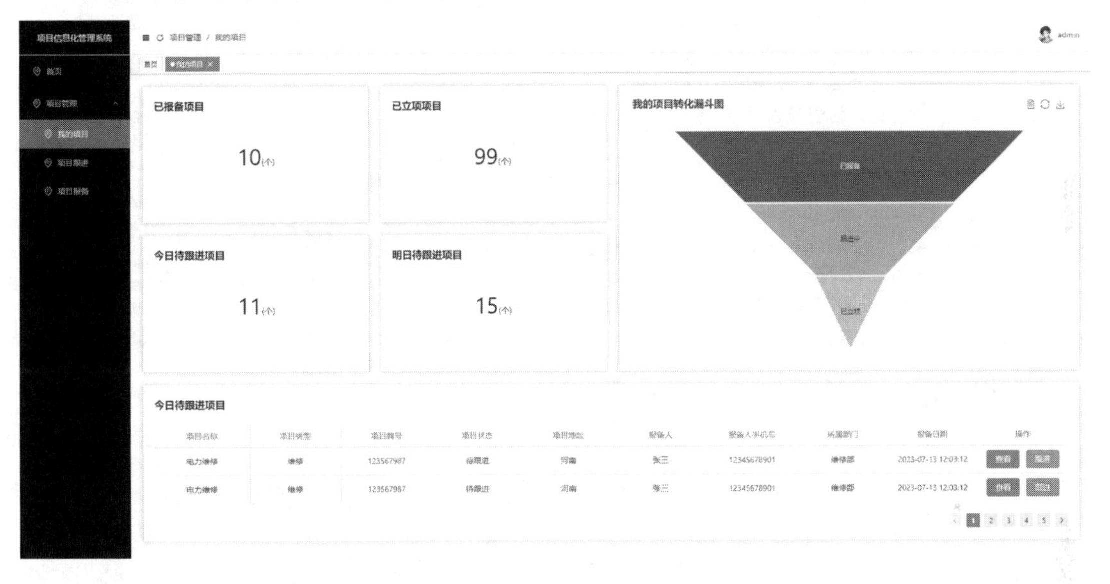


图 14-8　我的项目页面

## 14.4.5　项目跟进页面的实现

项目跟进页面的主要功能是展示项目的跟进信息，其主要通过饼图和表格来展示项目的跟进信息。

Follow.vue：项目跟进页面的具体实现代码如下。

```
<!-- 项目跟进 -->
<template>
  <div>
    <el-row :gutter="20">
      <el-col :span="6">
        <el-card shadow="always" style="height: 240px;">
          <span style="font-size: 18px; font-weight: 900;">明日待跟进项目</span>
          <div style="text-align: center;margin-top: 40px; font-size: 40px;
              font-weight: 900;">
            <span>10</span>
            <span style="font-size: 15px;">(个)</span>
          </div>
        </el-card>
```

```
    </el-col>
    <el-col :span="6">
      <el-card shadow="always" style="height: 240px;">
        <span style="font-size: 18px; font-weight: 900;">今日已跟进项目</span>
        <div style="text-align: center;margin-top: 40px; font-size: 40px;
            font-weight: 900;">
          <span>10</span>
          <span style="font-size: 15px;">(个)</span>
        </div>
      </el-card>
    </el-col>
    <el-col :span="6">
      <el-card shadow="always" style="height: 240px;">
        <!-- 饼图 -->
        <vue-echarts :option="pieChar" style="height: 240px;" />
      </el-card>
    </el-col>
    <el-col :span="6">
      <el-card shadow="always" style="height: 240px;">
        <!-- 饼图 -->
        <vue-echarts :option="pieChar1" style="height: 240px;" />
      </el-card>
    </el-col>
    <el-col :span="24" style="margin-top: 20px;">
      <el-card shadow="always">
        <div style="margin-bottom: 20px;">
          <span style="font-weight: 900; font-size: 18px;">项目跟进记录</span>
        </div>
        <el-table :data="tableData" border style="width: 100%" :header-
             cell-style="{ textAlign: 'center' }"
         :cell-style="{ textAlign: 'center' }">
          <el-table-column prop="projectName" label="项目名称" />
          <el-table-column prop="projectAddress" label="项目地址" />
          <el-table-column prop="followUpPeople" label="跟进人" />
          <el-table-column prop="followUpDate" label="跟进日期" />
          <el-table-column prop="followUpMethod" label="跟进方式" />
          <el-table-column prop="followUpContent" label="跟进内容" />
          <el-table-column prop="remark" label="备注" />
          <el-table-column label="操作">
            <el-button type="primary">查看</el-button>
            <el-button type="success">跟进</el-button>
          </el-table-column>
        </el-table>
        <div style="padding-top: 20px; margin-bottom: 20px; float: right;">
          <el-pagination small background layout="prev, pager,
              next" :total="50" class="mt-4" />
        </div>
      </el-card>
    </el-col>
  </el-row>
 </div>
</template>
<script lang="ts" setup>
import { reactive } from 'vue'
// 引入echarts
import { VueEcharts } from 'vue3-echarts'
type EChartsOption = /*unresolved*/ any
```

```
// 饼图数据
const pieChar: EChartsOption = reactive(
  {
    title: {
      text: '项目跟进方式分布图',
      left: 'center'
    },
    tooltip: {
      trigger: 'item'
    },
    legend: {
      orient: 'vertical',
      left: 'left'
    },
    series: [
      {
        name: 'Access From',
        type: 'pie',
        radius: '50%',
        data: [
          { value: 40, name: '视频会议' },
          { value: 30, name: '电话沟通' },
          { value: 80, name: '私下会议' }
        ],
        emphasis: {
          itemStyle: {
            shadowBlur: 10,
            shadowOffsetX: 0,
            shadowColor: 'rgba(0, 0, 0, 0.5)'
          }
        }
      }
    ]
  }
)
// 饼图数据
const pieChar1: EChartsOption = reactive(
  {
    title: {
      text: '项目跟进频次分布图',
      left: 'center'
    },
    tooltip: {
      trigger: 'item'
    },
    legend: {
      orient: 'vertical',
      left: 'left'
    },
    series: [
      {
        name: 'Access From',
        type: 'pie',
        radius: '50%',
        data: [
          { value: 69, name: '安防' },
          { value: 40, name: '电力' },
          { value: 90, name: '水力' }
```

```
        ],
        emphasis: {
          itemStyle: {
            shadowBlur: 10,
            shadowOffsetX: 0,
            shadowColor: 'rgba(0, 0, 0, 0.5)'
          }
        }
      }
    ]
  }
)
// 表格数据
const tableData = reactive(
  [
    {
      projectName: '水力维修',
      projectAddress: '江苏省',
      followUpPeople: '张三',
      followUpDate: '2023-07-07',
      followUpMethod: '电话沟通',
      followUpContent: '详谈信息',
      remark: '无',
    }
  ]
)
</script>
// 页面样式(此处省略了页面的 css 样式代码)
<style scoped>
...
</style>
```

最终页面实现效果如图 14-9 所示。

图 14-9　项目跟进页面

## 14.4.6　项目报备页面的实现

项目报备页面的功能是展示项目的报备信息。由于此页面的实现代码和项目跟进页面类似，因此这里不再介绍其具体实现代码。

项目报备页面实现效果如图 14-10 所示。

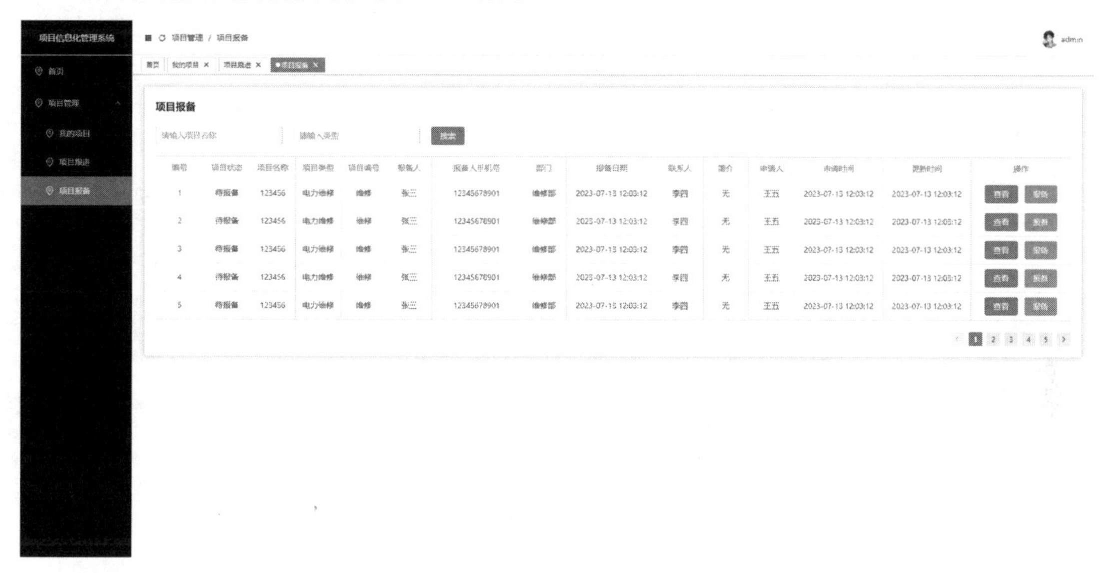


图 14-10　项目报备页面

# 14.5　本 章 小 结

本章介绍的项目是一个基于 Vue 框架构建的项目信息化管理系统，其功能基本符合项目信息化管理系统的要求。本章以项目信息化管理系统的设计开发为主线，让读者从项目信息化管理系统的设计、开发流程中真正感受项目信息化管理系统是如何策划、设计、开发的。此系统完成了项目信息化管理系统的核心业务用户的登录注册、项目数据展示和项目数据处理等功能。其中页面布局使用的是 Element Plus 布局，页面之间的跳转使用的是 vue-router。

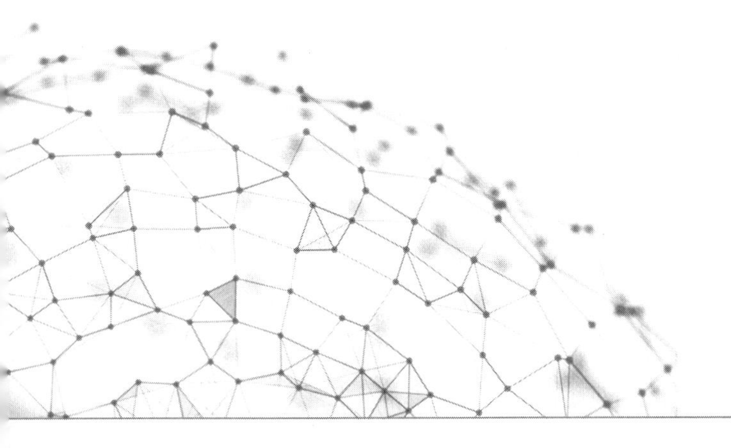

# 第 15 章

# 办公自动化系统

【本章概述】

本章将为大家介绍如何使用 Vue 的前端框架开发一个办公自动化系统。此系统主要包含七个页面，分别为登录页、概况页、员工信息页、招聘岗位页、应聘者信息页、考勤信息页和签到信息页。下面将通过项目环境及框架、系统分析、办公自动化系统运行和系统主要功能实现四小节来为大家讲解此项目。

【知识导读】

本章要点(已掌握的在方框中打钩)

□ 项目环境及框架

□ 系统分析

□ 办公自动化系统运行

□ 系统主要功能实现

# 15.1 项目环境及框架

开发一个 Vue 项目，首先需要搭建好 Vue 的运行环境，而要想高效地进行项目开发，那么一个便捷的开发工具是必不可少的，此办公自动化系统使用的 Vue 版本为 Vue.js 3.0，开发工具使用的是 Visual Studio Code。

## 15.1.1 系统开发环境要求

在开发和运行办公自动化系统之前，本地计算机需满足以下条件。

操作系统：Windows 7 以上。

开发工具：Visual Studio Code。

开发框架：Vue.js 3.0。

开发环境：Node16.20.0 以上。

## 15.1.2 软件框架

此办公自动化系统是一个前端项目，其所使用的主要技术有 Vue.js、TypeScript、CSS、vue-router、Element Plus 和 ECharts，下面简单介绍一下这些技术。

1. Vue.js

Vue.js 是一套构建用户界面的渐进式框架。与其他重量级框架不同的是，Vue 采用自底向上增量开发的设计。Vue 的核心库只关注视图层，因此非常容易学习，也很容易与其他库或已有项目整合。Vue 完全有能力驱动单文件组件和 Vue 生态系统支持的库开发的复杂单页应用。

2. TypeScript

TypeScript 是由微软公司在 JavaScript 基础上开发的一种脚本语言，可以把 TypeScript 理解为 JavaScript 的超集。

3. CSS

CSS 是一种用来表现 HTML 或 XML 等文件样式的计算机语言。CSS 不仅可以静态地修饰网页，还可以配合各种脚本语言动态地对网页中的各元素进行格式化。CSS 能够对网页中元素的位置进行像素级精确控制，它支持几乎所有的字体字号样式，拥有对网页对象和模型样式编辑的能力。

4. vue-router

vue-router 是 Vue.js 下的路由组件，它和 Vue.js 深度集成，适用于构建单页面应用。

5. Element Plus

Element Plus 是一个基于 Vue 3、面向开发者和设计师的组件库，使用它可以快速地搭建一些简单的前端页面。

6. ECharts

ECharts 是由百度团队开源的一套基于 JavaScript 的数据可视化图表库，其提供了折线图、柱状图、饼图、散点图、关系图、旭日图、漏斗图、仪表盘等。

# 15.2　系统分析

此办公自动化系统是一个由 Vue 和 TypeScript 组合开发的系统，其主要功能是实现用户的登录、员工管理、招聘管理和考勤管理。下面将通过系统功能设计和系统功能结构图，为大家介绍此系统的功能设计。

## 15.2.1　系统功能设计

随着网络的快速发展，目前办公自动化系统已成为提高工作效率、加强管理的有效工具。办公自动化系统可以迅捷、全方位地收集信息，并及时处理信息，同时为企业决策提供有效依据。

此系统是一个小型办公自动化系统，其前端页面主要有七个，各页面实现的功能具体如下。

(1) 登录页：实现用户的登录功能。

(2) 概况页：通过表格和统计图展示员工的数据。

(3) 员工信息页：展示和编辑员工信息。

(4) 招聘岗位页：展示和编辑企业所发布的招聘信息。

(5) 应聘者信息页：展示和编辑应聘者的详细信息。

(6) 考勤信息页：展示员工的考勤信息。

(7) 签到信息页：展示员工的签到信息。

## 15.2.2　系统功能结构图

系统功能结构图就是根据系统不同功能之间的关系绘制的图表，此办公自动化系统的功能结构图如图 15-1 所示。

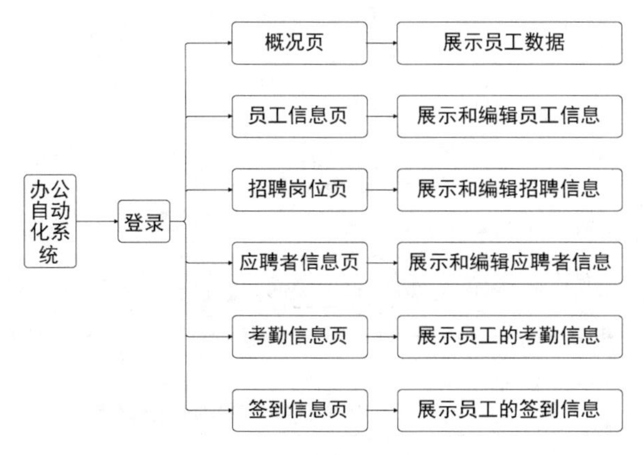


图 15-1　系统功能结构图

# 15.3　办公自动化系统运行

在制作办公自动化系统之前，大家首先要学会如何在本地运行本系统和查看本系统的文件结构，以加深对本程序功能的理解。

## 15.3.1　系统文件结构

下载办公自动化系统源文件 chapter-15\test，然后使用 Visual Studio Code 打开，具体目录结构如图 15-2 所示。

图 15-2　系统目录结构

部分文件说明如表 15-1 所示。

表 15-1　文件目录解析

| 文 件 名 | 说　明 |
|---|---|
| node_modules | 通过 npm install 下载安装的项目依赖包 |
| public | 存放静态公共资源(不会被压缩合并) |

续表

| 文件名 | 说明 |
|---|---|
| src | 项目开发主要文件夹 |
| assets | 存放静态文件(如图片等) |
| layout | 项目框架 |
| router | 路由配置 |
| store | 侧边栏数据 |
| utils | 工具 |
| Apply.vue | 招聘者信息页 |
| Clocking.vue | 考勤信息页 |
| General.vue | 概况页 |
| Home.vue | 员工信息页 |
| Recruit.vue | 招聘岗位页 |
| Sign.vue | 签到信息页 |
| App.vue | 根组件 |
| main.ts | 入口文件 |
| .gitignore | 用来配置不归 git 管理的文件 |
| package.json | 项目配置和包管理文件 |
| tsconfig.json | 编译选项 |

## 15.3.2　运行系统

在本地运行办公自动化系统，具体操作步骤如下。

step 01 使用 Visual Studio Code 打开 chapter-15\test 文件，然后在终端中输入指令 npm run dev，运行项目，结果如图 15-3 所示。

图 15-3　运行项目

step 02 在浏览器中访问 http://localhost:4000/，项目的最终实现效果如图 15-4 所示。

图 15-4　办公自动化系统界面

# 15.4　系统主要功能实现

本节将对系统中的各个页面的实现方法进行分析和探讨，包括登录页面的实现、概况页面的实现、员工信息页面的实现、招聘岗位页面的实现、应聘者信息页面的实现、考勤信息页面的实现和签到信息页面的实现。下面将带领大家学习如何使用 Vue 完成办公自动化系统的开发。

## 15.4.1　登录页面的实现

登录页面的功能是实现用户的登录。由于此项目是一个纯前端项目，因此这里并没有进行用户名和密码校验，当用户名和密码不为空时即可登录成功。

Login.vue：登录页面的具体实现代码如下。

```
<!-- 登录页 -->
<template>
  <div class="div_1">
    <div class="div_2">
      <h1 style="margin-bottom: 20px; text-align: center;">办公自动化系统</h1>
      <el-form ref="formName" :model="ruleForm" status-icon :rules="rules"
          label-width="40px" class="demo-ruleForm">
        <el-form-item label="账号" prop="account">
          <el-input v-model="ruleForm.account" placeholder="请输入账号"
              autocomplete="off"></el-input>
        </el-form-item>
        <el-form-item label="密码" prop="pass">
          <el-input placeholder="请输入密码" type="passWord" v-model=
              "ruleForm.pass"></el-input>
        </el-form-item>
        <el-form-item>
          <el-button type="primary" @click="submitForm()">登录</el-button>
```

```
        <el-button @click="resetForm()">重置</el-button>
      </el-form-item>
    </el-form>
  </div>
 </div>
</template>
<script setup lang="ts">
import { reactive, ref } from 'vue';
// 引入路由
import { useRouter } from 'vue-router';
// 账号非空验证
const validatePass = (rule, value, callback) => {
 if (value === '') {
   return callback(new Error('请输入账号'));
 }
};
// 密码非空验证
const checkpass = (rule, value, callback) => {
 if (!value) {
   return callback(new Error('请输入密码'));
 }
};
// 账号/密码
const ruleForm = reactive({
 account: '',
 pass: '',
});
// 表单验证
const rules = reactive({
 account: [{ validator: validatePass, trigger: 'blur' }],
 pass: [{ validator: checkpass, trigger: 'blur' }],
});
const formName = ref(null);
const router = useRouter();
// 登录方法
const submitForm = () => {
 formName.value.validate();
 if (ruleForm.account && ruleForm.pass) {
   localStorage.setItem('pass', ruleForm.pass);
   router.push('/');
 }
};
// 重置方法
const resetForm = () => {
 formName.value.resetFields();
};
</script>
// 页面样式(此处省略了页面的 CSS 样式代码)
<style scoped>
...
</style>
```

说明：通过 vue-router 实现页面的跳转。

最终页面实现效果如图 15-5 所示。

图 15-5　登录页面

## 15.4.2　概况页面的实现

概况页面主要通过表格、饼图和柱状图来展示用户数据，通过表格展示最近生日人员、合同到期人员和试用到期人员名单，通过饼图展示在职员工的性别比例，通过柱状图展示在职员工的学历分布。

General.vue：概况页面的具体实现代码如下。

```
<!-- 概况 -->
<template>
  <div>
    <el-row :gutter="20">
      <!-- 最近生日 -->
      <el-col :span="8">
        <el-card class="box-card">
          <div class="div_1">
            <div class="div_2">
              <span>最近生日人员</span>
            </div>
            <div class="div_2_1">
              <div class="div_3" v-for="a in stst">
                <div class="div_3_1">
                  <img class="img1" :src="a.img" />
                </div>
                <div style="display: inline-block; width: 90%;">
                  <span style="float: left;">{{ a.name }}</span>
                  <span style="float: right;">{{ a.date }}</span>
                </div>
              </div>
            </div>
          </div>
        </el-card>
      </el-col>
      <!-- 合同到期 -->
      <el-col :span="8">
        <el-card class="box-card">
```

```
        <div class="div_1">
          <div class="div_2">
            <span>合同到期人员</span>
          </div>
          <div class="div_2_1">
            <div class="div_3" v-for="a in stst">
              <div class="div_3_1">
                <img class="img1" :src="a.img" />
              </div>
              <div style="display: inline-block; width: 90%;">
                <span style="float: left;">{{ a.name }}</span>
                <span style="float: right;">{{ a.date }}</span>
              </div>
            </div>
          </div>
        </div>
      </el-card>
    </el-col>
    <!-- 试用到期人员 -->
    <el-col :span="8">
      <el-card class="box-card">
        <div class="div_1">
          <div class="div_2">
            <span>试用到期人员</span>
          </div>
          <div class="div_2_1">
            <div class="div_3" v-for="a in stst">
              <div class="div_3_1">
                <img class="img1" :src="a.img" />
              </div>
              <div style="display: inline-block; width: 90%;">
                <span style="float: left;">{{ a.name }}</span>
                <span style="float: right;">{{ a.date }}</span>
              </div>
            </div>
          </div>
        </div>
      </el-card>
    </el-col>
    <el-col :span="10">
      <el-card shadow="always" style="margin-top: 20px;">
        <!-- 饼图 -->
        <div>
          <vue-echarts :option="pieChar" style="height: 350px;" />
        </div>
      </el-card>
    </el-col>
    <el-col :span="14">
      <el-card shadow="always" style="margin-top: 20px;">
        <!-- 柱状图 -->
        <div>
          <vue-echarts :option="columnChar" style="height: 350px;" />
        </div>
      </el-card>
    </el-col>
  </el-row>
 </div>
</template>
<script lang="ts" setup>
```

```
import { reactive } from 'vue'
// 引入 ECharts
import { VueEcharts } from 'vue3-echarts'
type EChartsOption = /*unresolved*/ any
// 饼图数据
const pieChar: EChartsOption = reactive(
  {
    title: {
      text: '在职员工性别比例'
    },
    tooltip: {
      trigger: 'item'
    },
    legend: {
      top: '5%',
      left: 'center'
    },
    series: [
      {
        name: 'Access From',
        type: 'pie',
        radius: ['40%', '70%'],
        avoidLabelOverlap: false,
        itemStyle: {
          borderRadius: 10,
          borderColor: '#fff',
          borderWidth: 2
        },
        label: {
          show: false,
          position: 'center'
        },
        emphasis: {
          label: {
            show: true,
            fontSize: 40,
            fontWeight: 'bold'
          }
        },
        labelLine: {
          show: false
        },
        data: [
          { value: 580, name: '男性' },
          { value: 346, name: '女性' },
          { value: 300, name: '未知' }
        ]
      }
    ]
  }
)
// 柱状图数据
const columnChar: EChartsOption = reactive(
  {
    title: {
      text: '在职员工学历分布'
    },
    xAxis: {
      type: 'category',
```

```
      data: ['大专', '本科', '研究生', '博士', '未知']
    },
    yAxis: {
      type: 'value'
    },
    series: [
      {
        data: [120, 200, 150, 80, 70],
        type: 'bar'
      }
    ]
  }
)
// 表格数据
const stst = reactive(
  [
    {
      id: 1,
      img: 'src/assets/tx.jpg',
      name: '张三',
      date: '07-09',
    },
  ]
)
</script>
// 页面样式(此处省略了页面的 CSS 样式代码)
<style scoped>
...
</style>
```

说明：饼图和柱状图使用的是 ECharts，由于此项目是一个纯前端项目，因此统计图中的数据均为固定数据。想要了解更多的 ECharts 知识，可以在 ECharts 官网 https://echarts.apache.org/zh/index.html 中查看。

最终页面实现效果如图 15-6 所示。

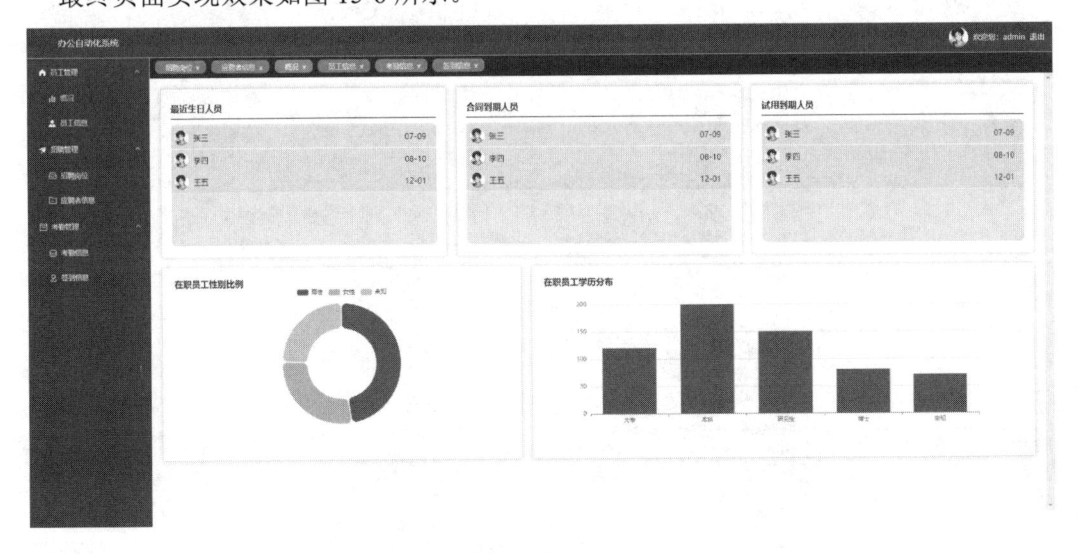


图 15-6　概况页面

### 15.4.3 员工信息页面的实现

员工信息页面的主要功能是展示和编辑员工信息。

Home.vue：员工信息页面的具体实现代码如下。

```
<!-- 员工信息 -->
<template>
  <div>
    <el-card shadow="always">
      <div style="margin-bottom: 20px;">
        <span style="font-weight: 900; font-size: 18px;">员工信息</span>
      </div>
      <!-- 搜索 -->
      <div style="padding-bottom: 20px;">
        <el-input placeholder="姓名" style="width: 15%; padding-right: 20px; " />
        <el-button type="primary">搜索</el-button>
      </div>
      <div style="padding-bottom: 20px;">
        <el-button type="success" @click="dialogVisible = true">新增</el-button>
        <el-button type="info">批量导入</el-button>
      </div>
      <!-- 表格 -->
      <el-table :data="tableData" border style="width: 100%"
        :header-cell-style="{ textAlign: 'center' }"
        :cell-style="{ textAlign: 'center' }">
        <el-table-column prop="id" label="序号" />
        <el-table-column prop="name" label="姓名" />
        <el-table-column prop="accountNumber" label="系统账号" />
        <el-table-column prop="jobNumber" label="工号" />
        <el-table-column prop="date" label="到本单位日期" />
        <el-table-column prop="section" label="所在部门" />
        <el-table-column prop="status" label="员工状态" />
        <el-table-column label="操作">
          <el-button type="primary" @click="dialogVisible = true">
              编辑</el-button>
        </el-table-column>
      </el-table>
      <div style="padding-top: 20px; margin-bottom: 20px; float: right;">
        <el-pagination small background layout="prev, pager, next"
            :total="50" class="mt-4" />
      </div>
    </el-card>
    <!-- 编辑框 -->
    <el-dialog v-model="dialogVisible" title="员工信息" width="40%">
      <el-form label-width="110px">
        <el-form-item label="姓名">
          <el-input />
        </el-form-item>
        <el-form-item label="系统账号">
          <el-input />
        </el-form-item>
        <el-form-item label="工号">
          <el-input />
        </el-form-item>
```

```
      <el-form-item label="到本单位日期">
        <el-input />
      </el-form-item>
      <el-form-item label="所在部门">
        <el-input />
      </el-form-item>
      <el-form-item label="员工状态">
        <el-input />
      </el-form-item>
    </el-form>
    <template #footer>
      <span>
        <el-button @click="dialogVisible = false">取消</el-button>
        <el-button type="primary" @click="dialogVisible = false">
          确定
        </el-button>
      </span>
    </template>
  </el-dialog>
 </div>
</template>
<script lang="ts" setup>
import { reactive, ref } from 'vue'
import { ElTable, ElMessage } from 'element-plus'
// 编辑框，默认关闭
const dialogVisible = ref(false)
// 数据
const tableData = reactive(
  [
    {
      id: 1,
      name: '张三',
      accountNumber: 'A3435642',
      jobNumber: '3453453',
      date: '2022-12-03 12:12:09',
      section: '技术部',
      status: '试用',
    }
  ]
)
</script>
// 页面样式(此处省略了页面的 CSS 样式代码)
<style scoped>
...
</style>
```

说明：表格样式使用的是 Element Plus 的 Table 表格样式。

最终页面实现效果如图 15-7 所示。

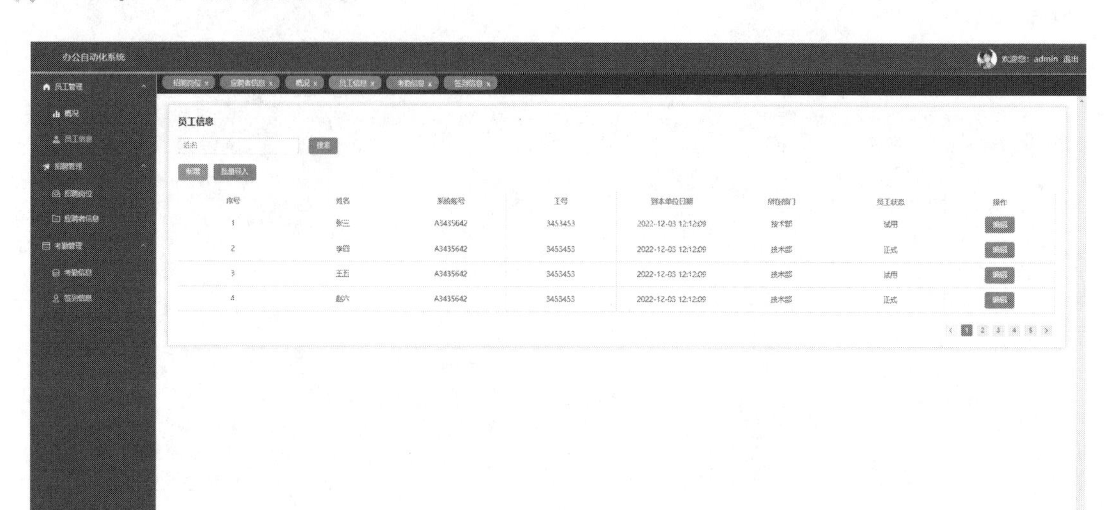


图 15-7　员工信息页面

## 15.4.4　招聘岗位页面的实现

招聘岗位页面的主要功能是展示和编辑企业所发布的招聘岗位信息。由于此页面的实现代码和员工信息页面类似，因此这里不再介绍其具体实现代码。

招聘岗位页面实现效果如图 15-8 所示。

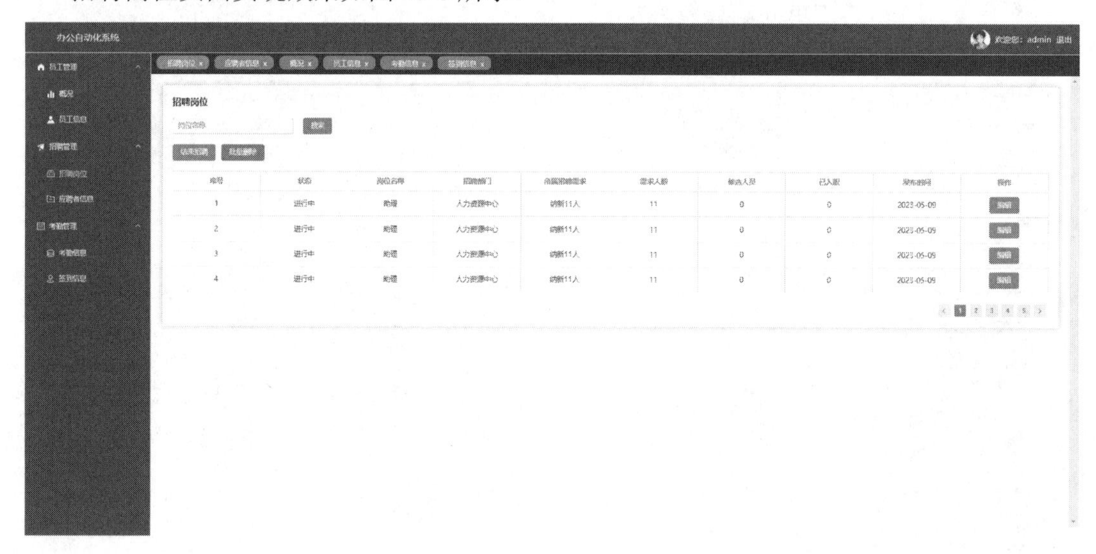


图 15-8　招聘岗位页面

## 15.4.5　招聘者信息页面的实现

招聘者信息页面的主要功能是展示和编辑应聘者的详细信息。由于此页面的实现代码和员工信息页面类似，因此这里不再介绍其具体实现代码。

招聘者信息页面实现效果如图 15-9 所示。

图 15-9　招聘者信息页面

## 15.4.6　考勤信息页面的实现

考勤信息页面的主要功能是展示员工的考勤信息。由于此页面的实现代码和员工信息页面类似，因此这里不再介绍其具体实现代码。

考勤信息页面实现效果如图 15-10 所示。

图 15-10　考勤信息页面

## 15.4.7　签到信息页面的实现

签到信息页面的主要功能是展示员工的签到信息。由于此页面的实现代码和员工信息页面类似，因此这里不再介绍其具体实现代码。

签到信息页面实现效果如图 15-11 所示。

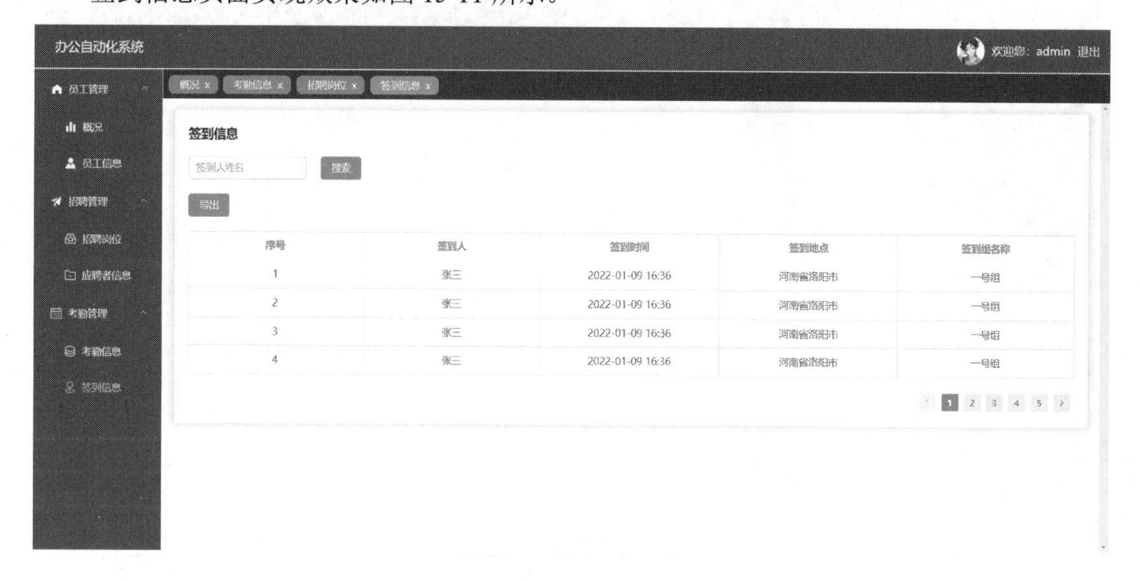


图 15-11　签到信息页面

# 15.5　本章小结

本章介绍的项目是一个基于 Vue 框架构建的办公自动化系统，其功能基本符合办公自动化系统的要求。本章以办公自动化系统的设计开发为主线，让读者从办公自动化系统的设计、开发流程中真正感受办公自动化系统是如何策划、设计、开发的。此项目完成了办公自动化系统的核心业务，包括用户的登录、员工管理、招聘管理和考勤管理等功能。其中页面布局使用的是 Element Plus 布局，页面之间的跳转使用的是 vue-router。